广东省教育厅指导编写
国家级一流本科课程教材
供医药、理工类专业使用

实验室安全科学概论

主　　编　翁　健　于　沛
副 主 编　肖小华　赵　卫　肖　舒　李满妹
编 委 会（以姓氏拼音为序）

李满妹（暨南大学）	肖小华（中山大学）
李惜玉（广东工业大学）	于　沛（暨南大学）
唐　攀（暨南大学）	赵　卫（南方医科大学）
翁　健（暨南大学）	周美娟（南方医科大学）
肖　舒（华南理工大学）	朱淑华（暨南大学）

科学出版社
北　京

内 容 简 介

本书在国家一流本科课程（2020年度）"生物医药实验室安全知识"的基础上，以"安全第一、预防为主"为宗旨，从基本概念、危险源特性、法律法规、个体防护、事故防范及应急处置等层面，结合案例分析，系统地介绍了实验室安全建设与管理、消防、电气、化学品、生物、辐射、机电、特种设备与常规冷热设备、信息、事故应急准备与处置等多方面的安全知识，使读者理解实验室安全的基本理论，掌握防范实验室事故的技能，提升应急处置的能力，减少实验安全事故的发生。

本书可作为高等院校医药、理工类专业实验室安全教育的教材，也可供其他专业的人员学习和参考。

图书在版编目（CIP）数据

实验室安全科学概论 / 翁健, 于沛主编. -- 北京：科学出版社, 2024.6. -- (国家级一流本科课程教材). -- ISBN 978-7-03-078942-6

Ⅰ.G311

中国国家版本馆 CIP 数据核字第 2024U8C848 号

责任编辑：朱　华　／　责任校对：任云峰
责任印制：霍　兵　／　封面设计：陈　敬

科学出版社 出版
北京东黄城根北街 16 号
邮政编码：100717
http://www.sciencep.com
北京中科印刷有限公司印刷
科学出版社发行　各地新华书店经销

*

2024年6月第 一 版　　开本：787×1092　1/16
2025年1月第三次印刷　　印张：13 1/4
字数：381 000
定价：70.00元
（如有印装质量问题，我社负责调换）

序

  高校实验室是从事教学、科研等实验实训活动的场所，实验室安全为教学、科研工作顺利进行提供了保障，是构建和谐校园的重要组成部分。我跟实验室打了大半辈子交道，耳闻目睹了全世界不少大大小小的实验室安全事故，这些安全事故严重威胁到师生的生命财产安全，打破了校园的宁静，令人担忧和痛心。这些事故发生的原因，多与实验人员对实验室安全知识不足、安全意识淡薄有关。所以，认真开展实验室安全教育培训，有助于提高实验人员的安全意识，规避各类风险。

  随着科学技术的迅速发展，新的交叉学科和创新领域不断涌现，《实验室安全科学概论》的作者团队紧跟科技发展的脚步，介绍了大量的实验室安全领域之最新要点和发展趋势，为读者提供了新的安全技能和新的防护技术。

  《实验室安全科学概论》对实验室安全建设与管理、消防、电气、化学品、生物、辐射、机电、特种设备与常规冷热设备、信息、安全事故应急准备与处置救援等多方面的安全知识进行了系统的阐述，知识全面，内容翔实，具有很强的实用性和可操作性，读者能够从中全面了解并掌握这些知识要点和紧急情况的处理方法，相信能够全面提升读者的实验室安全素养，在遇到紧急情况时能够迅速采取正确的行动，保障自身和他人的安全。

  这本书的作者团队来自多所大学和不同学科，从各自的专业角度为读者介绍了实验室安全和应急处置的理论知识，并对实操训练和应急演练作了具体的指导，全书提供了许多行之有效的信息。

  最后，祝贺《实验室安全科学概论》的出版，这本书的编写非常应时，我相信它能够进一步强化广大师生和实验人员的安全意识，提升实验室的安全管理水平。

于香港中文大学
2024 年 1 月 29 日

前　言

随着科技的迅猛发展以及高等教育人才培养需求的高速增长，高校实验室的规模不断扩大，研究领域不断拓展，作为科学研究和人才培养的重要场所，高校实验室的安全问题日益受到关注。对于涉及重要危险源的高校，教育部明确要求应设置有学分的实验室安全课程或将安全准入教育培训纳入培养环节。

实验室安全知识体系复杂，专业及领域涵盖面广、信息量大，在对学生进行实验室安全培训的过程中，我们发现目前尚缺乏比较全面、系统涵盖实验室安全知识和防护技能的教材，无法适应新时代对实验室安全的要求，于是筹划编写了这本兼具理论知识和实操指导技术的教材，旨在给师生提供实验室安全科学的综合信息。本书内容包括实验室安全的基本概念、相关法律法规和标准、案例分析、危险源辨识与风险评估、实验室安全防护措施、应急处理和事故预防等，期望为师生们提供实用的实验室安全技能和方法，帮助大家更好地应对实验室安全风险和挑战。

2022年1月，在广东省教育厅的指导下，由暨南大学组织中山大学、华南理工大学、暨南大学、南方医科大学和广东工业大学等高校多位具有丰富经验的专家和在实验室一线工作的老师，筹划编写本书。经过多次研讨，确定以教育部办公厅关于《高等学校实验室安全规范》的通知（教科信厅函〔2023〕5号）为依据，坚持"安全第一、预防为主、综合治理"的方针，全书共分十章进行编写，内容涵盖了教育部督促检查的实验室安全各领域。

疫情期间，编写团队克服困难，广东省教育厅领导和相关部门负责同志亲自督战，参加编写的各高校大力支持，编写团队成员除了不定期的网络会议，还每月至少召开一次碰头会议，逐章进行研讨、撰写、修改、汇总，经过两年多的努力，终于完成了《实验室安全科学概论》一书，并由中国科学院院士黄乃正教授作序。

本书是编写团队人员结合自己的实践经验和研究成果，力图为师生提供全面、系统的实验室安全科学知识和实用的技能。同时，书中主要图片均都由编写团队创作，通过拍照或绘制插图，努力实现图文并茂，以帮助读者更好地理解和掌握相关内容。

本书的编写得到了广东省教育厅"广东省高等学校实验室安全建设与管理"课题研究经费的支持，也获得了暨南大学"教学质量与教学改革工程——本科教材资助项目"的立项，对此表示衷心的感谢；同时要感谢参与筹划的中山大学、华南理工大学、暨南大学、华南师范大学、华南农业大学、南方医科大学和广东工业大学实验室管理部门的领导和同事们；感谢在教材酝酿过程中以及稿件审阅过程中参与的所有专家们；编写过程中参与的人员和单位众多，每章节只列出了主要编写人员，另外还有许多参与编写、修改、完善等工作的人员，如中山大学张洁，暨南大学李霆、刘琦晖、饶星、廖小建、古颖纲、李哲夫、吕双欢、张焕明，华南理工大学陈国华、宋小飞，广东工业大学许燕滨、王华辉、严文锋，南方医科大学曹蓓、曹旭、刘旭玲、吴清华、王博俊、王琳清、谢晓婷、刘滢芳，华南师范大学沈强旺、冯建伟，华南农业大学陈德权、谭寿能，仲恺农业工程学院尹国强等，在此一并向所有参与的人员表示衷心的感谢。最后特别感谢为本书绘制漫画插图的暨南大学刘伊琳同学和广东工业大学周怡同学。

《实验室安全科学概论》编写工作主要完成于疫情期间，历经波折，成书实属不易，若有缺漏或者不足之处，敬请读者多提宝贵意见。希望《实验室安全科学概论》的出版发行，能为广东省乃至全国高校的师生提供一本实用的实验室安全科学参考书，从而提高广大师生和实验室工作人员的安全意识和实验室安全管理水平，为推动我国高校实验室安全科学的发展做出积极的贡献。

编写团队
2024年2月1日

目　　录

第一章　实验室安全建设与管理概论	1
第一节　高校实验室安全形势	1
第二节　高校实验室危险源、安全隐患与安全事故	2
第三节　全过程的实验室安全管理工作内容	4
第四节　实验室安全管理的规章制度与管理要求	7
参考文献	8
第二章　实验室消防安全	10
第一节　实验室消防安全概述	10
第二节　燃烧与火灾	11
第三节　实验室的火灾种类	14
第四节　消防设施及器材	16
第五节　实验室消防的应急处理	24
参考文献	30
第三章　实验室电气安全	32
第一节　高校实验室电气化发展趋势和电气安全风险	33
第二节　电气事故的特点与类型	34
第三节　触电事故及其防护	38
第四节　电气火灾及其防护	45
第五节　静电及其防护	47
第六节　电磁辐射及其防护	53
参考文献	57
第四章　实验室化学品安全	59
第一节　危险化学品的危险特性	60
第二节　危险化学品的分类和标志	63
第三节　危险化学品的全周期管理	68
第四节　实验室个人防护与操作安全	78
第五节　化学品一般事故的应急处置	83
参考文献	89
第五章　实验室生物安全	90
第一节　病原微生物危害分类与生物安全实验室分级	91
第二节　生物安全实验室常用安全设备和个人防护用品	99
第三节　生物安全实验室中的危险因素及操作规范	105
第四节　病原微生物实验活动危害评估	109
第五节　实验室生物安全事故应急处理	113
参考文献	118

第六章　实验室辐射安全 ··· 119
第一节　核物理基础 ··· 119
第二节　实验室相关辐射 ··· 123
第三节　实验室辐射防护概述 ··· 126
第四节　实验室辐射防护细则 ··· 130
第五节　实验室表面污染的防治 ·· 137
第六节　辐射相关实验室易发事故及应对措施 ··································· 140
参考文献 ·· 144

第七章　实验室机电安全 ··· 146
第一节　机械设备的危害与防护 ·· 146
第二节　激光的危害与防护 ·· 152
第三节　粉尘危害与安全管理 ··· 156
参考文献 ·· 162

第八章　实验室特种设备与常规冷热设备安全 ····································· 163
第一节　起重类设备使用安全 ··· 163
第二节　压力容器使用安全 ·· 166
第三节　专用机动车辆使用安全 ·· 173
第四节　制冷及加热设备使用安全 ··· 174
参考文献 ·· 177

第九章　实验室信息安全 ··· 179
第一节　实验室信息化环境安全 ·· 180
第二节　实验室网络安全 ··· 181
第三节　信息系统安全 ·· 185
第四节　实验室数据安全 ··· 188
参考文献 ·· 191

第十章　实验室安全事故应急准备与处置救援 ····································· 192
第一节　实验室安全事故应急预案编制与管理 ··································· 192
第二节　实验室安全事故应急演练的分类与实施 ································ 196
第三节　实验室安全事故应急响应程序 ··· 200
参考文献 ·· 206

第一章　实验室安全建设与管理概论

本章要求

1. **掌握** 高校实验室安全管理的主要工作内容。
2. **熟悉** 高校实验室危险源的定义与类型。
3. **了解** 教育行政主管部门对实验室安全管理的规章制度。

高校实验室是开展实验教学、科研等实验实训活动的场所，主要功能是支撑师生以实验活动的形式开展教学科研工作，在高校履行科学研究与人才培养的社会职能中发挥着不可替代的重要作用。高校实验室作为高校科研和人才培养的重要基地，承担的教学、科研与实验活动具有实践性、真实性与探索性。高校实验室的安全运行是实验活动正常开展的根本保障，也是校园安全的重要组成部分。然而，高校实验室存在多种类型的危险源，由于管理漏洞、仪器设备故障、实验操作失误、麻痹大意等原因会导致实验室安全事故的发生，给实验室人员的生命与财产安全造成严重后果，对高等教育事业发展构成重大威胁。准确把握高校实验室安全形势，科学认识实验室安全事故的发生规律，扎实开展实验安全管理工作，构建齐抓共管的实验室安全管理体系，营造人人讲安全、个个会应急的良好安全氛围，是保障高校实验室教学科研活动正常开展的重要前提。

第一节　高校实验室安全形势

科学技术是推动人类文明进步的发动机。随着社会的飞速发展，各领域的科技创新日新月异，新学科、新技术层出不穷。创新是民族进步的灵魂，也是国家发展的源泉。经济社会的高质量发展，必须坚持教育优先发展、科技自立自强、人才引领驱动，加快建设教育强国、科技强国、人才强国，全面提高人才自主培养质量，着力造就拔尖创新人才。高校实验室是科技创新和人才培养的重要场所，实验活动是开展科技创新与人才培养的重要实践形式，在实施创新驱动发展战略，贯彻新发展理念，构建新发展格局中发挥重要作用。安全是教学科研高质量发展、学生成长成才的基本保障。高校实验室的安全运行是高校开展正常教学与科研活动的基础条件，构成了高校校园安全的重要组成部分。只有保证实验室安全运行，才能正常实施各项实验方案，完成各项教学任务。首先，高校实验室类型众多，涉及化学、材料、医学、生物、环境、机械等不同专业，不同类型实验室的构成要素与运行管理过程存在较大差异，诱发实验室安全事故的风险因素也存在较大差异；其次，高校实验活动具有探索性，实验过程与实验结果具有较强的不确定性。随着实验方案越来越复杂，且变化频繁，潜在的可能导致实验室安全事故且尚未被充分认知的风险因素越来越多；再次，进入实验室的人员流动性大，培养形成安全行为规范的难度大，师生员工的不安全行为是导致实验室安全事故发生的重要因素；最后，高校实验室数量多，在空间上高度分散，分布在校园内多个楼宇，无法集中管理，要求实验室安全管理工作必须下沉到基层单位。因此，如何科学防范与化解实验室安全风险，有效地应对实验室可能发生的各类安全事故，是每一个实验室人员必须认真思考的问题。高校实验室安全是师生员工人身安全的重要保障，是不可逾越的红线。面对复杂艰巨的实验室安全管理工作，教育系统始终按照总体国家安全观的要求，统筹高等教育事业发展与实验室安全管理，认真贯彻落实安全生产责任制，紧盯实验室安全的薄弱环节，切实提高师生员工的安全知识水平与能力，努力营造良好的实验室安全文化。同时，坚持预防与应急并重，有效提升应对处置各类实验室安全事故的能力，不断推进高校实验室安全管理体系与能力现代化。实验室人员是实验室安全事故的直接影响对象，是实验室安全管理工作的最终责任主体和受益者，应该从自己做起，坚持预防为主，将安全管理工作融入各项实验活动，按照"谁使用、谁负责；谁主管、谁负责"的原则，严格遵守各项实验室安全管理规章制度，并不断提高自救互救能力，用实际行动推动实验室安全管理水平的不断提升。

近年来，我国高校实验室安全事故时有发生，对教学、科研工作和对实验室人员的人身与财产安全造成了严重影响，影响高等教育事业的健康发展。2018年12月26日，某高校的市政与环境工程实验室由于违规开展实验、冒险作业，违规购买、非法储存危险化学品，以及对实验室和科研项目安全管理不到位，发生爆炸燃烧，造成3名研究生当场死亡。现场情况见图1-1所示。时有发生的实验室安全事故暴露出当前高校实验室安全管理仍然存在薄弱环节，突出体现在实验室安全管理责任落实不到位，实验室安全隐患排查与整治不彻底，师生员工安全意识与水平有待提升，应对事故的自救互救能力不强等方面。因此，高校实验室安全形势依旧复杂严峻，实验室安全管理水平亟待提升，全面加强实验室安全管理工作刻不容缓。随着在高校实验室开展的教学与科研项目越来越多，实验活动的复杂程度不断提升，高校实验室安全管理工作将面临更大挑战。

图1-1　2018年某高校实验室安全事故现场

第二节　高校实验室危险源、安全隐患与安全事故

在实验室提供的物理场所与环境中，高校师生员工按照实验方案与实验室管理规章制度使用各类仪器设备和实验试剂或材料等实验材料，开展实验活动是科技创新和人才培养的重要实践形式。师生员工（人）、仪器设备（机）、实验材料或试剂（料）、实验方案与实验室管理规章制度（法）、实验室物理场所安全氛围（环）等五个方面的实验室要素保障了实验活动的正常开展。根据安全系统工程理论，实验室安全事故是实验室各要素相互作用的结果。科学认识实验室安全要素、事故发生的可能因素与变化规律，是科学开展实验室安全管理工作、有效预防与应对实验室安全事故、切实保障实验室安全运行的前提。

一、实验室危险源

高校实验室存在多种可能导致实验室安全事故发生的物质、能量、设备或设施等，是造成师生员工伤亡或财产损失的根源或状态，本书称为危险源。本书主要介绍八类实验室危险源及其安全管理工作，具体包括：消防安全危险源、电气安全危险源、化学品安全危险源、生物安全危险源、辐射安全与核材料管制危险源、机电安全危险源、特种设备与常规冷热设备危险源、信息安全危险源，具体类型划分与定义见表1-1所示。

表1-1　高校实验室危险源的分类与定义

序号	危险源类型	定义
1	消防安全危险源	导致时间或空间上失去控制的燃烧的根源或状态
2	电气安全危险源	是指外部电能转换成其他形式的能量作用于人体、电能传递、分配和转换失去控制或电气元件损坏后造成的事故
3	化学品安全危险源	导致由一种或数种危险化学品或其能量意外释放，并造成人身伤亡、财产损失或环境污染的根源或状态
4	生物安全危险源	开展生物实验的实验室、场所、设施的不安全状态，病原微生物获取与保管的漏洞，从事生物实验的人员的不安全行为，实验动物的购买、饲养、解剖、使用过程的管理漏洞，生物实验废物处置的管理漏洞等

续表

序号	危险源类型	定义
5	辐射安全与核材料管制危险源	辐射工作人员的不安全行为、辐射设施和场所、放射性装置与放射性废物的不安全状态
6	机电安全危险源	仪器设备、机械设备、电气设备、激光设备、产生粉尘的装置或场所等存在的不安全状态或参与人员的不安全行为,导致机电设备诱发的实验室安全事故
7	特种设备与常规冷热设备危险源	起重类、压力容器类、场(厂)内专用机动车辆类、加热及制冷装置类等特种设备的不安全状态或操作人员的不安全行为,导致在特种设备安装、改造、维修、使用、检验检测活动中造成的人员伤亡、财产损失、设备损坏或中断运行等事故的根源或状态
8	信息安全危险源	由单个或一系列意外或有害的信息安全事态所组成的,可能危害教学与科研业务运行或威胁信息安全的根源或状态

高校实验室危险源是潜在危险的源头或部位,是危险物质和能量集中的核心。危险源的内在属性和首要特性是潜在危险性,如爆炸性、燃烧性、毒性、感染性、放射性等。通常,危险源的危险性通过危险源触发事故后可能带来的危害程度或损失大小、可释放的破坏性能量强度、危险物本身体积或质量大小进行衡量。危险源在实验室场所中必须处于相对安全的可控约束状态,包括物理、化学约束状态等。因此危险物质在实验室存放或使用时需要考虑压力、温度、化学稳定性、盛装压力容器的坚固性、周围环境障碍物等因素。

虽然高校实验室存在多种类型的危险源,但这些危险源不一定直接导致安全事故发生。危险源只有在特定条件下被触发,才会通过释放能量或危险物质等方式导致实验室安全事故的发生。例如,高温是易燃、易爆物质的触发因素,压力剧增是压力容器触发因素等。全面认识与识别实验室危险源的触发条件,科学控制实验室危险源,是有效预防实验室安全事故的重要途径。然而,高校实验室涉及多种专业,危险源类型多,并受实验室空间上高度分散、实验研究方案复杂多变、实验活动持续时间长等因素影响,这些因素对识别与控制实验室危险源提出了更高要求。

二、实验室安全隐患

英国曼彻斯特大学 James Reason 认为,组织活动中发生的安全事故与环境影响、管理漏洞、不安全行为等因素相关,科学揭示了安全事故的发生机制。本书将可能导致实验室安全事故发生的物的不安全状态、人的不安全行为、管理漏洞与环境因素称为实验室安全隐患。在高校实验室运行过程中,师生员工在实验活动中违反实验方案或管理制度的不安全行为,实验材料、仪器、实验室的物理环境与工作氛围的不安全状态,实验安全管理规章制度的漏洞等,将导致实验室危险源失去控制,最终触发实验室安全事故的发生。

在高校实验室运行过程中,存在的各类危险源在4种不同类型的实验室安全隐患作用下,将会达到危险源的触发条件,并导致实验室安全事故发生。高校实验室安全事故致因机制如图1-2所示。高校实验室要素的安全运行构成了实验室安全事故的防御体系,每一片奶酪代表一层预防安全事故发生的防御体系。每片奶酪上的孔洞即代表该层防御体系中存在的漏洞或缺陷,这些孔洞的位置和大小受高校实验室安全管理工作水平的影响,将会不断变化。各层防御体系从不同维度对实验室安全管理的缺陷和漏洞进行相互补充式拦截,实现防止实验室安全事故发生的目标。高校实验室危险源只有同时穿过所有层面的防御体系才能导致实验室安全事故发生。因此,系统排查和有效消除实验室安全隐患,是控制实验室危险源、预防实验室安全事故发生的有效途径。在长期的实验室安全管理实践工作中,我们发现学生的不安全行为是最重要的实验室安全隐患之一,往往是导致实验室安全事故发生的重要原因。这为严格执行实验室安全准入,对学生进行安全教育与培训提出了更高要求,更提醒每位师生员工更加努力地坚守实验室安全规范的底线。

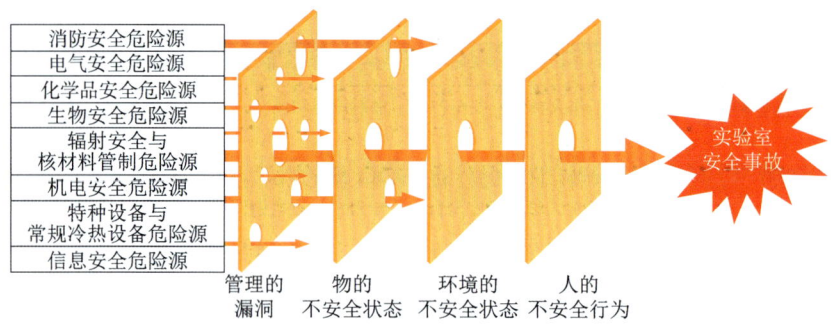

图 1-2　高校实验室安全事故致因机制

三、实验室安全事故

高校实验室安全事故是在实验活动中发生的预期之外造成师生员工伤亡、财产损失或使正常实验活动中断的事件。实验室安全事故突发性强，在师生员工和设备设施集中的实验场所中发生，往往造成严重后果。首先，实验活动具有创新性和探索性，导致实验过程的未知性与不确定性较强，直接决定了实验室安全事故具有极强的不可预见性，往往在某个实验环节中突然发生。其次，高校实验室各类危险源集中，实验室安全事故发生后，容易作用于暴露在事故风险影响范围内的其他实验室危险源，诱发一系列次生衍生事件，放大事故后果。再次，实验室安全事故伤害对象特殊，高校是社会高度关注的重点单位，学生是社会敏感群体，师生员工暴露在实验室安全事故风险范围内，容易造成人员伤亡，进而引起社会各界高度关注，诱发社会舆情。最后，高校实验室昂贵仪器设备集中，实验室安全事故往往造成严重的直接经济损失，严重影响国家高等教育与科技创新事业的健康发展。

根据事故后果的严重程度，高校实验室安全事故分为死亡事故、严重伤害事故、可记录事故、急救工伤和未遂事故等多个类型。美国安全工程学家海因里希（Herbert William Heinrich）在统计数万份事故报告的基础上，总结出不同等级安全事故数量之间的比例关系。根据大量安全事故统计，人员死亡事故、严重伤害事故、可记录事故、急救工伤和未遂事故、危险源或安全隐患之间的比例大致为 1∶30∶300∶3000∶30 000。该规律称为海因里希法则。据该法则，不同类型的实验室安全事故之间的比例关系如图 1-3 所示。实验室安全事故的海因里希法则表明：事故不是偶然发生的，是大量危险源或安全隐患间相互作用导致的结果。同时，不是每一起实验室安全事故都会导致人员死亡，只有预防每一起实验室安全事故的发生，减少实验室安全事故发生的总量，才能有效地减少师生员工伤亡严重事故的数量。因此，实验室师生员工应坚持预防为主，科学认识实验室安全事故的发生规律，高度重视实验室危险源的辨识与控制，积极落实实验室安全隐患排查与治理，才能有效预防实验室安全事故，为高校实验室正常运行提供有力保障。同时，实验室师生员工要坚持安全操作底线思维，居安思危努力提高实验室安全事故应急处置救援水平，不断提升自救互救能力，做到早发现、早报告、早处置，最终实现减少事故、减轻实验室安全事故后果，特别是避免师生员工的人身伤亡。

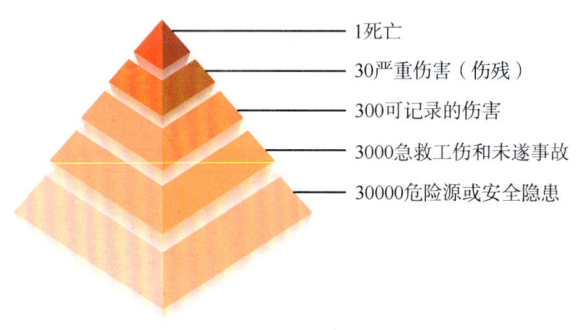

图 1-3　高校实验室安全事故的海因里希法则

第三节　全过程的实验室安全管理工作内容

面对高校实验室存在的各类危险源、潜在的安全隐患以及可能导致的实验室安全事故，学校、学院等二级单位、实验室负责人及师生员工应坚持生命至上，安全第一，科学认识实验室安全事故隐患、发生、发展、演化与消亡的规律，将常态条件下的安全风险管理与非常态条件下事故应急救援处置统一起来，打造全过程实验室安全管理工作格局。首先，坚持预防为主，系统识别与控制实验室危险源，全面排查与消除实验室安全隐患，有效开展实验室安全风险监测预警工作，尽最大努力预防实验室安全事故，争取将事故消灭在萌芽状态。同时，坚持常备不懈地落实各项实验室安全事故应急准备工作，事故发生后能够快速高效地开展应急处置救援工作，做到早发现、早报告、早处置，最大限度地减少事故造成的师生员工人身伤亡与财产损失。在实验室安全事故结束后，认真开展事故复盘总结，努力查找实验室安全管理工作的短板和问题，不断提升实验室安全管理的水平，尽快恢复实验室的正常运行，为教学科研提供安全保障。实验室安全管理应建立全要素系统防控、全主体协同治理、全过程闭环管理的管理体系，主要工作包括围绕实验室安全风险的预防、监测与预警工作，以及针对可能发生的实验室安全事故的应急准备、应急响应、总结恢复工作。各项实验室安全管理工作及其与实验室危险源和事故之间的关系如图1-4所示。

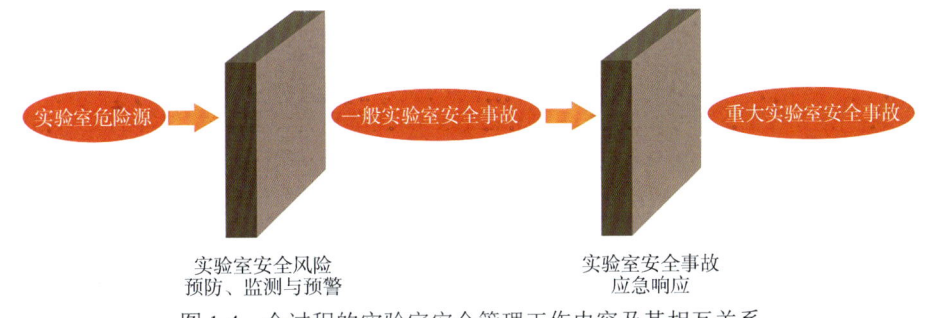

图1-4 全过程的实验室安全管理工作内容及其相互关系

一、实验室安全风险预防、监测与预警

（一）实验室安全风险预防

实验室安全风险预防是为了降低实验室安全风险水平，根据事故的发生规律，采取的消除事故致因或降低事故后果的措施，主要目标是阻止危险源变成事故，主要工作内容包括：

1. 建立实验室安全管理责任体系 明确学校、学院等二级单位、实验室三级安全责任清单，明确各级实验室安全管理人员与分工，建立健全实验室安全管理责任制，打造立体化实验室安全管理责任体系。

2. 健全全周期的实验室安全管理工作机制 包括安全检查制度、安全教育培训与准入制度、项目风险评估与管控制度、危险源全周期管理制度等。

3. 组织开展实验室安全教育和培训 学校建立健全实验室安全教育培训与准入体系，二级单位应结合自身实际情况和学科专业特点，有针对性地建立实验室安全教育培训与准入制度，增强师生的安全意识。加大安全教育宣传力度，增强师生安全意识。学校和二级单位应按照"全员、全面、全程"的要求，创新宣传教育形式，开展安全宣传、经验交流等活动，建设有特色的安全文化。

4. 严格把控实验室工程项目的安全关 实验室工程项目论证、立项、建设以及验收时，应该强化学校实验室安全职能部门组织的审核，严格把控实验室工程项目的安全关。

5. 安全宣传与培训 营造良好的实验室安全文化，加强学生的安全教育，对进入实验室学习或工作的所有人员进行安全知识、安全技能和操作规范培训，掌握设备设施、防护用品正确使用的技能，考核合格并根据实验室和实验危险程度，落实必要的安全风险告知后，方可进入实验室进行实验操作。

6. 危险源全周期管理 对重要危险源的采购、运输、存储、使用、处置等进行全流程全周期管理，对危险源进行评估，重大危险源进行分级管理，采取专业化安全管理。

7. 建立实验室安全条件保障　学校、二级单位与实验室三级管理体系应该在经费、物资与设施保障，实验室安全管理人力保障、实验室建筑安全保障方面为实验室安全管理工作创造条件。

8. 开展实验室安全隐患排查与治理　对实验室开展"全员、全过程、全要素、全覆盖"的定期安全检查，核查安全制度、责任体系、安全教育落实情况和设备设施存在的安全隐患，实行问题排查、登记、报告、整改和复查的"闭环管理"。

9. 项目风险评估与管控　对涉及重要危险源，包括有毒有害化学品、危险气体、动物及病原微生物、辐射源及射线装置、特种设备等的教学、科研项目，应开展严格的风险评估，对存在重点安全隐患的项目，切实落实各项安全保障。

10. 加强实验过程的安全管理　实验人员严格执行实验操作规程，做好个人安全防护，不开展超范围的实验活动及与实验无关的活动。

（二）实验室安全风险监测预警

实验室安全风险监测与预警是针对可能出现的实验室安全事故风险，对实验室存在的危险源进行监测，研判实验室面临的安全风险，当实验室安全事故即将发生时，采取预警行动，做到早发现、早行动，将实验室安全事故化解在萌芽状态。实验室安全风险监测预警的工作内容包括：

1. 实验室安全风险监测　学校、二级单位与实验室根据本单位实验室危险源的特点，明确实验室危险源的监测项目及要求，建立健全实验室安全风险监测责任体系，在实验室安全风险监测场景中，充分运用物联网、大数据、人工智能等新一代信息技术，打造多种手段相结合的安全风险监测体系，不断提升实验室危险源的监测水平。

2. 实验室安全风险研判与预警　学校、二级单位与实验室建立健全有效的实验室安全事故风险研判与预警机制，将风险监测与研判活动贯穿于实验方案设计与实施的全过程，科学评估实验过程面临的安全风险，及时启动预警行动，将实验室安全事故遏制在萌芽状态，最大限度地保障实验室师生安全。

二、实验室安全事故应急准备、响应与总结恢复

（一）实验室安全事故应急准备

实验室安全事故的应急准备是针对可能出现的实验室安全事故及其特征的预想，为有效地应对事故开展的预先性管理活动，主要工作内容包括：

1. 实验室安全事故应急预案编制与管理　学校与二级单位对各类可能发生的实验室安全事故进行分析，编制相关应急预案，并组织宣传实施。实验室根据实验过程的特点编写实验室安全事故现场处置方案，并组织实验室师生员工落实方案的有关内容。

2. 实验室安全事故应急演练与培训　学校、二级单位与实验室制订应急演练方案，定期组织开展多种形式的应急演练活动。同时，根据应急演练过程中发现的问题，有针对性地修编应急预案或现场处置方案，不断提升应急准备的水平。定期开展应急知识学习、应急处置培训和应急演练。

3. 实验室安全事故应急保障条件建设　学校与二级单位根据应急预案的要求，组建兼职应急队伍，并开展应急队伍训练，提升应对实验室安全事故的处置能力。学校、二级单位与实验室应根据本单位应对实验室安全事故的要求，配备必要的应急物资与装备，并建立健全应急物资装备采购、管理、使用与报废的管理制度，保障各类实验室安全事故应急物资的完好和可使用性，为实验室安全事故应急管理工作提供物资保障。学校每年做好实验室安全常规经费预算，二级单位通过多元化投入，加强实验室安全建设与管理。

（二）实验室安全事故应急救援

实验室安全事故应急响应是指实验室安全事故发生后，为减轻灾害后果，针对安全事故对高

校实验室及教学科研工作造成的负面影响开展的活动，具体包括：

1. 实验室安全事故发生后，实验室管理人员、参与实验的学生、教师、现场目击人员等作为突发事件"第一响应人"，在保障自身安全的条件下，应第一时间组织开展自救互救，并立即向本单位的负责人报告，说明现场的事故情况，且在保证自身安全的情况下采取一切办法切断事故源。

2. 二级单位部门负责人接到报告后，应按照职责和应急预案规定，迅速、准确研判态势，及时疏散安置周边受影响的学生、教师和居民，做好现场管控，第一时间控制现场事态。通过现场人员了解查明发生安全事故的位置（或装置）和原因，同时发出警报，通知应急指挥部成员和各专业救援队伍迅速赶往事故现场，开展应急处置。

3. 学校接到事故报告后，立即组织人员赶赴现场，组织急救。根据救援需要负责调集相关领域的专家和专业应急队伍，了解事件情况、风险以及影响控制事态的关键因素，提出危险区域划定与管控意见，组织开展现场抢险救援处置工作，同步做好信息发布工作。

（三）实验室安全事故调查处理与总结恢复

实验室安全事故总结与恢复工作是应急响应工作结束后开展的事故善后与调查，为吸取事故经验教训开展的总结复盘，以及为恢复实验室正常运行开展的工作活动，具体包括：

1. 事故善后　实验室安全事故应急响应结束后，学校、二级单位或实验室应对伤亡人员按照规定给予抚恤或慰问，对应急响应参与人员进行补助、补偿或奖励，对紧急调集、征用应急物资予以补充。

2. 事故总结复盘　学校三级管理体系积极组织实验室安全事故的复盘总结，充分吸取事故教训，分析事故暴露的实验室安全事故的薄弱环节，提出进一步提升实验室安全管理水平的措施，不断提高实验室安全管理水平。

3. 事故调查处理　按照事故的严重程度，学校、二级单位、实验室组织专家对安全事故起因、性质、影响、责任、经验教训、整改措施等进行调查评估。有关政府部门组织事故调查时，学校各单位予以全力配合。事故调查报告对事故相关责任部门和事故责任人，视情节轻重，根据学校有关规定给予通报批评、经济赔偿、行政处分等处理。

第四节　实验室安全管理的规章制度与管理要求

我国各级政府高度重视实验室安全管理工作，按照"管行业必须管安全，管业务必须管安全，管生产必须管安全"的要求，各级政府有关部门出台了多部实验室安全管理有关的法规、规章和政策等规范性文件。各级教育行政管理部门统筹发展与安全，将实验室安全管理工作贯穿于实验室运行与管理的全过程，出台了一系列高校实验室安全管理的规章制度，为高校实验室安全管理工作提供了指引。高校实验室师生员工应认真贯彻落实国家各项实验室安全相关法律法规，保障实验活动安全有序进行，切实保障自身的生命与财产安全。本节内容系统地梳理了教育部出台的实验室安全管理的主要规章制度，介绍了高校实验室安全管理基本要求。

2017年，教育部发布《关于加强高校教学实验室安全工作的通知》（教育部办公厅，教高厅〔2017〕2号），从增强教学实验室安全红线意识、健全教学实验室安全责任体系、完善教学实验室安全运行机制、推进教学实验室安全宣传教育、开展教学实验室安全专项检查、提高教学实验室安全应急能力、夯实教学实验室安全工作基础7个方面提出高校实验室安全管理的要求。

2017年，教育部发布《关于开展2017年度高校科研实验室安全检查工作的通知》（教技司〔2017〕255号），发布了《高校实验室安全检查项目表》，检查内容包括责任体系、规章制度、教育培训、安全准入、安全检查、实验场所、安全设施、基础安全、化学安全、生物安全、辐射安全与核材料管制、机电安全、特种设备与常规冷热设备13个方面，具体检查要点与内容逐年更新。《高校实验室安全检查项目表》为师生员工系统排查实验室安全隐患提供了问题清单，提升了实验室安全工作的规范性。

2019年，教育部出台《关于加强高校实验室安全工作的意见》（教技函〔2019〕36号），指出了高校实验室安全管理的薄弱环节，从深刻理解实验室安全的重要性、健全实验室安全责任体系、完善实验室安全管理制度、狠抓安全教育宣传培训、建立安全工作奖惩机制6个方面对实验室安全管理工作做出了顶层规划。

2021年，教育部发布《关于开展高校实验室安全专项行动的通知》（教科信厅函〔2021〕38号），提出从全面落实实验室安全责任体系、提升实验室安全管理能力、完善实验室分级分类管理体系、建立健全项目风险评估与管控、强化实验室安全教育体系建设、提升实验室安全应急能力、强化实验室安全基础设施建设、持续开展高校实验室安全专项检查、加强实验室安全研究与标准建设9个方面全面强化高校实验室安全管理工作，进一步提升实验室安全管理水平。

2022年7月28日，教育部出台《教育部直属高校实验室安全事故追责问责办法（试行）》（教科信〔2022〕4号），对实验室安全责任事故事件的行为进行了界定，并对学校党委与领导班子成员的责任追究方式与程序提出了明确要求，推动高校深入落实安全责任体系、常态化管理制度和应急处置机制。

2023年2月8日，教育部印发《高等学校实验室安全规范》（教科信厅函〔2023〕5号），从实验室安全责任体系，实验室安全管理制度，实验室安全教育、培训，实验室教学、科研活动安全准入制度，实验室安全条件保障，危险化学品安全管理六个重点方面对实验室安全管理工作进行规范，要求落实实验室安全管理规范化与常态化。

高校实验室安全管理工作的使命光荣、意义重大，学校、二级单位与实验室师生员工应深刻认识实验室安全管理的重要性，将实验安全管理工作贯穿于实验室教学科研工作的全过程，最大限度预防和减少实验室安全事故的发生，具体工作要求如下：

1. 坚持生命至上，人民至上　牢固树立安全发展的理念，统筹安全与发展，始终把实验室师生员工的生命安全放在第一位，把好实验室每一项科研与教学活动的安全关。

2. 坚持统分结合、齐抓共管　健全实验室安全管理责任体系，落实安全管理责任制，明确学校、二级单位与实验室三级工作责任，构筑纵向到底、横向到边、齐抓共管的安全管理责任网。不断健全安全管理长效工作机制，确保师生安全和校园稳定。

3. 坚持安全第一，预防为主　坚持对实验室安全事故零容忍，推进实验室安全风险源头治理，确保提升安全工作的规范性和有效性，不断强化风险防控意识和能力，努力实现实验室运行的本质安全，从根本上杜绝事故隐患，有效预防和坚决遏制重特大事故发生，实现实验室安全管理向事前预防转型。

4. 坚持底线思维，常备不懈　科学认识可能发生的各类实验室安全事故，强化实验室安全事故的应急准备工作，健全实验室安全事故应急管理组织体系，科学编制实验室安全事故应急预案，开展应急演练，落实各项实验室应急保障工作，时刻准备着应对可能发生的各类实验室安全事故。

5. 坚持快速反应，协同应对　实验室安全事故发生后，实验室、二级单位和学校应该早发现、早报告、早处置，不断强化学校与各部门之间的协调联动，协同应对实验室安全事故，将事故损失和不良影响降到最低。

6. 坚持管理赋能，科技支撑　不断健全与创新实验室安全管理工作机制，构建齐抓共管的实验室安全管理体系，打造共建、共治、共享的实验室安全管理工作格局。不断拓宽物联网、大数据、人工智能等新一代技术手段在实验室安全管理场景中的应用深度与广度，将人防、物防、技防统一到实验室安全管理各个环节，筑牢实验室的安全防线。

参 考 文 献

李运华，2012. 安全生产事故隐患排查实用手册[M]. 北京：化学工业出版社.

马尚权，2017. 危险源辨识与评价[M]. 徐州：中国矿业大学出版社.

闪淳昌，薛澜，2020. 应急管理概论：理论与实践[M]. 2版. 北京：高等教育出版社.

吴超，2018. 安全科学原理[M]. 北京：机械工业出版社.
Heinrich HW, 1941. Industrial accident prevention: a scientific approach[M]. New York and London: Mcgraw-hill Book Company Inc.

思 考 题

1. 实验室安全管理的目标是什么？
2. 实验室危险源包括哪些类型？与实验室事故之间是什么关系？
3. 实验室安全隐患包括哪些类型？
4. 实验室安全事故有哪些类型？不同等级事故之间的关系是什么？
5. 实验室安全事故的发生规律是什么？

（暨南大学　唐　攀　陈安滢）

第二章　实验室消防安全

本章要求
1. **掌握**　实验室消防安全要求和火灾种类。
2. **熟悉**　各类消防设施和器材的使用。
3. **了解**　消防事故的应急处置。

实验室是师生从事教学、科研等实验实训活动的重要场所，实验室的各类电器设备、易燃易爆化学品多，探索性研究实验过程相对复杂，具有火灾致因多、风险高等特点，易导致火灾事故发生。实验室设备贵重，实验数据、资料和档案十分珍贵，火灾的发生，不仅会造成财产的损失和人身安全，也会造成实验数据、重要资料和科研成果的丢失，影响教学、科研的进展。由于学科、研究方向的不同，实验室涉及的仪器设备、危险化学品也各不相同，造成火灾的原因和扑救方式也不尽相同。未发生火灾时，我们应该如何预防火灾？火灾一旦发生了，我们该如何及时地扑救和逃生？作为新时代大学生，应认真学习实验室消防知识，运用科学的手段预防火灾发生和在事故中安全自救。

第一节　实验室消防安全概述

《中华人民共和国消防法（2021修订）》第五条规定："任何单位和个人都有维护消防安全、保护消防设施、预防火灾、报告火警的义务。任何单位和成年人都有参加有组织的灭火工作的义务。"作为高校学生，有履行消防安全的义务并且要承担社会责任，要熟知消防工作的基本要求，预防火灾的发生，保护好师生的生命和财产安全，维护平安校园。

一、消防安全管理的依据

现行关于高校实验室消防安全管理的法律法规、规范和要求等文件包括：《中华人民共和国消防法（2021修订）》《中华人民共和国安全生产法》《机关、团体、企业、事业单位消防安全管理规定》《高等学校消防安全管理规定》（教育部　公安部令第28号）、《消防安全责任制实施办法》（国办发〔2017〕87号）、《普通高等学校消防安全工作指南》（教发厅函〔2017〕5号）、《教育部办公厅关于印发〈高等学校实验室安全规范〉的通知》（教科信厅〔2023〕5号）、《高等学校实验室消防安全管理规范（JY/T 0616—2023）》等。同时，还需参考和执行教育部、教育厅等高校管理部门根据每年度的工作安排和实际情况下发的相关指导文件、通知等。

二、消防安全管理的方针原则

《中华人民共和国消防法（2021修订）》第二条规定，消防工作的方针是"预防为主，防消结合"。《高等学校实验室消防安全管理规范（JY/T 0616—2023）》规定高校实验室消防工作应坚持"预防为主，防消结合"的方针和"人防、物防、技防相结合"的原则，并为高校消防安全管理工作提出科学、客观的具体要求。

（一）预防为主，防消结合

1. 预防为主　"预防为主"指消防工作的首要任务就是做好预防，是消防工作的指导思想和出发点。消防工作就是围绕预防为核心来开展工作，从历年高校实验室发生的火灾警示案例分析可见，很多发生火灾事故的实验室未做好预防工作。预防工作是从源头上防止火灾发生的有效手段，它通过控制可能导致火灾发生或增大火灾危害的各类潜在不安全因素，即通过有效的管理制度和技术手段来实现。具体来讲，一方面，不同类别的实验室均需根据国家标准和行业标准等要求，配备与之相匹配的消防设施，并按要求做好检查和维护保养工作；另一方面，学校要制订涵盖各级单位各部门和相关人员的消防管理制度，明确消防管理职责和落实具体消防责任人。

2. 防消结合 "防消结合"是指预防和扑救两者的有机结合，防中有消，消中有防，两者相辅相成，密不可分。由于实验室中含有重要危险源，在实验室消防安全管理中，做好预防工作的同时，扑救能力的建设要同步进行，并且各实验室需要制订符合实验室实际情况的预防和扑救措施。由于实验室消防设施的配备和师生对消防认知能力的不同，完全避免火灾发生是不现实的，因此，在日常工作中，务必要作两手准备，一是积极防火，遵章守纪，及时发现消防安全隐患并做好整改工作；二是万一火灾发生了，能够第一时间采取有效的手段进行灭火和组织逃生，避免人员伤亡和重大财产损失。

（二）人防、物防、技防相结合

坚持以"人防"为中心，就是要建立健全消防管理体系，分级负责、加强教育、配齐技术人员、抓好隐患排查、提升应急处置能力，使消防安全管理规范化；以"物防"为基础，确保消防设施和器材配备到位且完好有效；以"技防"为保障，充分利用高科技检测手段，全方位、全时段监测火情，建立智能监控网络，提升预警能力，完善实验室消防技防体系。

三、消防安全管理的任务

实验室消防安全管理任务包括贯彻预防为主、防消结合的方针，坚持"人防、物防、技防相结合"的原则，落实消防安全责任制。主动接受消防安全宣传教育和培训，遵守消防安全管理制度和操作规程。具体来说，实验室消防安全管理的任务包括：

1. 熟悉实验室消防设施、器材及安全出口的位置，参加单位应急疏散预案演练，会使用消防器材和扑救初起火灾。

2. 知悉实验室火灾危险性和危害性，会报火警、会组织疏散逃生和自救。

3. 每次实验前后应检查本岗位工作设施、设备、场地、水源、电源、气源等情况，发现隐患及时处置，并向消防安全工作归口管理部门报告。

4. 监督其他人员遵守消防安全管理制度，及时劝阻和制止违反消防法律法规和消防安全管理制度等不利于消防安全的行为。

5. 按照消防安全管理制度进行防火巡查、检查，并做好记录；发现火灾隐患，及时消除，不能及时消除的应及时向实验室负责人报告。

6. 发现火情，应及时报火警并向实验室负责人报告，启动预案、组织人员疏散、扑救初起火灾和协助灭火救援。

7. 落实实验室安全员的消防职责。

第二节　燃烧与火灾

火灾是指火在时间和空间上失去了控制并且进行了蔓延的燃烧现象，可燃物、助燃物和点火源作为火灾发生的三要素，缺一不可。因此预防火灾的发生和灭火是从控制这3个必要条件着手，做到"预防为主，防消结合"。

一、燃烧与爆炸

（一）燃烧的三要素

燃烧是指可燃物与氧化剂作用发生的剧烈化学反应，通常伴有火焰、发光和（或）发热现象。

燃烧需要具备三要素：可燃物、助燃物（氧化剂）和点火源（温度），其中，助燃物以空气（氧气）最为普遍，而其他两要素则复杂多样。火灾是在时间上和空间上失去控制的燃烧所造成的危害，而爆炸往往又可以看作是一种速度极快的燃烧过程。值得注意的是，燃烧三要素是发生燃烧的必要非充分条件，缺少任何一个都不能发生燃烧；但是三个要素同时存在，也不一定发生燃烧，如助燃物浓度不够（窒息现象）、点火源能量过低或者可燃物数量不足等。所以发生燃烧既要具备燃烧的基本条件，还需要满足组分浓度、能量限制、温度影响和燃烧传播途径等多方面要求。

近代连锁反应理论认为，燃烧是一种自由基的连锁反应，也称链式反应，其反应机理大致可分为链引发、链传递、链终止3个阶段。自由基是一种高度活泼的化学基团，能与其他自由基或者分子发生氧化反应，使燃烧按链式反应迅速扩展。因此，通过化学试剂阻断燃烧链式反应（化学抑制法），是灭火的一种有效方式。

可燃物：凡能与空气中的氧或氧化剂起剧烈反应的物质称为可燃物。可燃物从相态上涵盖了气、液、固三种相态的物质。

助燃物：凡能帮助和维持燃烧的物质，均称为助燃物。常见的助燃物有空气、氧气以及氯气、氯酸钾等强氧化剂。

点火源：凡能引起可燃物质燃烧的能源，统称为点火源。其类型有明火、化学反应热、雷电、物质的自燃、电火花、热辐射、高温表面、静电、撞击和摩擦、绝热压缩、日光等。

防火和灭火措施是根据物质的特性及其所处的具体环境，通过合适的方式来阻止燃烧3要素的同时存在、互相结合、互相作用。例如，降低室内空气中可燃性气体或粉尘浓度，是为了控制可燃物；把黄磷保存于水中、把一氧化碳用水封等，是为了隔绝空气；有火灾爆炸危险的工房严禁烟火，是为了消除点火源。

（二）燃烧的类型

燃烧现象按其发生瞬间的特点，分为着火、自燃、闪燃三种类型。

着火：可燃物质受到外界火源的直接作用而开始的持续燃烧现象叫着火。着火是日常生活中最常见的燃烧现象，例如，用火点燃干柴，就会引起着火。

自燃：可燃物质虽没有受到外界火源的直接作用，但当受热达到一定温度，或由于物质内部的物理（辐射、吸附）、化学（分解、化合等）或生物（细菌、腐败作用等）反应过程所释放的热量积聚升温发生的自行燃烧现象叫自燃。例如，黄磷暴露于空气中时，即使在常温下，它与空气中氧发生氧化反应放出的热量累积起来易使其达到自行燃烧的温度，故黄磷在空气中很容易发生自燃。

闪燃：这是液体可燃物的特征之一。当火焰或炽热物体接近一定温度下的易燃或可燃液体时，其液面上的蒸气与空气的混合物会产生一闪即灭的燃烧，这种燃烧现象叫闪燃。发生闪燃的温度即为闪点，是评价化学品危险性的一个重要参数。

评价化学品危险性和固体火灾危险性的另一个重要参数是燃点。它是在规定的试验条件下，应用外部热源使物质表面起火并持续燃烧一定时间所需的最低温度。

此外，炸药或爆炸性气体混合物的燃烧，由于其燃烧速度很快，亦称为爆燃。

（三）爆炸的定义及分类

爆炸在自然界中经常发生。广义地讲，爆炸是物质发生非常急剧的物理、化学变化，在变化过程中，物质所含能量快速转化，变成物质本身或变化产物或周围介质的压缩能或运动能。爆炸的一个显著特征是爆炸点周围介质发生剧烈的压力突跃，并且由于介质受振动而发生一定的音响效应。

爆炸分为物理爆炸、化学爆炸和核爆炸3个类别。

物理爆炸：气体压力升高超过了容器的承受能力，使容器瞬间破裂，如锅炉爆炸，高压钢瓶爆炸，密闭反应器内放热反应失控导致压力升高反应器爆炸。

化学爆炸：化学反应瞬时放出大量气体，或瞬时放出大量热造成气体急剧膨胀。包括液体或固体炸药爆炸、可燃气体混合物爆炸和粉尘爆炸。

核爆炸：能量由核裂变或核聚变所产生的一种爆炸。

二、火灾的发展和蔓延

（一）火灾发展阶段

火灾分为初起期、发展期、猛烈期、衰减期4个阶段。

1. 火灾初起期 在火灾局部燃烧形成之后，可能会出现下列3种情况之一：

（1）可燃物不足，最初着火的可燃物因燃尽至火势终止；

（2）通风不足，火灾可能自行熄灭，或受到通风供氧条件的支配，继续缓慢燃烧；

（3）可燃物足够，通风条件良好，火灾迅速成长发展。此时，火灾的面积不大，烟和气体的流动速度比较缓慢，辐射热较低，火势向周围发展蔓延比较慢，燃烧往往还没有突破房屋建筑外壳。

2. 火灾发展期 当发生火灾的房间温度达到一定值，聚集在房间内的可燃物分解产生的可燃气体突然起火，致使整个房间都充满了火焰，室内所有可燃物表面都卷入火灾之中，火灾转化为极其猛烈的燃烧，即产生了轰燃。此时燃烧强度增大、温度升高、气体对流增强、燃烧速度加快、燃烧面积扩大，需要一定灭火力量才能控制火势发展和有效扑灭火灾。

以上两个阶段（初起与发展阶段）是扑灭火灾的最佳阶段，若进入猛烈燃烧阶段，火势扩大且建筑结构遭到破坏就会导致更大的经济损失与人员伤亡。

3. 火灾猛烈期 随着燃烧时间延长，燃烧速度不断加快，燃烧面积迅速扩大，燃烧温度急剧上升，持续温度达600℃至800℃，辐射热最强，气体对流达到最高速度，燃烧物质的放热量和燃烧产物达到最高数值。此时建筑材料和结构受到破坏，会发生变形或倒塌。此阶段的时间长短和温度高低，取决于建筑物的耐火等级。在这种情况下，需要组织较多的灭火力量和花费较长的时间，才能控制火势、扑灭大火。

4. 火灾衰减期 随着可燃物燃烧殆尽或者燃烧氧气不足或者灭火措施（洒水或者化学灭火）的作用，火势开始衰减。

（二）火灾蔓延的方式

火灾蔓延的方式除了火焰直接接触外，通常是以热传导、热辐射和热对流3种方式向外传播。

1. 热传导 热通过直接接触的物质从温度较高的部位，传递到温度较低部位的现象称为热传导。气体、液体和固体都具有导热性。一般说来，金属固体物质导热性最强。热传导是促使火灾发展蔓延的因素之一，热的传导与物质的导热性及热源的温度差、导热物体的厚度和截面积以及时间有关。导热系数越大的物质或热源处温度越高，就越容易把热传导出去。在火场侦察火情和灭火过程中，应注意查看建筑构件和火源周围有无导热良好的物体存在。不能认为火源周围是不燃结构就没有问题了，以防金属构件、管道的热传导引起新的火点。在火灾扑救中，应不断地冷却被加热的金属构件，以防构件塌陷伤人。清除与被加热金属物体靠近的可燃物质，或用隔热材料将可燃材料与被加热金属物体隔开。

2. 热辐射 热从热源通过辐射的方式在不相接触的物体间传播热量的过程，称为热辐射。或者说，以电磁波形式传播热能的现象称为热辐射。热辐射与热源的温度、距离和角度等因素有关。

3. 热对流 通过流动介质，热微粒由空间的一处向另一处传播热能的现象，称为热对流。对流是液体或气体中热传递的主要方式，按引起对流的原因分为自然对流和强制对流两种。通风孔洞面积和高度、温差力和风向对热对流有重要的影响。

（三）火灾蔓延的途径

火灾主要通过内外墙门、洞口、窗口、非防火隔墙或防火墙、空心结构、闷顶、楼梯间、各种竖井管道、楼板上的孔洞及穿越楼板、墙壁的管线和缝隙等蔓延，其蔓延途径主要有水平蔓延和垂直蔓延两种方式。水平蔓延为火灾从建筑物内的起火房间蔓延至整层楼的横向扩展；垂直蔓延为火灾从某一楼层向其他楼层蔓延的纵向扩展。

第三节　实验室的火灾种类

根据可燃物的类型和燃烧特性，可以将火灾分为6个不同的类别（表2-1）。

表 2-1　火灾分类

分类	定义	释义	举例	灭火种类代码符号（手提式灭火器）
A 类火灾	固体物质火灾	固体有机物燃烧的火，一般在燃烧时能产生灼热的余烬	棉、麻、纸张、干草、木材等	普通的固体材料火 Common Solid Materials
B 类火灾	液体或可熔化的固体物质火灾		煤油、汽油、甲醇、乙醇等有机物、塑料等	可燃液体火 Flammable Liquids
C 类火灾	气体火灾		氧气、氢气、天然气、煤气等	气体和蒸气火 Flammable Gas & Vapors
D 类火灾	金属火灾		钾、钠、镁等金属	/
E 类火灾	带电火灾	物体带电燃烧的火灾	加热器、风扇、电子设备之类的电气设备	带电物质火 Electriferous Materials
F 类火灾	烹饪器具内的烹饪物火灾		食用油、脂肪等	/

实验室内主要涉及有毒有害化学品（剧毒、易制爆、易制毒、爆炸品等），危险气体（易燃、易爆、有毒、窒息），各种带电仪器设备和电气线路等；也有一些实验室开展食品专业的实验。因此，实验室火灾类型包括A、B、C、D、E和F等6类火灾，以A～E类为主。2021年10月某高校实验室发生化学品爆燃事故，造成2人死亡，9人受伤；2022年4月某高校实验室发生一起化学品爆燃事故，导致1名博士生被大面积烧伤；在近20年发生的实验室事故中，火灾、爆炸事故约占80%，以带电设备火灾和易燃易爆危险品火灾为主。

一、电气火灾

由各种带电仪器设备和电气线路等引起的实验室火灾，称为电气火灾，属于 E 类火灾。实验室中带电设备具有设备集中、使用频繁、大功率电器多等特点，容易引发火灾，另外实验室含有易燃易爆危险化学品等危险源，一旦发生火灾，会造成爆炸等连锁反应。

（一）电气火灾原因

1. 短路　电气线路绝缘皮破损或者绝缘皮老化后，火线与零线、火线与地线接触到一起，引起电气线路中的电流瞬间增大的现象叫短路。短路容易产生电弧或者火花（图 2-1）。

2. 超负荷　因私拉电线、接入大功率设备、漏电、设备故障等引起带电仪器设备工作功率或电流超过额定值。超负荷会导致线路绝缘层老化加速，线路的温度也会越来越高（图 2-2）。温度过高时引发火灾。

图 2-1　电气短路

图 2-2　仪器使用超负荷

3. 接触电阻过大　线路与线路、开关、插座、电气设备等连接的部位都有接头，在连接部位的表面上形成的电阻叫接触电阻。日常工作中，如果接触电阻不大，当电流通过时，电阻产生的热量不多，接触部位温度就不会过高；当电气接头表面有氧化膜等杂物、连接不牢等原因造成接触电阻变大，电流通过时，会产生大量的热量，温度升高，引发火灾事故（图 2-3）。

4. 漏电　电气线路因某些原因（老化、腐蚀、潮湿、高温、磨损等）使电气线路的绝缘或者支架的绝缘不达标，导致电气线路之间或者电气线路与大地有一定的电流通过的现象（图 2-4）。漏电可能导致电路短路、设备损坏甚至由于产生电火花引起火灾等危险情况。

图 2-3　接触电阻过大

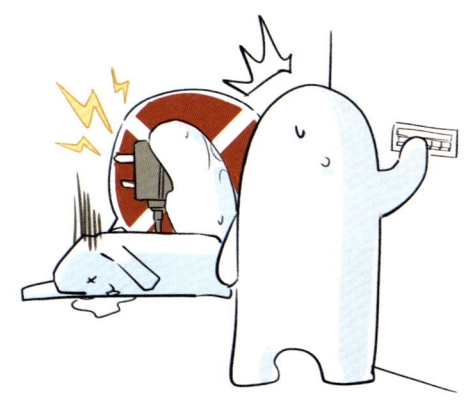

图 2-4　漏电

（二）电气火灾防火措施

电气火灾的预防主要通过做好实验室建设规划、规范选用实验室设备、优化设备使用环境、加强实验室日常管理、强化应急管理等方面来进行，详细防火措施见第三章"实验室电气安全"。

二、易燃易爆危险品火灾

根据《关于依法惩治涉枪支、弹药、爆炸物、易燃易爆危险物品犯罪的意见》，易燃易爆危险物品，是指具有爆炸、易燃性质的危险化学品、危险货物等。实验室内由易燃易爆化学品和其他易燃易爆物引起的火灾，称为易燃易爆危险品火灾，根据可燃物的类型和燃烧特性，易燃易爆危险品火灾包括A类固体物质火灾、B类液体或可熔化的固体物质火灾、C类气体火灾和D类金属火灾。

（一）易燃易爆危险品火灾原因

1. 电气火花与静电防范不到位　实验室中有不同种类的易燃气体、液体和固体，当实验室的带电设备产生火花或静电时容易引起易燃易爆危险品着火、爆炸。

2. 危险化学品存放不规范　当危险化学品存放不规范，如靠近水源、热源、电源或相互反应的化学品混放时，容易引发火灾或爆炸。

3. 操作不当　由于实验人员违反操作程序、用火不慎等原因引起危险化学品着火或爆炸。

（二）易燃易爆危险品防火措施

易燃易爆危险品火灾的预防主要通过控制点火源，加强分类存放、管理、规范使用、操作等方面来进行，详细防火措施见第四章"实验室化学品安全"。

第四节　消防设施及器材

高校学科专业各不相同，实验项目众多，因此确保实验场所的消防安全是实验室安全管理中极其重要的一部分。实验场所应按照国家标准、行业标准配置消防设施、器材，设置消防安全标志，并定期组织检验、维护保养，确保完好有效。一般实验场所中既有固定的消防设施和器材，也有根据实验室性质配备的设施和器材。消防设施主要包含消防水系统（室内外消火栓、自动灭火系统）、消防报警系统以及消防器材。消防设施与器材对于发现和扑救火灾，限制火灾蔓延，为扑救火灾与人员救助疏散起到极其重要的作用。熟悉各类消防设施器材并掌握其使用方法，是在火情初起时及时自救、扑灭火灾的关键所在。

一、消防水系统

消防水系统对于火灾的扑灭具有非常重要的作用，是必不可少的消防设施。消防水系统包含手动喷水灭火系统与自动喷水灭火系统，其中手动喷水灭火系统包含室外消火栓、室内消火栓、消防灭火枪以及消防炮等灭火系统，高校实验室常见室内外消火栓。自动喷水系统中又分为闭式系统与开式自动喷水灭火系统。分类详见表2-2。

表2-2　常见消防水系统分类

分类		主要作用
手动喷水灭火系统	室外消火栓	供消防车从给水管网取水实施灭火，或者接连水带、水枪出水灭火
	室内消火栓	用于扑灭初期火灾
	消防灭火枪	用于扑灭初期火灾
	消防灭火炮	常用于大空间建筑的喷水灭火

续表

分类			主要作用
自动喷水灭火系统	闭式系统	湿式自动喷水灭火系统	自动喷水灭火，适用于环境温度4~70℃
		干式自动喷水灭火系统	自动喷水灭火，适用于环境温度低于4℃或高于70℃
		预作用自动喷水系统	自动喷水灭火，可替用干式系统
	开式自动喷水灭火系统	雨淋系统	主要应用在火灾蔓延速度快，净空高度超过封闭喷头要求，以及严重危险级Ⅱ级以上的场所
		水喷雾系统	扑救固定火灾、闪点高于60℃的液体火灾和电气火灾
		细水雾系统	A类、B类、E类火灾的扑救

1. 室外消火栓系统　室外消火栓系统是设置在室外消防给水管网上的供水设施，主要供消防车从给水管网取水实施灭火，也可直接连接水带、水枪出水灭火，是扑救火灾的重要消防设施之一。按其安装场合，主要分为地上式消火栓、地下式消火栓和折叠式消火栓，其中地下式和折叠式适用于严寒、寒冷等冬季结冰地区。

2. 室内消火栓系统　室内消火栓系统放置在建筑物内部，适用于扑灭初期火灾。包含水枪、水带、消火栓、消防管道和水源等部分。消火栓宜分布在各个楼层之中，应放置在常有人员出入、使用方便的明显位置，消火栓阀门中心装置距离地面高度约为1.1米，其出水方向应便于消防水带的铺设，并宜与设置的消火栓墙面成90°或向下。在日常生活工作中，要确保室内消火栓箱内器材完整好用，切勿私自拿取箱内任何物品挪作他用；消火栓箱内不要堆放杂物，保持干净整洁；切勿遮挡室内消火栓，以免使用时无法打开，影响灭火速度。

3. 湿式自动喷水灭火系统　在已安装的自动喷水灭火系统中，约70%为湿式自动喷水灭火系统。湿式自动喷水灭火系统是准工作状态时管道内充满用于启动系统的有压水的闭式系统，由水流指示器、闭式洒水喷头、湿式报警阀组以及管道和供水设施组成。湿式喷水系统使用的环境温度应介于4℃至70℃，以免结冰或汽化。湿式系统的喷头主要包含直立型、下垂型、边墙型、隐蔽型，其中下垂型主要应用于有吊顶的场所，是最常见的喷头。其工作原理为区域内发生火灾时，温度升高使闭式喷头玻璃球炸裂，喷头开启喷水。因此不能人为对玻璃球加热，否则因玻璃球破裂可能产生误喷。

4. 干式自动喷水灭火系统　干式自动喷水灭火系统简称干式系统，在准工作状态时，报警阀处于关闭状态，由消防水箱或稳压泵等稳压设施维持干式报警阀入口前管道内的充水压力，报警阀出口后的管道内充满有压气体（通常采用压缩空气）。干式系统的灭火效率低于湿式喷水系统，但其主要用于环境温度低于4℃或高于70℃的场所。其工作原理为发生火灾时，周围环境温度升高，闭式喷头的热敏元件工作，闭式喷头开启，使干式阀的出口压力下降，加速器工作后促使干式报警阀迅速开启，管道开始排气充水，剩余压缩空气从系统最高处的排气阀和开启的喷头处喷出，从而进行灭火。相对于湿式系统，干式系统的喷头只有直立型或干式下垂型。

5. 预作用自动喷水系统　预作用自动喷水系统由闭式喷头、预作用装置、管道和供水设施等组成。准工作状态时配水管道内充水，发生火灾时，启动预作用装置、电动阀、消防水泵，向配水管道供水灭火。预作用系统的配水管道应设置快速排水阀，有压充气管道的快速排气阀入口前应设电动阀。与干式系统相似，预作用系统的洒水喷头只有直立型喷头和干式下垂式喷头。预作用自动喷水系统主要应用于替代干式系统的场所，以及准工作状态时严禁管道充水或误喷的场所。

6. 雨淋系统　雨淋系统是开式系统，由开式洒水喷头、雨淋报警阀组、水流报警装置组成（因水流速度快，不宜使用水流指示器，应采用压力开关）。发生火灾时由火灾自动报警系统或传动管控制，自动开启雨淋报警阀组，启动消防水泵，向洒水喷头供水。相对于湿式、干式和预作用系统，雨淋系统最大区别是采用开式喷头，雨淋阀开启后，所有喷头全部喷水。雨淋系统主要应用在火灾蔓延速度快，净空高度超过封闭喷头要求，以及严重危险级Ⅱ级以上的场所。

二、火灾自动报警系统

火灾自动报警系统在发生火灾险情时可发出报警声或光信号，以此提醒工作人员及时采取有效措施扑灭、控制火情，常放置在人员经常滞留场所，是现代消防中至关重要的安全技术设施。火灾自动报警系统由火灾探测器、火灾报警控制器和报警装置组成。火灾探测器检测到火灾后，将报警信息发送至火灾报警控制器，再由其处理后输出信号，启动火灾报警装置。

（一）火灾探测器

火灾探测器的选择可参考表2-3。

表2-3　火灾探测器的选择

火灾探测器	常见外观	适用类型
感烟式火灾探测器		火灾初期产生大量的烟雾和少量的热，很少或没有火焰辐射的场所
感温式火灾探测器		火灾初期产生大量的烟雾和少量的热，很少或没有火焰辐射的场所（可联合使用感烟式火灾探测器）
感光式火灾探测器		
一氧化碳火灾探测器		火灾初期有阴燃阶段，且需要早期探测的场所
可燃气体探测器		使用可燃气体、可燃蒸气的场所
复合式火灾探测器		复杂场所

1. 感温式火灾探测器　火灾时由于燃烧产生大量的热量，使周围环境温度发生变化。感温式火灾探测器是对周围温度变化时响应的火灾探测器。感温式火灾探测器按照监视范围分为"点型"感温火灾探测器（警戒范围中某一点）和"线型"感温火灾探测器（警戒范围中某一线路）。感温式火灾探测器适宜安装在起火后不会产生大量烟雾的场所，日常温度较高的场所不宜安装，学校常安装"点型"感温火灾探测器。

2. 感烟式火灾探测器　在火灾初期，物质多处于阴燃阶段，产生大量烟雾，烟雾是早期火灾的重要特征之一。感烟式火灾探测器主要通过监测烟雾浓度，能对可见的或不可见的烟雾粒子产生响应，分为点型探测器（离子型感烟、光电型感烟）和线型探测器（激光光束线型感烟、红外光束型感烟）。感烟式火灾探测器宜安装在发生火灾后产生烟雾较大或容易产生阴燃的场所，不宜安装在平时烟雾就较大或通风速度较快的场所。教学楼、办公室、实验室等场所宜安装点型感烟式火灾探测器，而产生醇类、醚类、酮类等有机化学物质的场所则不宜安装点型离子感烟火灾探测器。

3. 感光式火灾探测器 燃烧时，在产生烟雾和热量的同时，也产生光辐射。感光式火灾探测器又称火焰探测器，是一种响应光辐射的火灾探测器，对明火的响应比感温、感烟火灾探测器快很多。感光式火灾探测器依据技术原理分为点型火灾探测器和图像型火灾探测器。为了避免可见光产生的光辐射，常选择非可见光的紫外或红外火焰探测器。红外火焰探测器分为单波段、双波段和三波段红外火焰探测器，实际应用中，双波段、三波段使用较多，可有效提高探测器的灵敏度，防止误报。感光式火灾探测器应避免光源直接照射在探测器的探测窗口，且在探测视角内不应存在遮挡物。感光式火灾探测器宜安装在火灾发展迅速，有强烈的火焰辐射、少量烟、热或瞬间产生爆炸的场所，如石油、炸药等化工制造的生产存放场所。不宜安装在火焰出现前有浓烟扩散、探测镜头易被污染、探测区域内的可燃物是金属或无机物、易受阳光或白炽灯等直接照射的场所。对于有可能产生复杂火灾的场所，宜同时选择两种以上火灾参数的火灾探测器。

4. 可燃气体探测器 高校实验室常会使用氧气、氢气等气体，家庭生活中燃气能源也是必不可少的能量来源。依据中国城市燃气协会安全管理工作委员会发布的2022年《全国燃气事故分析报告》中可知，2022年全年共发生燃气事故802起，造成66人死亡，487人受伤，其中较大事故10起。可燃气体探测器是对单一或多种可燃气体浓度变化响应的探测器，对于隐患的发现及应对具有快速高效的特点。依据其工作原理，分为催化燃烧型、热传导型、红外气体型、半导体型、电化学型、光致电离型、顺磁型和激光型。依据标准，对于可能散发可燃气体、可燃蒸气的场所应设置可燃气体探测器。可燃气体探测器应设置在可能产生可燃气体部位附近，依据气体的密度大小，安装在适宜的位置。实验室常见可燃气体探测器选用见二维码。

5. 一氧化碳火灾探测器 火灾燃烧过程中易产生一氧化碳，并且一氧化碳在阴燃过程中具有燃烧释放量高以及空气中存在量少的特点，因此一氧化碳探测器在火灾探测中具有极其重要的作用。一氧化碳火灾探测器属于气体探测器的一种，主要分为半导体CO探测器、电化学式CO探测器和基于激光吸收光谱的CO探测器。依据标准，对于火灾初期产生一氧化碳的场所可选择点型一氧化碳火灾探测器，如烟不容易对流或顶棚下方有热屏障的场所、在棚顶上无法安装其他点型火灾探测器的场所、需要多信号复合报警的场所。

6. 复合式火灾探测器 复合式火灾探测器是对两种或两种以上火灾参数响应的探测器，它有感烟感温式、感烟感光式、感温感光式等几种形式。

7. 火灾探测器的选择及安装要求
（1）在宽度小于3米的走道顶棚设置点型探测器时，应居中布置。
（2）感温火灾探测器的安装间距不应超过10米；感烟火灾探测器的间距不应大于15米；探测器到端墙的距离，不应大于探测器安装间距的1/2。
（3）点型探测器至墙壁、两边的水平距离应≥0.5米，在其0.5米范围内，不应有遮挡物。
（4）房间被设备、隔断等分隔时，其顶部至顶棚或梁的距离小于房间净高的5%时，每个被隔开的部分应至少安装一个点型探测器。
（5）至空调送风口边的距离不应小于1.5米，且宜接近回风口。点型探测器宜水平安装，当倾斜安装时，倾斜角应≤45°。
（6）一氧化碳火灾探测器可设置在气体能够扩散到的任何部位。

（二）火灾报警控制器

火灾报警控制器是火灾自动报警系统的心脏，主要作用包括接收火灾信号并启动火灾报警装置；通过自动消防灭火控制装置启动自动灭火设备和消防联动控制设备；自动监视报警系统的正确运行和对特定故障给出声、光报警。常放置在实验楼的消防控制室内，且只可专人进入。

（三）火灾报警装置

在火灾自动报警系统中，用来接收、显示和传递火灾报警信号，并能发出控制信号和具有其他辅助功能的控制指示设备称为火灾报警装置，常见装置见表2-4。

表 2-4　常见火灾报警装置

火灾报警装置	常见外观
手动火灾报警按钮	
火灾报警装置	（声光报警器） （消防警铃）

1. 触发器件　在火灾报警系统中，自动或手动产生火灾报警信号的器件称为触发器件。主要包括火灾探测器和手动火灾报警按钮。

手动火灾报警按钮是通过人工按压产生火灾报警信号、启动火灾自动报警系统的消防装置。每个防火分区应至少放置一个，从防火分区的任一位置步行至最近的手动报警按钮的距离不能大于30米。应设置在明显和便于操作的部位如疏散通道或出入口处，采用壁挂方式安装时，其距离地面的高度应为1.3～1.5米，且有明显的标志。

2. 火灾警报器　在火灾自动报警系统中，火灾警报器是一种最基本的火灾警报装置。用以发出区别于环境声、光、响的火灾警报信号。火灾警报器应设置在每个楼层的楼梯口、消防电梯前室、建筑内部拐角等处的明显位置，且不宜与安全出口指示灯设置在同一面墙上。如采用壁挂方式安装时，其距离地面的高度应大于2.2米。其声压不应小于60dB，在环境噪声大于60dB的场所，其声压级应高于背景噪声15dB。声光报警器、消防警铃就是常见火灾警报器。

（四）系统的日常维护管理

1. 一般规定

（1）火灾自动报警系统必须有专人负责，坚持24小时值班制度。系统的操作维护人员应是经过专门培训，并经消防监督机构组织考试合格的专门人员。值班人员应熟悉掌握本系统的工作原理的操作规程。

（2）使用单位必须有竣工图、设备技术资料、使用说明书、调试开通报告、竣工报告、竣工验收情况表等有关资料，建立完整的技术档案，以便系统的使用和维护。

（3）应建立系统操作使用规程，明确值班人员职责，做好系统运行记录和维护图表。

2. 定期检查

（1）日查。单位的值班人员每日应检查报警系统功能（如火警功能、故障功能等）是否正常，指示灯是否正常，应留有检查记录及问题处理记录。

（2）周查。进行主、备电源自动转换试验。

（3）季度查、年查。应对系统进行全面地测试、检查、维修，并填写检查表。

火灾报警系统投入运行2年后，其中点型感温、感烟探测器应每隔3年由专门清洗单位全部清洗一次，清洗后应作响应阈值及其他必要功能试验，试验检测不合格的装置不允许重新安装使用。

三、常见消防器材

（一）灭火器

1. 灭火器的型号编制方法

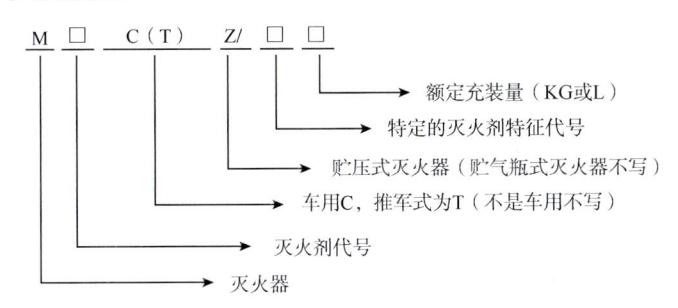

```
M □   C(T)   Z/ □ □
                  └──→ 额定充装量（KG或L）
                └────→ 特定的灭火剂特征代号
          └──────────→ 贮压式灭火器（贮气瓶式灭火器不写）
      └──────────────→ 车用C，推车式为T（不是车用不写）
  └──────────────────→ 灭火剂代号
└──────────────────────→ 灭火器
```

灭火器的灭火剂代号和特定灭火剂特征代号见推荐阅读。

2. 灭火器分类　灭火器的种类众多，按照不同的分类方式可分为多种类型：

按充装的灭火剂分类，分为水基型灭火器、干粉灭火器、二氧化碳灭火器和洁净气体灭火器。

按驱动灭火器的压力型式分类，可分为贮气瓶式灭火器和贮压式灭火器。

按其移动方式，可分为手提式灭火器和推车式灭火器。

在实验室中常用手提式灭火器，且推车式灭火器与手提式灭火器的填充物、扑灭火灾分类相似，因此后续描述以手提式灭火器为主。

（1）水基型灭火器

1）水基型灭火器的灭火剂分为水成膜泡沫灭火剂和清洁水或带添加剂的水，如湿润剂、增稠剂、阻燃剂等，其喷射到燃料表面，使可燃物与空气隔绝，从而达到灭火的目的。水基型灭火器分为水基型清水灭火器、水基型水雾灭火器和水基型泡沫灭火器。传统化学泡沫灭火器已被淘汰，现用泡沫灭火器即为水基型灭火器。

2）适用火灾类型：主要适用于初起火灾，可以有效灭火不易复燃。通常适用于扑灭A、B、F类火灾（如木材、纸张、棉麻、织物等），部分水基型灭火器（水雾型）可以扑灭E类火灾。水基型灭火器的灭火剂喷在人身体上可以产生阻燃作用，便于人员逃生。

（2）干粉灭火器

1）干粉灭火器有BC型（碳酸氢钠干粉灭火器）、ABC型（磷酸铵盐干粉灭火器）、D类干粉灭火器（粉末状石墨、颗粒状氯化钠或铜基粉末）。

2）适用火灾类型　BC干粉灭火器：适用于扑救加油站、汽车库、实验室、变配电室、液化气站、油库、船舶、车辆、工矿企业等场所的初起火灾。

ABC干粉灭火器：适用于扑救可燃固体、可燃液体、可燃气体和带电设备的初起火灾。

D类干粉灭火器：适用于活泼金属（如钾、钠、镁）火灾。

（3）二氧化碳灭火器

1）二氧化碳灭火器是利用充装的液态二氧化碳喷出灭火的器材。二氧化碳灭火时不会污损物件，灭火后不留痕迹，因此它更适于扑救精密仪器和贵重设备的初起火灾。

2）适用火灾类型：适于扑救可燃液体、可燃气体和电气设备的初起火灾，常用于加油站、油泵间、液化气站、实验室、精密仪器设备室等场所作初期防护。

（4）洁净气体灭火器

洁净气体灭火器是指填充非导电的气体或气化液体的灭火剂，其基本特征是：气态或自动蒸发、不留残余物、电绝缘性好、对保护对象无污损等。适用于扑救可燃固体、可燃液体、可燃气体和带电设备的初起火灾。

洁净气体灭火剂，目前可分为四大类：

1）卤代烷灭火剂包括二氟二溴甲烷（代号：1_202），二氟一氯一溴甲烷（代号：1_211），三氟一溴甲烷（代号：1301）和四氟二溴乙烷（代号：2_402）等哈龙灭火剂，其中，由于环境污染问题，1_211/1_301灭火器目前已列入国家淘汰灭火器目录。

2）氢氟碳化物灭火剂（七氟丙烷HFC-227ea、六氟丙烷HFC-236fa等），具有高效洁净的特点，是目前应用最广泛的化学气体灭火剂。

3）全氟己酮灭火剂（通常简称1_230），是目前公认的可替代七氟丙烷等氢氟碳化物灭火剂的物质。

4）惰性气体灭火剂（IG541、IG01、IG100、IG55等），主要由氮气、氩气与二氧化碳以一种或多种气体按照不同比例混合而成，具有较高的环保性。

3. 灭火器的日常检查

（1）检查压力表（二氧化碳灭火器无压力表）。查看灭火器上部的压力表，检查灭火器是否失效。如果指针指在绿色区域，则表示灭火器压力正常，可正常使用。如果指针指在黄色区域，则表示在罐装时压力过大，也可正常使用，但确有风险。如果指针指在红色区域，表示灭火器内部压力过小，灭火器已经失效，需要立即重装或更换。

（2）检查压把、保险销、塑料封条（铅封）。注意压把与保险销生锈会影响正常使用，压把外观应为正常无变形，保险销应无锈迹，封条完整。

（3）检查皮管和喷嘴。查看是否有裂纹损坏和喷嘴堵塞，否则会从破损处溢出，或在使用时不能弹出。

（4）检查灭火器筒体。检查应无生锈，外壳没有凸起，厂家等标签完整。瓶体有钢印。底部无锈迹。

（5）检查生产日期。灭火器应每月巡检1次并做好记录，有问题应及时维修。

4. 灭火器的放置

（1）灭火器应放置在便于取用的位置，不宜放在潮湿、强腐蚀性的地点。

（2）放置灭火器的位置应有明显标识，对于有视线障碍的位置，应具有发光标志。

（3）灭火器的摆放应稳固，不得放置在超出使用温度范围的地点。

（4）灭火器周围不得堆放杂物。

（二）其他消防器材

除了消火栓、灭火器等消防设施外，还有多种消防器材在火灾来临时能够发挥指引、灭火、逃生等重要作用，常见的消防器材有疏散标志、灭火毯、消防沙、消防应急灯等，主要作用及常见外观见表2-5。

表2-5 其他常见消防器材

消防器材	常见外观	主要作用
疏散标志		疏散指示标志是一种在亮处吸光、暗处发光的消防指示牌。火灾发生时,在黑暗场所自动发光,指示安全通道、安全门
灭火毯		灭火毯用于扑灭F类火灾或覆盖在身上逃生用。常用不燃材料编织而成，在火灾初期覆盖火源，阻隔空气从而达到灭火的目的。其优点为没有保质期，便于携带，且可重复使用

续表

消防器材	常见外观	主要作用
消防沙		消防沙对扑灭金属火灾安全有效，平时应保持消防沙干燥，防止其受潮，避免塞入火柴、烟头等异物
消防应急灯		消防应急灯是消防应急中最常用的一种照明设备，具有亮度高、耗电小、照明时间长等优点。特别适合于学校、酒店、工厂等公共场所的应急照明
消防安全门		消防安全门是发生火灾时，人们用来逃生用的紧急安全出口，平时严禁上锁和堵塞
消防逃生面具		消防逃生面具是突发火灾的常见逃生工具。面具由阻燃烧棉布制造，防止人的头部受到高温辐射的伤害

四、消防安全管理的新技术新措施

随着我国科技事业的加快发展，科技创新体系逐步完善，创新能力不断增强，科技进步为推动高质量发展提供了有力支撑，我国已进入新发展阶段，对于消防工作的改革创新要求也越来越高。新一轮科技革命和产业变革深入发展，5G、物联网、大数据、GPS、GIS、云计算、人工智能等高科技在消防领域的深度参与，大幅提升消防安全监测预警、监管执法、指挥决策、应急救援等能力，有效降低消防安全风险，为消防工作转型升级聚力赋能。

（一）5G 通信技术

5G 通信技术也称第五代移动通信技术，具有效率高、宽带宽、可靠性高、延时低等特征。当前处于智慧消防的初级阶段，面临感知难、高速可靠传输难等问题，5G 技术在解决上述问题时提供了技术支持。

1. 火警调度指挥中的应用 5G 指挥消防的烟雾探测器可以实现准确定位、多级联报，在发生火灾时可向本地建筑的消防控制室、119 火警调度指挥中心同时报警。也可实现消防车联网，远控驾驶、编队行驶等功能，并且对于大范围灾害事故，可以远程无线操作，从而确保消防人员的生命安全。

2. 消防无人机图传系统中的应用 5G 信号相较于 4G 更加稳定，传回的图文也更加清晰稳定。

（二）无人机

随着城市化进程越来越快，人口密集、集中程度也越来越高。现代城市建筑的高度也随之越来越高，高于100米的建筑在超大城市屡见不鲜，对消防的难度也越来越高。

1. 辅助灭火　突破传统的救火方式，使用无人机对生命探测、救援、火情查看等领域进行辅助灭火。

（1）便携式无人机。可搭载红外、对讲器、照明等设备，在狭小空间快速穿梭侦察。

（2）侦察巡检无人机。可搭载气体检测仪、单光吊舱等设备，用于现场灾情侦察，指挥调度，紧急疏散。

（3）应急建模无人机。可搭载三维建模、气体分析仪、照明灯等设备，用于火灾现场的三维建模与侦察。

2. 直接灭火　无人机搭载灭火消防栓等设备，对高层火情进行有效控制和扑灭。

（三）大数据

随着城市化人口的越来越密集，传统消防手段已无法满足现有城市发展要求。大数据的发展，可将其运用到消防工作中实现智能预警、智能指挥、智能防控和智能管理。

1. 大数据的应用可使火灾风险防控精准化　基于大数据的智能防控可将火灾隐患多维度挖掘，进而在根源上降低火灾发生概率。

2. 大数据的应用可使消防救援智慧化　依托于大数据，可增加分析救援力量的可靠性、火灾信息的研判能力，以及制订科学的救援方案；使消防救援的效率大幅提高。

3. 大数据的应用可使消防资源精细化　可以基于大数据进行消防设备电子台账的建立、提供消防相关知识、开展紧急救援演练等活动，提升公民消防意识，提高公民自救能力。

（四）物联网

我国物联网技术在现阶段已初见成效，作为现代化产物，物联网拥有庞大的网络支撑，已被多个行业应用。通过引入物联网技术，可以提高对危险源的识别能力，提升及时性和收集处理消防数据的速度，从而提高智慧消防系统的完善性。

1. 火灾防控中的应用　通过检测消防水源、消防设施以及智能楼宇系统等，实现及时预警功能。

2. 危险源监管中的应用　将物联网与目标危险品建立连接，建立相关程序，提高危险品运输中的监管效率。

3. 基础消防中的应用　物联网一方面可以有效管理消防资源和消防员，进行信息收集处理，实现动态管理；另一方面又可以管理灭火剂，实现灭火剂的合理化管理。

随着新一轮科技革命和产业变革深入发展，智慧消防是消防系统发展的重要方向。智慧消防的发展与应用，可以有效解决传统消防模式中的缺点，显著提高出警速度与灭火速度，优化配置资源，使得人民生命财产安全及消防员的生命得到最大限度的保护。

第五节　实验室消防的应急处理

一、火情处理流程

（一）设立实验室消防事故应急组织机构

依据《高等学校实验室消防安全管理规范（JY/T 0616—2023）》，学校应成立由消防安全责任人或消防安全管理人负责的火灾事故应急指挥机构，担负消防救援队到达之前的灭火和应急疏散指挥职责。机构常设总指挥、副总指挥、灭火行动组、联络通信组、疏散引导组、防护救护组、人员与资产清查组。由应急组织机构调节、掌握火灾发展情况，及时协助扑灭火灾。

总指挥的主要职责：全面掌握火灾现场、受灾情况等，及时制订应急行动方案，综合指挥应急救援行动。

副总指挥主要职责：分管各个小组，具体指挥小组行动。

灭火行动组：听从救援命令，快速高效进行灭火救援，协助消防人员进行灭火救援行动。

联络通信组：接到指令后，及时与防火负责人联系，通知联络相关部门进行各项具体工作，在应急响应过程中联络各个部门。

疏散引导组：明确疏散范围、疏散顺序以及集合地点等疏散信息，引导现场安全疏散、撤离。

防护救护组：进行现场救援与救治工作，配合120急救中心救治工作。

人员、资产清查组：清查人员、资产情况。

（二）实验室火灾发生时的一般应对措施

实验室火灾发生时的一般应对策略（图2-5）。

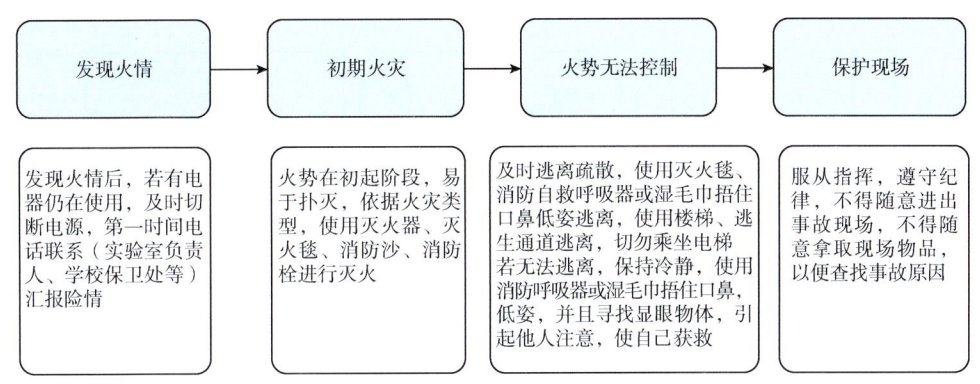

```
发现火情 → 初期火灾 → 火势无法控制 → 保护现场
```

发现火情	初期火灾	火势无法控制	保护现场
发现火情后，若有电器仍在使用，及时切断电源，第一时间电话联系（实验室负责人、学校保卫处等）汇报险情	火势在初起阶段，易于扑灭，依据火灾类型，使用灭火器、灭火毯、消防沙、消防栓进行灭火	及时逃离疏散，使用灭火毯、消防自救呼吸器或湿毛巾捂住口鼻低姿逃离，使用楼梯、逃生通道逃离，切勿乘坐电梯；若无法逃离，保持冷静，使用消防呼吸器或湿毛巾捂住口鼻，低姿，并且寻找显眼物体，引起他人注意，使自己获救	服从指挥，遵守纪律，不得随意进出事故现场，不得随意拿取现场物品，以便查找事故原因

图2-5 实验室火灾发生时的一般应对策略

1. 报告警情 实验室发生火灾时，现场人员应先关闭电源，并立即向实验室安全责任人汇报，并且根据事故严重程度拨打学校报警电话、119报警电话，在汇报火警时，应讲清以下内容：①火灾的具体单位及详细地址；②火灾原因、大小、有无爆炸等信息；③报警人的基本情况，包括姓名、单位、联系电话等内容。切记等对方挂断电话后再挂电话，避免遗漏相关信息。寻找最近的手动火灾报警系统，并通过按压提醒工作人员及其他人员。《中华人民共和国消防法（2021修订）》规定：任何人发现火灾都应当立即报警。任何单位、个人都应当无偿为报警提供便利，不得阻拦报警。严禁谎报火警。

2. 扑灭初期火灾 火灾在发展初期，常处于阴燃阶段，易于扑灭。在专职消防队员到达火场之前，可对火灾进行相关扑救工作。扑救必须坚持"救人第一"的指导思想，遵循"先控制后消灭，先重点后一般"的原则。

（1）救人第一：火灾发生时，应立即疏散、撤离现场人员，协助相关人员组织营救被困火场人员，保障人民的生命安全。

（2）先控制后消灭：对于不能立即扑救的火灾，要先控制火势的蔓延与扩大。具有可以扑灭火灾的条件时全面展开扑救。对于密闭条件较好的室内火灾，必须闭紧门窗，以防火势蔓延。

（3）先重点后一般：在扑救火灾之前，需要全面分析火场情况，对于危及生命安全的人员、贵重物资要优先抢救。之后再抢救一般物资。

3. 人员与物资的安全疏散

（1）人员安全疏散：维护现场秩序；有序撤离；做好防护，低姿撤离；积极寻找正确逃生方法；切勿乘坐电梯，使用逃生楼梯、逃生通道逃生；自身着火快速扑打，尽快脱掉衣帽，切记不能奔跑。

（2）物资安全疏散：疏散可能造成扩大火势和爆炸危险的物资；疏散价值昂贵、性质重要的物资。

4. 火灾现场保护 与火灾有关的留有痕迹物证的场所均应列入现场保护范围。现场保护人员要服从指挥，遵守纪律，不得随意进出现场，不得移动、用取现场物品。

二、火灾扑救

实验室内的火灾，初期阶段往往局限于实验室内部，火势蔓延范围不大，是扑救火灾的黄金时期。若初期火灾没有被及时发现并扑灭，则会引起燃烧面积扩大，不易控制。因此，在火灾初期，采用正确的扑救措施可以有效控制火势发展，确保人员生命财产安全。

在火灾扑救中根据实际情况采取堵截、快攻、排烟、隔离等方法进行初起火灾的扑救。

（一）灭火毯、消防沙的使用

初期火灾在火势不大、可控阶段，可以使用简易的灭火工具进行灭火。例如灭火毯（图 2-6）、消防沙等去覆盖着火的燃烧物，并将燃烧物全部盖住，隔绝空气，使火熄灭。消防沙对于扑灭金属起火非常安全有效。

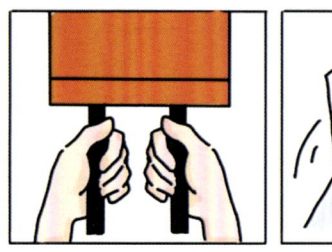

将灭火毯从包装中拉出来　　展开灭火毯　　将灭火毯完全覆盖在火源上直到熄灭

图 2-6　灭火毯的使用

（二）室内消防栓的使用

室内消防栓是控制可燃物、隔绝助燃物、消除火源的重要灭火设施（图 2-7）。

1　打开箱门，取出消防水带　　2　展开消防水带　　3　水带一头接在消防栓接口上

4　另一头接上消防水枪　　5　打开消防栓上的水阀开关　　6　对准火源根部进行灭火

图 2-7　室内消火栓的使用方法

1. 按下手动火警报警器 消防栓附近或消火栓柜门内有手动火警报警器，首先按下报警器，进行火灾的手动报警。

2. 铺设水带　取下消防水带，向火场方向铺设水带，注意避免扭折水带。

3. 开阀灭火　需二人合作，一人连接好枪头与水带，奔向起火点，另一人接好水带和阀门口，待同伴到起火点附近，逆时针打开阀门，即可进行火灾扑救。

若消火栓配有消防软管，可拉出消防软管，打开水阀，奔向起火点，最后开启软管喷枪，即可进行喷水灭火。

（三）灭火器的正确使用

灭火器是火灾扑救中常用的灭火工具，且结构简单、使用灵活，经过简单学习训练就能掌握其使用方法。对应不同的火灾种类，需使用正确的灭火器类型，以防造成更大危害。灭火器重点自检项目（图2-8）。

1. 灭火器铭牌及外观　拿到灭火器后应首先仔细查看灭火器外观，阅读贴在筒体或印刷在筒体的铭牌等信息，确保灭火器的正确使用。

灭火器铭牌及外观审查包括以下内容：

（1）灭火器的名称、型号和灭火剂的种类。

（2）灭火器的灭火级别和灭火种类（对于红线"×"的灭火种类，应仔细了解，避免造成危险）。

（3）灭火器使用温度。

（4）灭火器驱动气体名称和数量/压力。

（5）灭火器水压试验压力（钢印打在灭火器不受内压的底圈或颈圈等处）。

（6）灭火器认证。

（7）灭火器生产连续序号（可印在铭牌上，也可用钢印打在不受压的底圈上）。

（8）灭火器生产年份。

（9）灭火器制造厂名称或代号。

（10）灭火器的使用方法，包括一个或多个图形说明和灭火种类代码。

（11）再充装说明和日常维护说明。

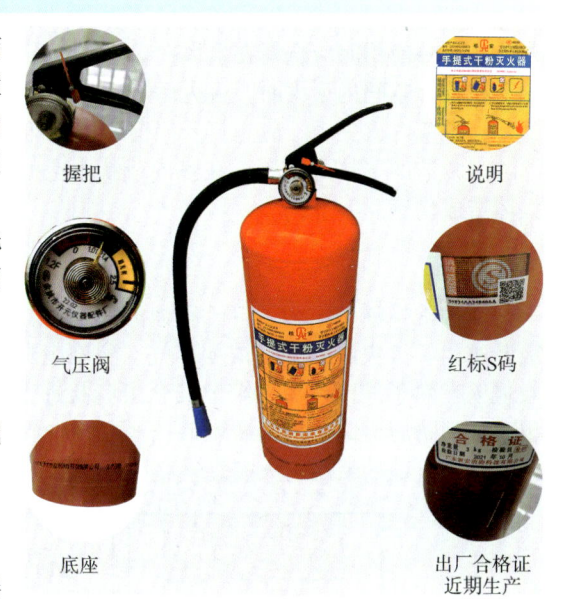

图2-8　灭火器重点自检项目

2. 灭火器使用方法　不同的火灾类型使用对应灭火器类型（表2-6），不同种灭火器的使用方法基本相同，使用口诀为"提、拔、握、压"。具体使用方法（图2-9）：提灭火器至火场，站在上风处3～5米，拔掉保险销，握住软管（二氧化碳灭火器除外），对准火焰根部，压下压把，左右移动喷嘴，直至火焰全部扑灭。

表2-6　不同火灾类型对应灭火器类型

火灾类型	灭火器类型
A类火灾	水基型、ABC干粉、洁净气体等灭火器
B类火灾	干粉、水基型泡沫、二氧化碳等灭火器
C类火灾	干粉、洁净气体、二氧化碳等灭火器
D类火灾	消防沙、土、D类灭火器等
E类火灾	ABC干粉、洁净气体、二氧化碳等灭火器
F类火灾	灭火毯、水基型灭火器等

注：在实际情况中，具体灭火类型详看使用灭火器表面说明

图2-9　灭火器的正确使用

但是不同种类灭火器在使用时有不同的注意事项。

（1）水基型灭火器：不可将灭火器倒置，在使用前左右晃动后，灭火效果更好。

（2）干粉灭火器：在喷粉过程中应始终保持直立状态，不能横卧或颠倒使用。扑救容器内火灾时，注意不要把喷嘴直接对准液面喷射，以防干粉气流的冲击力过大，引起火势扩大。

（3）二氧化碳灭火器：

不戴防护手套时，不要徒手直接握喷筒或金属管，以防冻伤。而是用手将喷筒转至与筒体 70°～90°，用手托住筒体进行左右移动灭火。

在室外使用时应选择在上风向。

在狭小空间内灭火时，灭火后应迅速撤离。

扑救室内火灾后，应先打开门窗通风，然后人再进入，以防窒息。

（4）洁净气体灭火器：在室内或狭小空间使用后，人员应迅速撤离，以避免灭火剂的毒性对人体造成伤害。

三、安全疏散和逃生

在日常生活中，为了自己和他人的安全，火灾发生后，在无法控制火情的情况下，要及时疏散及逃生。火灾降临，在浓烟毒气、烈焰包围下，保持冷静，机智运用逃生知识，拯救自己也拯救他人。熟悉周围环境，牢记安全出口及逃生路线；善用安全出口，禁用电梯，有序撤离；安全出口、消防通道应保持畅通无阻，不可堆放杂物。

1. 灭火毯的使用　火灾发生后，可将灭火毯抽出，披覆在身上，迅速逃离火场（图2-10）。

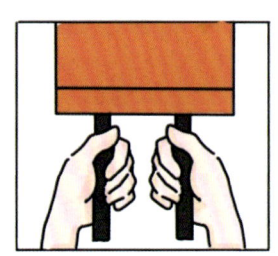

图2-10　灭火毯逃生使用方法

2. 消防自救呼吸器的使用　火灾时可产生大量的烟雾，吸入大量烟雾可造成呼吸道烧伤、呼吸困难且视线受阻，影响逃生。火场中80%的死亡是由于烟雾中毒。及时使用防烟雾面罩，可以过滤火场中一氧化碳等有毒气体，增加逃生成功率。

消防自救呼吸器的使用方法（图2-11）：

图2-11　消防自救呼吸器使用方法

（1）检查呼吸器外包装盒的完整性。
（2）检查是否有消防产品认证标识及合格证明。
（3）打开盒盖，取出面罩，撕开真空包装。
（4）拔掉前后两个罐塞，戴好面罩（长发应塞入罩内），拉紧头绳。

3. 撤离火场后，集合至火场上风处，便于人员统计。

4. 若因火势太大，无法撤离时，可将鲜艳颜色的物品抛出窗外，也可敲击物品，发出求救信号。夜晚可用手电筒不停闪动，便于消防人员发现自己。

5. 无法逃脱时，应关紧门窗，打开背火的门窗，用湿毛巾捂住口鼻，应低姿以便呼吸新鲜空气。并用湿毛巾或湿布塞堵门缝，不停用水淋透房门，防止烟火的渗入。

四、受伤后的救护与处理

烧伤急救的基本原则为：消除热源、灭火、自救互救。烧伤发生时，最好的救治方法即用冷水冲洗，也可浸泡在水池中，防止烧伤面积继续扩大。明确医疗箱（图2-12）的具体位置及内置物品，正确使用医用物资，进行相关急救措施。

根据不同的烧伤类型，可采用相关急救措施。

1. 扑灭身体明火 采取有效措施扑灭身上的火焰，当衣服着火时，应就地卧倒翻滚、淋水等方法尽快灭火。切不可直立奔跑，以免助长燃烧。灭火后，伤员应立即脱去衣帽，剪去伤区衣物（图2-13），并对创面进行保护。

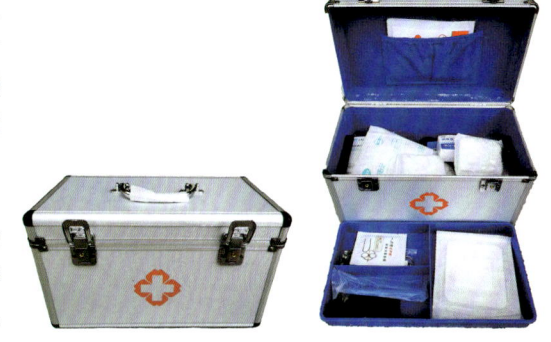

图2-12　医疗箱

2. 保护创面 在火场，一般对创面不做特殊处理，尽量不要弄破水泡，以免影响烧伤面深度的判断。把烧伤部位放在流动水下冲洗，水流速不要太大，降低局部温度，以减轻创面疼痛，减轻烧伤余热对身体的进一步损伤，减轻肿胀，防止起泡，如图2-14所示。冷疗持续时间应以停止冲洗后不再有剧痛为准，大约30～60min，有条件可以在水中放些冰块以降低水温。

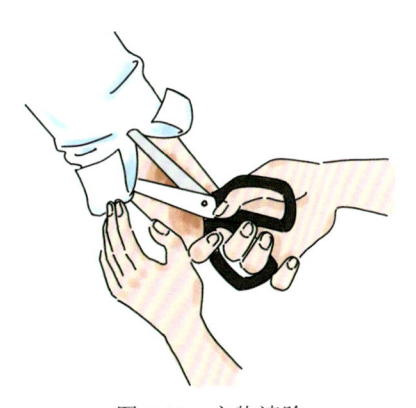

图2-13　衣物清除　　　　　图2-14　创面冷疗

降温的同时判断烧伤程度，一度烧伤，皮肤无任何破损的情况下，可自行处理；其余烧伤均需去医院治疗。烧伤程度判断，见图2-15。为防止继续污染，可以用干净的三角巾、大纱布块等对创面进行简单的包扎。手脚被烧伤时，应将各个手指、脚趾分开包扎，以防粘连。

3. 防止休克、感染 火场休克是非常危险的，严重休克可使人致命。休克的症状是口唇、面色苍白、四肢发凉，脉搏微弱，呼吸加快，出冷汗，表情淡漠，严重者可出现反应迟钝，甚至神志不清或昏迷。预防休克和掌握休克急救的方法非常重要，包括以下4点。

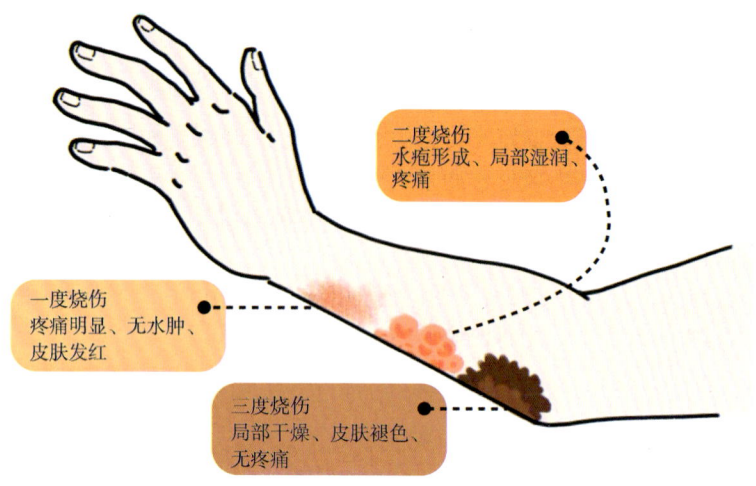

图 2-15　烧伤分度

（1）尽快发现受伤人员，及时妥善包扎伤口，一切外出血都需及时有效止血。

（2）安置急救后的伤员至安全可靠场地，让伤者平卧休息，保持呼吸畅通，短暂休息后，尽快送医救治。

（3）对于有剧烈疼痛的伤员，可服用止痛药。

（4）对于没有昏迷或内脏损伤的伤员，要少量多次给予烧伤饮料（烧伤饮料配制：每 1000ml 水中加氯化钠 3g、碳酸氢钠 1.5g、葡萄糖 50g）、淡盐水等，一般多次少量口服，若发生呕吐等症状，应立即停止口服。禁止单纯喝白开水或糖水，以免引起脑水肿等并发症。

4. 合并伤处理　有出血时应紧急止血；有颅脑、胸腹部损伤者，必须进行相应处理，并及时送医院治疗。

在对伤员进行简易急救后，应立即送往医院救治。搬运时动作轻柔，行动平稳，以减少二次伤害。

参考文献

戴明月，2015. 消防安全管理手册 [M]. 北京：化学工业出版社.

郭海涛，2016. 消防安全管理技术 [M]. 北京：化学工业出版社.

韩海云，王滨滨，2020. 高校学生消防安全手册 [M]. 北京：中国人事出版社.

刘卓斌，刘永军，张恕孝，等. 2020. 基于无人机的智慧消防系统建设探讨 [J]. 科技创新导报，17(3): 39-41.

吕志静，2022. 论物联网技术在智慧消防中的应用 [J]. 软件，43(7): 78-80.

孙思习，谢晖，孙战，苗方，李琳，樊建旺. 2022. 构建"三防一体"的高校消防安全管理机制研究 [J]. 内蒙古科技与经济，(6): 49-52.

王富成，2017. 点型火焰监测器的选型和应用研究 [J]. 科技风，(21): 248.

王泰宇，裴文. 2022. 5G 技术在石化智慧消防中的应用与研究 [J]. 信息系统工程，(10): 116-119.

中国消防协会灭火救援技术专业委员会，中国人民警察大学救援指挥学院，2022. 2022 年度灭火与应急救援技术学术研讨会论文集 [C]. 北京：化学工业出版社：15-18.

中华人民共和国公安部消防局，2006. 火灾常见伤的急救 [EB/OL]. (2006-06-08)[2023-09-09]. https://www.gov.cn/govweb/ztzl/djfh/content_436150.htm.

中华人民共和国国家质量监督检验检疫总局，中国国家标准化管理委员会，2005. 手提式灭火器第 1 部分：性能和结构要求 (GB 4351.1—2005)[S]. 北京：中国质检出版社 (速印).

中华人民共和国国家质量监督检验检疫总局，中国国家标准化管理委员会，2008. 火灾分类 (GB/T 4968—2008)[S]. 北京：中国质检出版社 (速印).

中华人民共和国教育部，2023. 高等学校实验室消防安全管理规范 (JY/T 0616—2023)[S].

中华人民共和国住房和城乡建设部，中华人民共和国国家质量监督检验检疫总局，2014. 火灾自动报警系统设计规范

(GB 50116—2013)[S].北京:中国计划出版社.

中华人民共和国住房和城乡建设部,中华人民共和国国家质量监督检验检疫总局,2017.自动喷水灭火系统设计规范(GB 50084—2017)[S].北京:中国计划出版社.

思 考 题

1. 高校实验室消防工作的方针和原则是什么?
2. 简述火灾的发展阶段和蔓延方式。
3. 实验室火灾的类型有哪些? 如何防范?
4. 列出5种实验室消防设施和器材并简要说明其用途。
5. 火情处理流程是什么?

（暨南大学　李满妹　黄小勇　王　珍）

第三章　实验室电气安全

本章要求

1. 掌握　高校实验室电气事故、触电事故、电气火灾、静电危害和电磁辐射危害及其防护措施。

2. 熟悉　高校实验室电气事故、触电事故、电气火灾、静电危害和电磁辐射危害的安全界限、防护措施及其应用条件。

3. 了解　高校实验室电气事故、触电事故、电气火灾、静电危害和电磁辐射危害产生的原因及其特点。

随着社会的快速发展，人们对现代生活的标准日益提高，智能手机、智能家居、智能厨房等等逐渐成为必备物品，可以说智能化、电气化已经融入我们生产生活的每分每秒。各种电器设备，无论是电视网络、高铁汽车，还是家用电器、仪器仪表，通过"电"的供给，时刻影响我们的生产生活，反之停"电"也会造成不良后果，例如 2012 年印度的大面积停电事故，以及 2021 年美国得克萨斯州的大面积停电，均造成突如其来的地铁停运、公交拥堵、银行系统瘫痪、金融交易障碍和生活严重不便等。在学校，无论是教室、食堂、宿舍还是实验室，电力和电气供应都是学校安全运转的动力所在。

电和电气设备给我们带来各种方便的同时，我们对它的安全和危害认识，仅处在用于吓唬儿童不玩电时使用"电老虎"称呼的阶段，而没有意识到电气事故的严重性和普遍性。因此，认识电气、了解电气，进而安全合理地使用各种电气和电气设施，无论是对校园安全、家庭安全还是社会安全，都具有重要的现实意义。

实验室与电有着千丝万缕的关系，因此电气安全在高校实验室成为不可忽视的安全问题。实验室用电安全主要涉及配电系统（含电气开关、线路、插座）安全、电气设备和仪器仪表等安全，如图 3-1 所示。实验室用电安全不仅关系到高校的正常教学和科研秩序，还关系到国家财产安全和师生生命安全，须引起重视。本章从电气事故的特点与类型、触电事故及其防护、电气火灾及其防护和静电危害及其防护，以及电磁辐射危害及其防护等方面介绍实验室的用电安全知识。

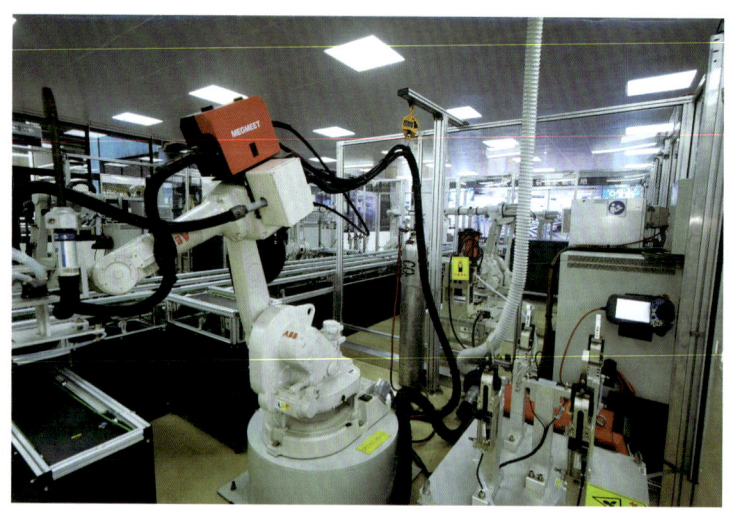

图 3-1　配电系统、电气设备和仪器仪表

第一节　高校实验室电气化发展趋势和电气安全风险

一、高校实验室电气化发展趋势

随着高科技的发展，高校人才培养过程中各种电气设备日益增多，人工智能技术的应用带来了实验平台日新月异的变化。人工智能实训平台应用集成了机器人教学实训环境，提供人工智能知识体系，实现全集成自动化系统的教学与实践，构造了一个集综合性、可拓性、开放性的创新实践平台，为培养专业人才构建了强有力的教学实践平台。基于智能制造的复杂工程系统平台如图3-2所示，它结合了智能制造理念，全面涵括机器人技术、视觉技术、云端智能接入网关、气动技术、网络技术及驱动技术等。

图3-2　基于智能制造的复杂工程系统平台

随着高电压试验技术不断创新，出现新型的高电压测量装置，实现了自动化、智能化、数字化的高电压试验。高电压实验室的气隙放电装置如图3-3所示，它利用数字示波器实现冲击电压等信号的测量、存储和处理，使高电压试验实现了安全性、可靠性、准确性。人身安全和设备安全是高电压试验所面临的问题。因此，人与带电设备、带电设备之间等都需要保持足够的安全距离。高电压测试装置非试验设备应可靠接地，试验区要设置围栏、配备接地棒等安全设施，高电压试验展现了"安全实验，实验安全"的理念。

图3-3　气隙放电装置

二、高校实验室主要的电气安全风险

据文献统计，1986~2019年的150起实验室事故，其中，发生在高等院校有132起，发生在科研院所有18起。这150起事故发生的主要原因是操作不当和违规操作，分别造成34起和32起事故，在所有事故中占比为22.67%和21.33%；其中4人不幸死亡，54人受伤；除此之外，共发生了11起线路安全事故，占比达到了7.33%；其次是设备老化、未按规定存放危险化学品、线路故障，比例分别为12.67%、12.67%、7.33%。这些事故涉及的仪器设备包括储气钢瓶（5起）、冰箱或冷藏柜（4起）、反应炉（4起）、干燥箱（3起）等。

以上数据分析，危险化学品事故在实验室发生的事故中所占的比例约60%。电气事故次之，同时电气事故是所有实验室普遍存在的安全事故。即使在涉及危险化学品操作的实验室，由于电气引起的事故仅次于化学事故,也是发生事故的主要原因之一,必须引起高度重视。通过进一步分析这些实验室事故的类型、危险因素以及原因,我们可以发现,线路老化或短路是造成实验室电气事故的主要原因。一般而言,实验室仪器设备多具有高温、高压等特点,如果实验设备存在线路老化、超期服役等情况,就容易产生安全风险。这些设备一般极易引起爆炸、火灾,一旦发生事故将大概率造成不可挽回的后果。

近年来,高校实验室发生事故的次数逐年增加。在实验室的隐患统计分析中,34%的实验室在用电安全管理方面存在一系列问题,包含电线绝缘损坏、电线裸露、使用不符合国家标准的排插、接线不规范、多个大功率电气设备接到同一排插等问题。造成这些问题的主要原因是建设实验室时插座的预留数量不足、位置不合理和现场的电线布置无法满足教学和科研项目不断增长的用电需求等。高校实验室主要电气安全隐患可分为以下三类:

(1)触电类隐患。实验室设备、线路老旧、不规范用电、与电压等级较高带电体没有保持足够安全距离等容易造成触电事故。

(2)设备运行类隐患。实验室内有旋转速度较高的机械设备,如电动机和发电机等。实验操作错误、实验设备老旧等因素会增加事故发生的概率。

(3)电气火灾类隐患。电气火灾是实验室常有的安全隐患。常见由于漏电、短路、过电压等引起线路或设备温度升高,达到邻近可燃物的燃点而引发火灾。

视窗3-1　　某高校"4·4"火灾

事故经过:2021年4月4日19时,某高校物理学院大楼突发火灾(图3-4)。着火点大约位于某高校物理学院教学大楼9层,熊熊燃烧的大火从教学实验室内不断地涌出,翻滚的浓烟即便在几百米外也清晰可见。

事故原因:实验设备电气线路故障所致。

安全警示:

(1)定期检查实验室电路,及时消除电路安全隐患。

(2)选取合适的开关控制实验室电气线路,故障时可以断开线路。

图3-4　某高校"4·4"火灾现场

第二节　电气事故的特点与类型

电气设备是实验室中应用最广泛的设备之一,实验室的正常运转离不开电气设备,无论从实验室的日常照明系统、通风系统、计算机运行系统、空调系统等,再到实验中使用的电气设备,如高速冷冻离心机、冰箱或冷藏柜、干燥箱、管式炉、搅拌器、反应炉、电机、电烙铁、示波器、信号发生器等,遍布实验室每一个角落,无不体现出电气设备在实验室的重要性。因此,电气设备安全使用是实验室安全管理的关键。实验室人员必须了解"电"的由来等认识电气事故的特点与类型,从源头正确认识和掌握发生电气事故的规律、实验室常用电气设备安全操作的要求和电气安全设计的要求。

一、"电"的由来

雷电和摩擦起电是自然界中产生电的主要现象。雷电是最常见的自然现象之一。积雨云产生了雷电,由于云与云之间或云与大地之间存在一定的电位差,会出现猛烈放电产生闪电的现象。摩擦起电是两个物体相互摩擦时,一个物体失去部分电子带正电,另一个物体得到部分电子带负电。通过摩擦使电子发生转移，两个物体同时带上等量异性的电荷。

公元1800年，在前后几十年时间里，电流体（electric fluid）学说在西方知识分子中影响很大，他们认为电（electricity）就是电流体，这里流体（fluid）的含义与汉语中"气"的含义类似，故"电气"一词的来源推测是翻译家基于东、西方对电现象的解释，英文词 electric fluid 翻译就选用了"电气"一词。

二、电气事故的特点

电气事故是指在电能传递、分配和转换过程中失去控制或电气元件损坏后，外部电能转换成其他形式的能量并作用于人体，即与电能有联系的意外伤害。高校实验室电气设备、仪器仪表种类繁多，存在不同的操作规范，容易导致发生电气事故。高校实验室的电气事故具有隐蔽性、日常性、关联性和灾难性的特点。

（一）隐蔽性

实验室电气安全隐患具有隐蔽性，除非利用测量表计和检测仪进行测量和检测外，一般难以直接判断。在实验室的用电过程中，用电者若出现麻痹的思想，容易忽略危险的存在，事故时常发生得很突然，引起的电气事故危害程度较大（图3-5）。

（二）日常性

实验室电气事故无处不在，只要有电流通过的电气装置、线路、仪器仪表或设备等，都容易出现安全隐患，随时可能发生触电事故（图3-6）。非用电之处如果有聚集的电能被释放，也可能导致电气事故发生。实验室内的电气设施不仅需要符合通用标准，还需要满足特殊环境下的要求。电气事故的发生存在规律性、频发性、重复性。实验室电气事故发生的规律不仅能够被认识，而且电气安全防范技术也是能够被掌握的。所以，我们可以预防大多数实验室电气事故的发生，从而有效地保障实验室的电气安全。

图3-5　电气事故的隐蔽性　　　　图3-6　电气事故的日常性

（三）关联性

研究实验室电气事故的防护需要综合运用各种专业知识（图3-7）。所涉及的领域不仅有电气学科，还要结合化学、生物学、医学等学科的知识。结合实验室电气事故发生的规律和特点，制订实验室电气事故应急措施，能减少和避免实验室电气事故的发生。

（四）灾难性

实验室电气事故具有灾难性。如果实验室发生电气事故，会导致实验设备受损或无法继续进行实验，甚至造成设备损毁的严重后果；实验人员轻则电伤，重则致残，甚至死亡。如果电流直接穿过人体，就会导致电击的发生，电流产生的热效应会对身体造成损伤。如果电气线路出现漏电、接地或短路问题，很可能导致火灾或爆炸等次生事故发生（图3-8）。

图3-7　电气事故的关联性　　　　　图3-8　电气事故的灾难性

三、电气事故的类型

（一）按照事故发生时的电路状况分类

1. 短路故障　是指电路或电路中某一处被短接而发生的故障，造成电源两端没有经过任何电气设备，直接被导线短接。

2. 断线事故　是指电路中某一处断开，造成电路没有形成回路，也没有电流流过电路。

3. 接地事故　是指导体（相线）与地之间短接的一种短路形式。

4. 漏电事故　是指线路某一处由于某种原因（受潮、碰压、划破、摩擦、腐蚀等）使导线的绝缘能力下降，导致线与线、线与地有部分电流流过。

（二）按照电气事故产生的危害分类

1. 自然事故　主要是指由于雷电灾害、静电电荷（或静电电场能量）、电磁波能量造成的事故。例如遭受雷击、静电、电磁场伤害等。

2. 人为事故　主要是指由于电器使用不当和电气设备管理维护不到位等原因，导致配电系统和电气设备产生事故。

（三）按照电气事故产生的原因分类

1. 触电事故　是指由于电流以及其转化成其他形式的能量所引起的事故（图3-9）。根据触电事故引发的原因进行分类，可以细分为直接接触电流导致的触电事故（直接接触触电）和间接接触电流导致的触电事故（间接接触触电）。直接接触触电为人体接触正常运行的设备或带电的线路所导致的触电；间接接触触电为电气设备或线路出现故障时，人体接触正常情况下不带电故障的设备设施时，意外带电的带电体而导致的触电。

2. 电气火灾　是指由电能作为火源引发的火灾（图3-10）。在建筑物内发生较为频繁，往往能够迅速演变成严重甚至特大规模的火灾事故，扑

图3-9　触电事故

救过程中潜藏着触电和爆炸的风险，相对其他火灾危害性更大。电气火灾一般是指电气线路、用电设备、器具及供配电设备发生故障性释放热能（高温、电弧、电火花）和非故障性释放热能（在具备燃烧条件的情况下，电热器具的高温表面可能会点燃本身或其他易燃物，导致火灾的发生），也包含由雷电和静电引发的火灾。

3. 静电危害　是指因静电力作用或静电放电引发火灾或造成的损害（图3-11）。静电危害是由静电电荷或静电场能量引发的。通常静电由物体之间的摩擦而产生。较大能量的静电在放电过程中，若没有防护措施，可能会对人体或设备仪器造成危害。

图 3-10　电气火灾　　　　　　　　　图 3-11　静电的危害

4. 雷击事故　是指雷电放电过程中释放的能量引发的事故（图3-12）。雷电是大气中的一种放电现象，这种放电的电流非常大，电压也非常高。雷击时，雷电波会波及线路，若避雷器的接地引线断线或接地网失效，就出现雷击过电压，导致设备损毁。

5. 电磁辐射危害　以电磁波形式的能量辐射引发的安全事故称为电磁辐射危害。超过100kHz的无线电波或对应的电磁振荡频率称为射频，它会对人体或设备仪器造成危害。射频电磁场（图3-13）的能量大小是评价射频伤害程度的首要因素，电磁场能量越大，射频造成的危害就越大。

图 3-12　雷电的灾害　　　　　　　　图 3-13　射频电磁场

四、实验室常用电气设备操作安全要求和电气安全设计要求

高校实验室常见的电气事故是触电事故和电气火灾,掌握实验室常用电气设备操作安全要求和遵从电气安全设计要求起到减少常见电气事故的重要作用。实验室不仅有多种多样的电气设备,还有各种各样的仪器仪表,存在不同的操作方法。正确掌握电气设备和仪器仪表的操作方法是实验室电气安全屏障的第一道防线,还有实验室设计、施工、改造遵从实验室电气安全设计要求是保障实验室电气安全的前提。

实验室电气设计应注意其配电容量与用电设备功率相匹配。一般根据三相的用电功率 $P=\sqrt{3}UI\cos\varphi$(U 为线电压 380V),单相的用电功率 $P=UI\cos\varphi$(U 为相电压 220V)计算负荷的计算电流 I 值(若部分用电设备存在冲击电流,那么负荷电流要考虑其冲击电流)。根据计算电流 I 值和预留容量,结合漏电保护的需求,选取合适的开关型号,再根据所选开关型号的额定电流或整定电流,选取合适载流量的导线,通过电压降校验确定导线截面。单台单相实验室设备额定功率为 2~3kW 时,电源插座宜选用单相 16A 电源插座。单台单相实验室设备额定功率小于 2kW 时,电源插座宜选用单相 10A 电源插座。实验室设备因其负载性质不同、功率因数不同,因此计算电流也不同。设计时根据实验室设备的额定功率和特性选择 10A、16A 或其他规格的电源插座。三相四线插座选型与单相插座类似。三相设备根据负荷额定功率大小,计算三相负荷的计算电流,三相四线插座的额定电流选择需大于计算电流。

第三节 触电事故及其防护

实验室里日常使用的电气设备都具有触电的风险,例如未按要求接地的电气设备外壳、绝缘破损的电线等。触电事故发生很突然,若出现触电事故,将给实验室人员带来不可低估的伤害。因此,实验室人员应了解触电事故的影响因素,掌握常见触电的原因和触电的防护技术措施,熟悉触电急救的流程,降低触电事故的危害性。

一、触电的影响因素

(一)人体电阻

人体触电后受伤严重程度的重要物理因素是人体电阻的数值大小。人体电阻由人体内部电阻和皮肤表面电阻两部分组成。内部电阻与接触电压及外界条件无关,一般在 500Ω 左右。皮肤表面电阻随皮肤表面的干湿程度、有无破伤以及接触电压的大小而变化。在不同的情况下,皮肤表面的电阻变化很大,一般人体电阻按 1000~2000Ω 考虑。

(二)安全电流

触电造成的伤害程度主要取决于流过人体电流的强度,这是触电事故中的重要因素之一。按照触电时通过人体电流大小所产生的生理反应,人体触电电流可分为以下几种类型:

1. 感知电流　是指引发人体有感觉的最小电流。成年男子一般感知电流平均值为 1mA,而成年女子为 0.7mA。

2. 摆脱电流　是指人体能够自行摆脱触电束缚的最大电流。成年男子为 16mA 左右,而成年女子为 10mA 左右。

3. 安全电流　是指使人不发生心室颤动的最大人体电流。一般情况下取 30mA 作为安全电流,即 30mA 是人体可以承受而无致命危险的最大电流;在高危场所取 10mA 为安全电流;在水中或在高空取 5mA 为安全电流。

4. 致命电流　是指在比较短暂的时间内危及生命的最小电流,人体的致命电流为 50mA。在安装漏电保护装置的情况下,人体允许通过的电流一般为 30mA。人体通过的工频电流超过

50mA，持续时间超过 1s 就可能发生心室颤动和呼吸停止，这种现象称"假死"。若通过人体的工频电流进一步达到 100mA，人很快就会死亡。

（三）安全电压

安全电压是为了防止触电事故而采用的由特定电源供电的电压系列。这个电压系列的上限值，在任何情况下，两导体间或任一导体与地之间均不得超过交流（50～500Hz）有效值 50V。中华人民共和国国家标准 GB/T 3805—2008《特低电压（ELV）限值》的制定是为了防止因触电而造成的人身直接伤害。当电气设备需要采用安全电压来防止触电事故时，应根据使用环境、人员和使用方式等因素选用本标准所列的不同等级的安全电压额定值。安全电压额定值的等级为 42、36、24、12 和 6V。

通过科学实验和事故分析，一般把摆脱电流认为是安全电流，工频（交流）电流为 10mA。由于人体电阻的变化范围相对稳定，因此通常认为低于 40V 的工频（交流）电压为安全电压。直流电比交流电的危险性小，而高频率的高压交流电比低频率的低压交流电的危险程度要小。

（四）电力系统的额定电压和频率

电力系统中各种不同的电力设备均有各自的额定电压，构成电力系统的电压等级。我国规定电力系统中的直流和交流电压等级有直流系统超高压直流电压为 50kV、80kV，超高压输电电压（EHV）为 330kV、500kV、1000kV；高压输电电压（HV）为 220kV；高压配电电压为 35～110kV；中压配电电压为 10kV、20kV；低压配电电压为 380V（U_{ab}、U_{bc}、U_{ca} 是线电压、相与相之间的电压、动力电源），220V（U_a、U_b、U_c 是相电压、相与零线之间的电压、照明电源）。线电压是相电压的 $\sqrt{3}$ 倍，线电压与相电压的关系如图 3-14 所示。触电时触电者所承受的电压若是线电压会比相电压更危险。

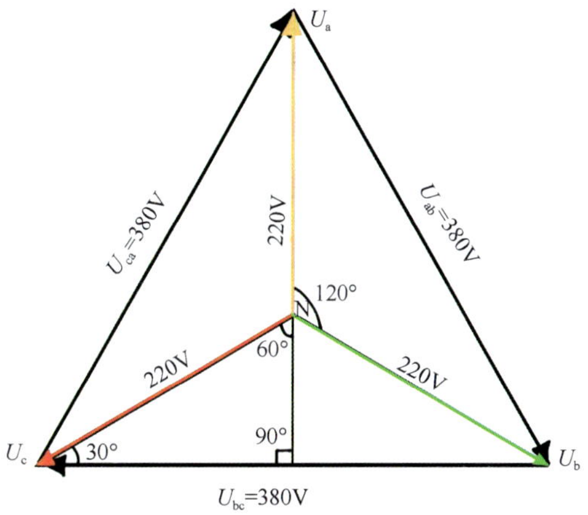

图 3-14 线电压与相电压的关系

单相交流电是由火线、零线和地线组成的单相三线系统。三相交流电是由三个频率相同，电势振幅相等，相角差互为 120° 的交流电路组成。目前，我国的电力系统均为三相交流电。三相电力系统分为三相四线制和三相五线制两种。三相四线制由三条火线和一条零线组成，而三相五线制比三相四线制多一条地线。

交流电的频率是指交流电在单位时间内周期性变化的次数，单位是赫兹（Hz），与周期互为倒数的关系。交流电力系统一般只有一个频率。我国和世界上大多数国家的频率为 50Hz。

（五）触电的危险程度的因素

电流对人体的伤害程度是由电流的大小等多种因素共同作用。触电的危险程度的因素有以下几种：

1. 电流的大小 通过人体的电流越大，对人的伤害也越大。

2. 电压的高低 接触电压越高，流过人体的电流就越大，对人体的伤害也越大。随电压而变化的人体电阻如表 3-1 所示。

表 3-1 随电压而变化的人体电阻

U（V）	12.5	31.3	62.5	125	220	250	380	500	1000
R（Ω）	16500	11000	6240	3530	2222	2000	1417	1130	640
I（mA）	0.8	2.84	10	35.2	99	125	268	1430	1560

3. 触电时间 触电事故的电击伤害程度主要是由通过人体电流大小和通电时间长短决定。电流越大，致命危险越大，持续时间越长，死亡的可能性越大。电流作用于人体的时间越长，人体电阻越小，则通过人体的电流越大，对人体的伤害也越严重。

4. 通过人体的途径 电流通过头部使人昏迷，通过脊髓可能导致肢体瘫痪，若通过心脏、呼吸系统和中枢神经，可导致精神失常、心跳停止、血液循环中断。人体受到电流伤害的严重程度与电流通过人体的途径息息相关。电流通过心脏危险性最大，因此，从手到脚的电流途径最危险，次之是一只手到另一只手的电流途径，而一只脚到另一只脚的电流途径危险较小。人体触电时电流的途径对心脏的影响如表3-2所示。

表3-2　人体触电时电流的途径对心脏的影响

电流的途径	从左手到双脚	从右手到双脚	从右手到左手	从左脚到右脚
通过心脏电流的百分比（%）	6.7	3.7	3.3	0.4

5. 人体电阻的大小 当人体电阻越大时，触电时通过人体的电流越小，从而降低了危险性。当人体的电阻越小时，通过人体的电流越大，危险性将越高。人触电时，在相同接触电压的条件下，流过人体的电流大小取决于人体电阻的大小。

6. 电流的种类、频率 交流电对人体的损害作用比直流电大，交流电频率越高，对人体伤害也越小。交流电频率与人体触电死亡率如表3-3所示。

表3-3　交流电频率与人体触电死亡率

频率（Hz）	10	25	50	60	80	100	120	200	500	1000
死亡率（%）	21	70	95	91	43	34	31	22	14	11

二、常见触电的原因

实验室常见的电气安全隐患有以下几种情况：当插线板放在地面时，如果发生积水或洒水等情况，可能会导致电源中断或漏电风险；将插线板放置在温度较高的设备上，如暖气、烘箱等供热设备，可能因为高温而导致绝缘破损；如果使用不符合国家标准的插线板，可能会因为插头和插线板的接触不良而导致触点发热，从而引发火灾；过道上的电线容易绊倒人，并且很容易出现绝缘破损，从而导致漏电的危险存在；配电箱四周堆满了各种杂物，发生紧急情况时很难马上切断电源，若是易燃物则存在火灾隐患；当实验台的防静电接地线与水管直接连接并且设备发生漏电时，致使水管带上电；当实验人员不小心碰到没有绝缘包裹的导线或设备外壳意外带电时，可能会发生电击的危险。

实验室常见的触电事故是由于未达到相应的电气安全要求而造成触电。实验室的电气安全要求有以下几个方面：电气线路设计要符合规范，设备必须有效接地、接零；安装电气设备时按要求采取必要的接地、接零措施，导线不能松动、接触良好；电气设备绝缘正常，不会导致外壳漏电；导线绝缘层未有老化、破损现象或屏蔽保护符合要求，不会导致意外接触带电设备或导线；接触电气设备导电部分，如不能用手直接接触带电金属外壳等；严禁用湿手或手握湿的物体接触电插头等；严禁随意改变电气线路或乱接临时线路；使用绝缘胶布对导线接头包裹；在未配备漏电保护器和未使用绝缘手套的情况下，严禁使用手持电动工具；按规程正确操作和使用电气设备就不会引起意外触电。

三、触电事故的分类

实验室里常见的电气设备具有触电的风险，若出现触电事故，将会给实验室人员带来严重的伤害。触电事故按电流对人体的伤害可分为电击和电伤。

（一）电击

电击是指电流直接作用于人体所引起的伤害。电击是通过人体的电流引起的伤害，它会刺激人体机体组织，使肌肉不由自主地收缩，严重时会对人的心脏、肺部和神经系统造成破坏，从而危及生命。根据人体与带电物体之间的接触方式和电流在人体内的传导路径，电击可分为以下几种类型。

1. 直接接触触电

（1）单相触电：当人站在地面上，人体的某一个部位接触到设备或线路中任何一相而发生的触电。当人体触及一相，则人体承受电压为相电压220V，而人体触及两相时，则人体所承受的电压为线电压380V。因此，单相触电比两相触电对人体危害更小。三相电源或三相负载连接成星形时出现的一个公共点称为中心点。中性点接地的单相触电人体所承受的电压为相电压220V，流过人体电流为短路电流；中性点不接地的单相触电人体所承受的电压接近为零，流过人体电流为非故障相的电容电流，中性点接地的单相触电比中性点不接地的单相触电对人体危害更大。单相触电示意图分别如图3-15、图3-16所示。据统计分析，单相触电事故占所有触电事故70%以上的比例。因此，掌握防范单相触电的技术措施能大大降低触电事故。

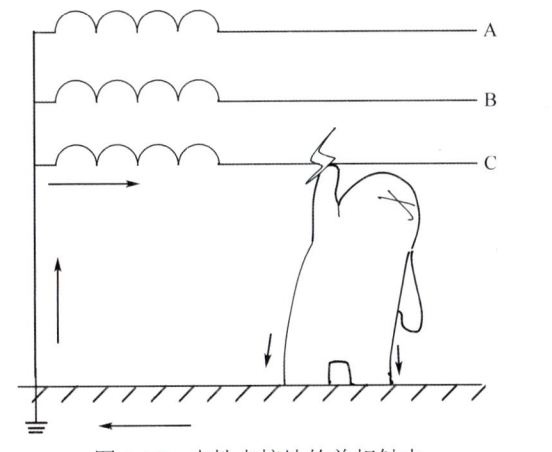

图3-15 中性点接地的单相触电 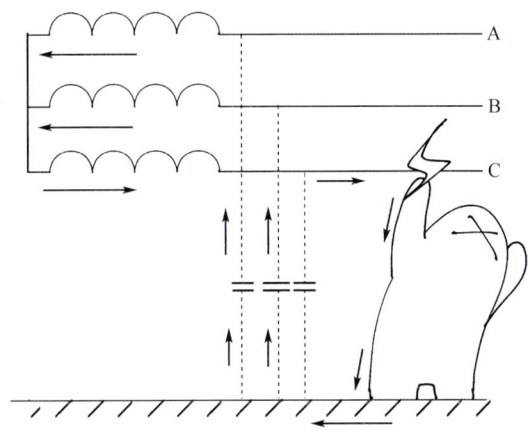　　图3-16 中性点不接地的单相触电

（2）两相触电：人体接触设备或线路中的任何两相而发生的触电。由于人体触及两相，则人体所承受的电压为线电压380V，两相触电比单相触电对人体危害更大。两相触电示意图如图3-17所示。

2. 间接接触触电　电气设备发生事故时，例如设备绝缘损坏，外壳带电等情况下，人体接触意外带电体所引发的电击属于间接接触触电。

3. 跨步电压触电　当人体在行走或站立时，若人体两脚间的电压存在差异，即跨步电压作用于人体所引发的电击称为跨步电压触电。跨步电压是带电体接触地面，电流通过该路径流到地下，在接地点旁边的土壤形成的电压降。跨步电压触电示意图如图3-18所示。

4. 剩余电荷触电　电气设备的相间绝缘和对地绝缘均存在电容效应。由于电容器具有储能的特性，因此刚刚切断电源的停电设备上会储存着一定数量的电荷称为剩余电荷。如果有人碰触停电设备，可能会受到剩余电荷的电击。还有电力电缆、并联电容器等大容量电力设备在摇测绝缘电阻后或耐压试验后都会有剩余电荷的存在。因此，大容量电力设备每次试验结束后，必须进行充分放电以防止剩余电荷的电击。

5. 感应电压触电　因为带电设备的电磁感应和静电感应作用，导致邻近的停电设备上感应出一定的电位，感应电压的数值由带电设备的电压等级、带电设备与停电设备邻近程度的平行距离、几何形状等要素决定。

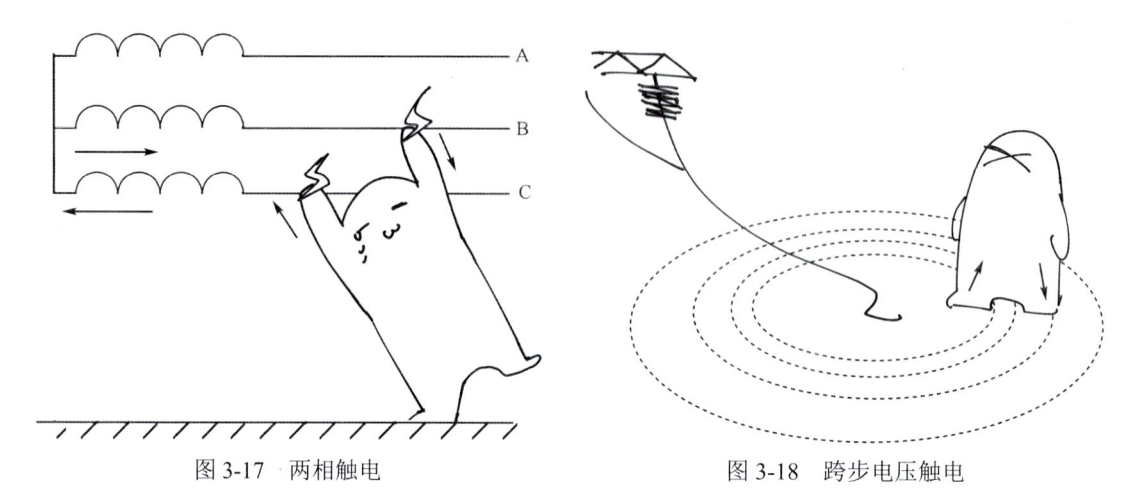

图 3-17　两相触电　　　　　　　图 3-18　跨步电压触电

实验室电击事故发生的原因可分为以下几种情况：①实验室电气设备、电气线路、测量仪表和实验装置的设计和安装存在一些缺陷。②实验设备需要频繁操作，实验人员对设备不熟悉，随意操作容易造成设备损坏。由于缺乏必要的检修维护，平时使用设备时未能及时发现和解决问题，导致电气设备、电气线路、测量仪表和实验装置存在着漏电、过热、短路、接头松脱、断线碰壳、绝缘老化、绝缘击穿、绝缘损坏等隐患。③实验室在电气安全技术措施存在缺陷，未采取必要的措施如保护接零、剩余电流动作保护以及实施等电位连接等。④实验室电气设备、电气线路、测量仪表和实验装置的管理存在缺陷，安全管理制度不健全，操作过程中存在误操作或违反规定的行为。

（二）电伤

电伤是指电流通过人体时，会将能量转化为热能、机械能等其他形式的能量，从而对人体造成的伤害。电流对人体所造成的伤害有热效应、化学效应、机械效应等。电伤可分为电烧伤、电烙印、皮肤金属化、机械损伤、电光眼等多种伤害。

1. 电烧伤　电烧伤是指一种最为常见的电伤，触电事故大多数都会有电烧伤。电烧伤可分为电流烧伤和电弧烧伤。

（1）电流烧伤：电流烧伤是指人体接触到带电物体，人体流过电流时电能转化为热能而引发的伤害。

（2）电弧烧伤：电弧烧伤是指由弧光放电造成的烧伤。电弧出现在人体与带电物体之间，人体流入电流造成的烧伤称为直接电弧烧伤；电弧出现在人体身旁时，人体受到的烧伤或被熔化的金属烫伤称为间接电弧烧伤。

2. 电烙印　电烙印是指当人体接触带电体并通过电流后，在皮肤接触区域留有与带电物体形状相仿的烙印。

3. 皮肤金属化　皮肤金属化是指高温电弧引发的热能使周围金属溶解、汽化，飞溅渗透到皮肤表层内部所引起的伤害。

4. 机械损伤　机械损伤多数是指由于电流作用于人体，使肌肉产生非自主的剧烈收缩所造成的伤害。

5. 电光眼　电光眼是指弧光放电时辐射的红外线、可见光和紫外线损伤眼睛所造成的伤害。

四、触电事故的防护

触电事故的防护分为直接接触电击和间接接触电击两种防护，防止触电的技术措施有以下几个方面：

（一）绝缘、屏护和间距

常见的安全防护措施有绝缘、屏护和保持一定的间距，起到防止人体触及或过分接近带电体造成触电事故等电气事故的主要安全措施。

1. 绝缘　绝缘是指使用绝缘材料将带电体包裹起来，从而实现隔离效果。玻璃、瓷、木材、云母、橡胶等都是常用的绝缘材料。但很多绝缘材料在受到水分或其他化学物质的影响下，会逐渐失去绝缘性能。此外，在强电场的作用下，绝缘材料也可能受到破坏，从而失去绝缘性能。

2. 屏护　屏护是指利用遮拦、护罩、护盖、箱匣等把带电物体与外界隔离开。电器开关的可动部分需要采用屏护。高压设备均应采取屏护。屏护不但可以防止触电，还可以防止电弧伤人。

3. 间距　间距是指与带电体确保充足的安全距离。间距不仅可以避免接触或过度靠近带电体，还能有效预防火灾、防止混线，并提供便利的电气操作环境。

（二）接零和接地

1. 接零　接零是指电气设备在正常情况下不带电的金属部分与电网的零线可靠地连接。

2. 接地　接地一般分为两种情况：①保护接地是指经接地线与埋在地下的接地体连接。它是为了避免电气设备由于外壳不接地使其外露的不带电金属部分意外带电引发危险（图3-19），而需要对可能存在危险电压的金属部分进行的保护接地措施。②故障接地是指电气设备或者电气线路的带电部分与大地之间意外的连接。

（三）装设漏电保护装置

为了保证在故障情况下人身和设备的安全，需要装设漏电保护装置。它可以在电气设备和线路发生漏电时，利用保护装置的检测机构获得异常信号，经过中间机构进行转换和传递，从而推动执行机构动作，以实现电源的自动断开，达到保护的效果。

图 3-19　电气外壳不接地意外带电

（四）采用安全电压

采用安全电压是防止触电的安全措施之一。根据欧姆定律，电阻不变，当电压越大，电流也会变得越大。为了防止触电事故而采用的特定电压系列，把加在人体身上的电压限制在某一范围内，使通过人体的电流不超过允许范围，这一电压称为安全电压。

五、触电急救的处置

（一）触电者脱离电源的方法

人触电后，由于可能痉挛或失去知觉等原因而紧抓带电体，无法自己摆脱电源。在实验室发生的触电一般都是属于低压触电，触电者第一时间脱离电源是触电急救的首要因素。触电者脱离电源有以下两种方法：

1. 低压触电使触电者脱离电源的方法
（1）立即拉开总电源开关使电源断开。
（2）使用干燥的衣物、绝缘手套、木板、木棒、绳索、皮带等绝缘物品作为工具，可以将触电者与电源分离或者拨开电线，使其不再与电源接触。

（3）当触电者的衣物既干燥又没有紧贴身体时，可以单手抓住触电者衣物，将其与电源分开；由于触电者的身体带有电，可能导致鞋子的绝缘性能遭受损坏，救援人员既不能接触触电者的皮肤，也不能抓住他的鞋。

2. 高压触电使触电者脱离电源的方法

（1）立即通知有关供电企业或用户停电。

（2）戴上绝缘手套，穿上绝缘鞋，使用与电压等级相符的绝缘工具断开电源开关或拉开熔断器。

（3）使用裸的金属线进行投掷，使线路发生短路并与地面接触，从而迫使保护装置启动并切断电源。注意抛掷金属线前，首先确保金属线的一端可靠接地，然后将另一端抛掷出去，但要注意不让触电者和其他人接触到抛掷的一端。

（二）触电急救的方法

触电者触电时按以下两个步骤进行急救，其具体操作如下。

1. 观察状态　当触电者脱离电源后，将脱离电源的触电者迅速移至通风干燥的地方，使其仰卧，将上衣与裤带放松。摸一摸鼻孔看看有没有呼吸；摸一摸颈部的颈动脉看看有没有搏动，从而判断是否有心跳。观察触电者瞳孔是否放大，当处于假死状态时，大脑细胞严重缺氧；当处于死亡边缘状态时，瞳孔自行放大。若其神志清醒，呼吸正常，心跳正常，则平躺休息，继续观察。否则应根据触电者的具体情况立即对症急救。

2. 对症急救　根据触电者出现的不同情况进行对症急救，对症急救方法有以下几种情况：

（1）触电者神志清醒，但感觉头晕、心悸、出冷汗、恶心、呕吐等，应送医救治。

（2）对"有心跳而呼吸停止"的触电者，应采用"口对口人工呼吸法"进行抢救。

（3）对"有呼吸而心脏停搏"的触电者，应采用"胸外心脏按压法"进行抢救。

（4）对"呼吸和心跳都已经停止"的触电者，应同时采用"口对口人工呼吸法"和"胸外心脏按压法"交替进行抢救。

若出现上述现象，应及时进行抢救。人体大脑细胞由于严重缺氧将造成死亡事故，必须立即一边拨打120向医院求救，另一边对触电者立即进行现场抢救。首先采用人工触电急救方法进行急救，再配合使用AED体外除颤器对触电者进行适当及时的抢救。触电急救示意图和AED体外除颤器分别如图3-20、图3-21所示。

图3-20　触电急救示意图　　　　　　　　图3-21　AED体外除颤器

第四节　电气火灾及其防护

电气设备出现短路、故障、接触不良、散热不良、电线老化等问题，都有可能导致电气火灾的发生。电气火灾一般会快速蔓延和破坏性极强，常常给实验室人员健康、设备安全造成严重威胁。灾难性的电气火灾不仅严重破坏实验室设施，还会危及实验人员的生命安全。因此，本节归纳了电气火灾起因的分类，从实验室规划等方面提出预防电气火灾的措施，并介绍实验室电气火灾的应急处置方法，确保实验室人员的健康和实验室设施的安全。

一、电气火灾的分类

（一）短路

短路是指电力系统（或电气设备）中不同电位的导电部分之间，或对地之间直接金属性连接以及经过小阻抗连接，即电气设备短接形成回路的现象。短路是电力系统发生故障以及电气火灾的主要原因之一，低压线路或电气设备发生短路会引起电气火灾。短路类型有单相接地短路、两相短路、三相短路和接地故障等，其中单相接地短路示意图如 3-22 所示。

当发生短路时，短路电流会突然上升至正常时的几倍甚至几十倍，热效应会导致急剧升温，当温度升高到能够引发物质自燃时，将会导致火焰的产生，进而引发火灾（图 3-23）。短路有以下几种情况：

1. 绝缘老化　当电气设备的绝缘层发生老化，或者遭受高温、潮湿或腐蚀等因素影响导致绝缘性能下降，就会导致短路发生。

2. 绝缘受损　导线直接缠绕或钩挂在铁丝上时，由于磨损或铁锈腐蚀，使绝缘层被破坏而导致短路。

3. 操作失误　由于设备安装不当或工作疏忽，使电气设备的绝缘遭受机械损伤，在误操作的情况下会导致短路发生。

4. 雷电破坏　由于雷击过电压的二次波及，可能造成电气设备的绝缘击穿而形成短路。

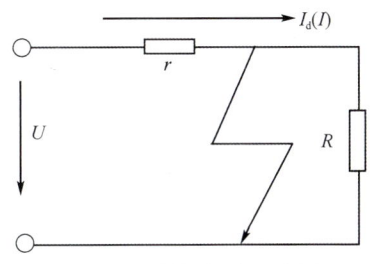

图 3-22　单相短路示意图
U—电源电压（V）；R—负载电阻（Ω）；
r—线路电阻（Ω）；I—正常时回路电流（A）；
I_d—短路电流（A）

（二）过载

过载是指流经电气设备的电流超过其额定电流的现象，过载会引发电气设备发热。导致过载的原因主要可以归结为两种情况：一是由于在设计过程中，线路或设备选型不当，导致在额定负荷下发生过热现象；二是由于使用时线路或设备的负荷超过了额定值，或者连续长时间使用，使得线路或设备超出了其承受能力（图 3-24）。

图 3-23　电气短路

图 3-24　仪器过载使用

（三）接触不良

接触部分是电路中的薄弱环节，接触不良（图 3-25）容易发生过热，主要有两个方面：一是接头连接不牢、焊接不良、接触不紧或接头处存在杂质，都会增加接触电阻而导致接头过热；二是由于铜和铝电性不同，铜铝接头处由于电解作用而腐蚀，从而导致接头过热。

（四）铁芯发热

变压器、电动机等运用电磁感应原理工作的设备，如铁芯的绝缘受损或长时间运行于过电压状态，产生的涡流损耗和磁滞损耗将引起铁芯发热。

图 3-25　接触不良

（五）散热不良

各种电气设备在设计和安装时都需要考虑有适当的散热或通风措施，措施受到破坏，就会造成设备过热。直接使用电流发热进行工作的电灯和电炉等电气设备，由于设备工作时温度较高，若安装或使用不当，极易引起火灾。

（六）漏电

漏电是指电气线路或设备由于绝缘老化、受损、腐蚀、潮湿、高温等原因导致电气线路或设备的绝缘性能下降，使电气线路与线路之间或线路与大地有电流通过的现象（图 3-26）。漏电部位可能产生电火花，容易引起触电事故，严重则会造成火灾事故。

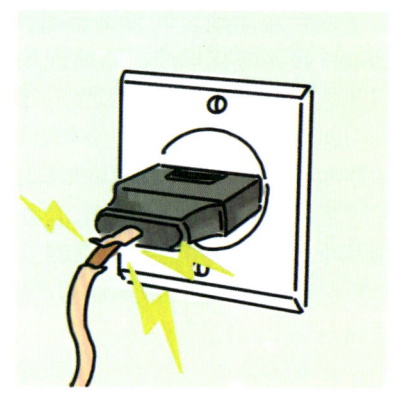

图 3-26　漏电

二、电气火灾的防范

电气火灾事故和普通火灾事故既有相同之处，也有鲜明的特点，要有针对性进行预防和救治。对于电气火灾，应坚持预防为主，对电气环境中的任何一环都要保持警惕。预防电气火灾的主要措施有以下几方面。

（一）实验室规划

实验室设计、施工、改造及设备购置等各个环节都需要严格把关，符合相关电气设计规范。例如电气线路应有足够的耐压和绝缘水平，防止线路过载导致电流过大，防止绝缘击穿造成短路引起火灾。

（二）实验室设备选用

选择符合相关标准、工艺达标、质量合格的设备，并按照实验室教学规模和专业方向合理配置实验设备。按照教学要求开展实验活动，不能随意增加负载，避免过载现象。

（三）实验室日常管理

实验设备之间要保持一定距离，密集排列既不利于散热，也不利于排除故障。电气设备要定期检查和维护，确保设备正常运行，避免"带病"运行。实验室要做到走线规范，设备摆放整齐，操作台干净整洁。

（四）实验室环境要求

实验室要有良好的通风措施，设备运行环境通风，有利于散热，并且可以将一些有害气体排出。实验设备周围不存放易燃易爆物品，不堆放杂物。易燃易爆物品、有毒气体、有强腐蚀性的液体等危险品，要严格按照相关规定存储和使用。

（五）实验室应急管理

实验室应安装火灾监控系统，当监测到火情，能及时发出警报。实验室同时应配备相应的灭火器。例如，二氧化碳灭火器适用于扑救易燃液体及气体的早期火灾，常应用于实验室、计算机机房等场所要求对精密电子仪器、贵重设备或物品的维护标准较高的环境。结合实验室实际情况制订应急预案，当灾情来临时才能最大限度降低损失。

对于火灾发生时，还需要注意以下三种情况：用电设备着火或引起火灾后未断开电源时，仍然带电。充油的电气设备（如变压器、电容器等）火灾发生时，可能喷油甚至爆炸，造成火灾蔓延，扩大范围。火灾发生时附近存有易爆易燃化学品和气体钢瓶等压力设备，容易引起次生灾害等。

三、电气火灾的应急处置

（一）切断电源

当发生电气火灾时，应在第一时间切断电源，这是防止扩大火灾范围和避免发生触电事故的重要措施。切断电源必须使用可靠的绝缘工具进行操作，以防操作过程中发生触电事故。

（二）防止触电

在灭火过程中，为了防止发生次生触电事故，扑救人员应该保证自身绝缘，例如戴橡胶手套等。灭火者在保持安全距离的同时，注意消防灭火器等不得与有电部分接触或者过于接近有电部分。

第五节 静电及其防护

在日常生活中，我们都曾感到静电的存在。如触摸某一物品时，偶尔会有触电的感觉。在电力、机械、轻工、纺织等领域，静电被广泛地应用，例如，静电除尘可以消除烟气中的粉尘；静电喷涂可以使得细小的涂料液滴在静电作用下牢固地附着在喷涂表面上；静电复印利用静电感应原理可以简便、迅速、清晰地对图书、资料、文件进行复印；高压静电有助于白酒生产、酸醋和酱油的陈化，使得品味更纯正。然而，在石油、化工、航空航天、炸药、造纸、印刷、塑料橡胶等行业，静电容易引发火灾、爆炸等事故，危害巨大。可见，静电有时"功勋卓著"，利于生产与生活；有时却"恶贯满盈"，带来意想不到的障碍或灾害。因此，我们要了解静电，兴其利，除其弊，科学合理地为我所用，最大限度地消除其危害。本节将介绍静电的来源、危害及实验室静电防护措施等内容。

一、静电的来源及危害

（一）静电概述

1. 生活中的静电 留长发的同学否有过这样的经历，在干燥的秋冬季节，早上梳头时，长头发会跟着塑料梳子"飘"起来；用手触摸门把手、金属水龙头或者汽车外壳的瞬间，会突然"啪啪"地被"电"一下；晚上脱毛衣时，在黑暗中会看到多处蓝光，伴有"噼啪"的声响，如图3-27。众所周知，这些都是静电在捣鬼和作怪，它与人们在开"玩笑"。那么，这些"一闪而过"的静电到底是什么"鬼"和"怪"呢？让我们一起来了解它吧。

（a）梳头　　　　　　　（b）触摸汽车外壳　　　　　　（c）脱掉毛衣

图 3-27　生活中的静电

2. 静电及静电现象　　根据《静电安全术语》（GB/T 15463—2018）的定义：静电是一种处于相对静止的电荷。当两种不同的物质进行接触后再分离时，一种物质带负电荷的电子就会越过接触面进入另一种物质内，它把电子传给另一种物质而自身带上正电荷，另一种物质得到电子带负电荷，我们把这种不能定向移动的电荷称为静电荷，简称静电。静电现象是因带电体的静电场作用引起静电放电、静电感应、介质极化和静电力作用的统称。

3. 静电起电　　由于物质的接触与分离、静电感应、介质极化和带电微粒附着等原因，使物体正负电荷失去平衡或造成电荷分布不均匀，在宏观上呈现带电。

4. 静电的特点　　与前面介绍的交直流电的特性不同，静电具有如下特点。

（1）电压高：当人穿绝缘鞋在水泥地面或塑料地板上行走时，人体的静电可达到 5～15kV，而橡胶行业的静电电压高达几万伏，甚至十几万伏。

（2）电量低：一般电量只有微库或毫库级。

（3）能量小：一般为毫焦级，而一节五号南孚电池总能量为 5～10kJ。

（4）尖端处易放电，放电时间短：带电导体尖端的曲率最大，电荷密度也大，容易发生电晕放电，放电时间为微秒级，且产生强烈的电磁辐射。

（5）受环境相对湿度影响大：当湿度上升时静电电量减少，静电电压大幅降低。

（二）静电的来源

根据静电产生的机制，可将静电分为：固体静电、液体静电、气体静电、粉体静电以及人体静电等五大类。它们是高校实验室静电存在的主要形式和来源。

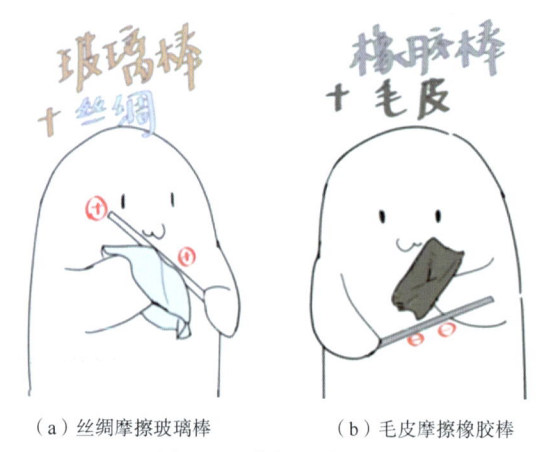

1. 固体静电产生的机制　　根据固体静电产生的不同机制，可以分为接触分离起电、破裂起电、感应起电、剥离起电、极化起电等多种形式。

（1）接触分离起电：当两种不同物质紧密接触，其间距离小于 2.5nm 时，由于不同原子得失电子的能力不同，不同原子外层电子的能级不同，其间会发生电子转移，如果两种物质的接触表面又迅速分离，则两种物质会带上不同极性的电荷。其中，我们熟知的摩擦起电现象就是一个不断接触与分离的过程，其本质是接触分离起电。如图 3-28（a）所示，用丝绸摩擦过的玻璃棒带正电；如图 3-28（b）所示，用毛皮摩擦过的橡胶棒带负电。

（a）丝绸摩擦玻璃棒　　　　（b）毛皮摩擦橡胶棒

图 3-28　接触分离起电

在高校实验室内，电子元件与封装塑料袋、塑胶材料之间、纤维织物与机械辊轴、橡胶或皮革材料制成的传动带与皮带轮或导轮、人体穿胶鞋走路时鞋底与地面、穿脱化纤布料衣服等各种形式的摩擦与分离等都会引起静电，它们可能造成危害或引发火灾事故。

例如，2018年12月26日，某大学市政与环境工程实验室发生爆炸燃烧，事故造成3人死亡。事故原因在于：搅拌机转轴旋转时，转轴盖片与转轴护筒之间发生摩擦与碰撞，产生的火花引发搅拌机料斗内氢气和空气的混合物发生第一次爆炸，爆炸冲击波将搅拌机料斗内的镁粉裹挟到搅拌机上方空间后形成镁粉粉尘云，并发生第二次爆炸，引燃其他可燃物。

（2）破裂起电：如图3-29（a）所示，在材料破裂之前，呈电中性。如图3-29（b）所示，因材料破裂时，在宏观范围内发生正负电荷分离，正负电荷平衡受到破坏而产生静电。在实验室内，塑胶高分子材料破裂或断开都会引起静电。

（a）材料破裂前　　（b）材料破裂后

图3-29　破裂起电

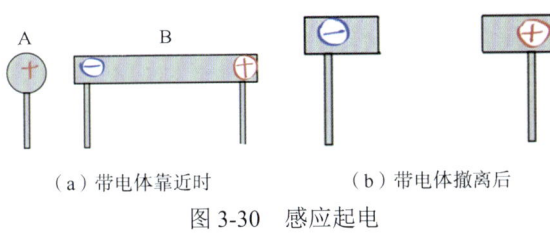

（3）感应起电：当一个带电的物体A靠近另一个导体B时，由于电荷之间同性相斥和异性相吸的作用，在导体B的左端聚集与A的极性相反的电荷，而在导体B的右端聚集与左端相同数量且与A同极性的电荷，这样使得导体B表面的电荷重新分布，如图3-30（a）所示。当物体A撤离后，导体B的两种电荷已无法恢复电中性，而分别在两端带有一定量的电荷，如图3-30（b）所示。这种过程或现象称为感应

（a）带电体靠近时　　（b）带电体撤离后

图3-30　感应起电

起电。实验室的发电机就是利用闭合线圈在磁场中旋转，不断改变闭合线圈中的磁通量，从而产生感应电动势。

（4）剥离起电：当剥开或分离两个紧密结合的物体时，引起正负电荷分离，使两物体带电的过程。剥离产生的静电量会因接触面积、黏着力和剥离速度而不同。在实验过程中，当橡胶、塑料、树脂、聚酯和合成纤维高分子物质剥离时容易产生静电。

（5）极化起电：在外电场作用下，由于介质极化而使其界面出现束缚电荷的过程。束缚电荷的局部移动导致宏观上显示出电性，在电介质的表面和内部不均匀的地方出现的电荷称为极化电荷。

2. 液体静电产生的机制　液体产生静电主要是双电层作用的结果，根据液体不同运动形式和机制，液体静电可分为流动起电、喷射起电、喷雾起电、溅泼起电、沉降起电以及电解起电等。

（1）双电层理论：当液体与固体在接触后分离时，如液体的搅拌、沉降、过滤、摇晃、冲击、喷射、飞溅、发泡、流动等过程中，因表面基团的离解，在固体表面发生正、负离子的转移，液体中某种极性的离子被固体的非静电力吸引而附着于固体表面而带电。由于固体和液体整体呈电中性，因此，在固体和液体的分界面处必有与固体表面电量相等、符号相反的反离子，带电的固体表面和反离子分别形成吸附层和扩散层而构成了双电层。

（2）液体静电起电的几种形式

1）流动起电：当液体与固体接触时，在接触界面形成整体呈电中性的双电层，当两者相对运动时，由于双电层被分离使得电中性被破坏而出现的带电过程。靠近液体侧的扩散层的电荷由于流动摩擦作用被冲刷下来，并随着液体定向运动，使得液体带静电。在化学实验室内，化学溶液或试剂会因流动摩擦而带静电。

2）喷射起电：当固体、液体、气体、粉体等物质从小截面的喷嘴高速地喷射时，由于物质微粒、喷嘴、空气三者迅速地发生摩擦，使喷嘴和喷射物分别带上不同极性的电荷。

3）喷雾起电：当液体从小截面的管道口喷出遇到壁或板后，向上飞溅形成许多微小的液雾（飞沫、气泡和雾滴）和新的界面，当双电层分离时会产生静电。

4）溅泼起电：当液体溅泼出去时，微小的液滴落在物体表面，在其界面产生双电层。液滴因惯性滚动使双电层分离，液滴及物体分别带电。

5）沉降起电：相互混合的固体微粒、液体或气体，因比重不同而发生沉降，使在不同物质的交界面上形成的双电层发生电荷分离而产生静电。

6）电解起电：当金属浸在电解液内时，金属离子向电解液内移动，在金属和电解液的分界面上形成双电层。当移走电解液后，固体就带上一定量的某种电荷而起电，而电解液也带上等量异号的电荷。例如，在硫酸钠的电解实验过程中，钠离子带正电，会向阴极移动，硫酸根离子带负电，会向阳极移动。

3. 气体静电产生的机制　当固体或液体微粒混在高压气体中，并与气体一起高速地喷出时，微粒与管内壁发生摩擦和碰撞，致使微粒和管壁分别带上等量异号的电荷。

4. 粉体静电产生的机制　粉体的生产制造时，对原材料进行断裂、破碎和研磨以及在粉体的输运、集收和贮存的过程中，粉粒之间、粉体与容器壁之间频繁地发生冲击、碰撞、摩擦和分离，粉体和容器会分别带上静电。

5. 人体静电及产生的机制　人体由于自身行动或与其他带电物体相接触或相接近，在人体上产生并聚集的静电称为人体静电。人体带有静电通常有以下三种形式：

（1）接触分离起电：在干燥的环境中，人在绝缘地面上走动时，鞋底和地面不断地紧密接触和分离使鞋底和地面分别带上不同符号的电荷。

（2）感应起电：当人体走近已带电的物体时，与带电物体符号相同的电荷通过鞋底向大地转移，使得人体带有与带电物体符号相反的静电。

（3）吸附起电：由于带电微粒或小液滴降落并吸附在人体上而使人体带电。

（三）静电放电的形式

静电放电是指两个具有不同静电电位的物体直接接触或静电场感应引起的两物体间的静电荷的快速转移。静电放电的形式与带电体的几何形状、电压和带电体的材质有关。一般有以下几种形式。

1. 电晕放电　是发生在不均匀电场中的电离放电现象。一般发生在相距较远的电极、带电体或接地体表面有突出部分或棱角之处，此处电场强度大，能将附近的空气局部电离，在电极周围有微弱辉光并伴有"嘶嘶"声。与尖端带正电相比，尖端带负电的起晕电位更低，放电能量比较小。

2. 刷形放电　发生于带电量大的绝缘体与导体之间的空气间隙，放电通道分叉，呈分支状分布在一定的空间范围内，伴有声光。由于刷形放电分叉的原因，它在单位空间内释放的能量较小。

3. 火花放电　因两个电极之间的空气或其他电介质材料突然被击穿，导致电流急剧上升，电压急剧下降，引起瞬间闪光和集中通道的短暂放电。两个电极之间的介质（气体或其他材料）被击穿成为通路，有明显的集中放电点，且没有分叉。火花放电时伴有爆裂声，能量在一瞬间集中释放，危险性最大。

4. 雷型放电　在空间浮游有大量带电粒子（带电云）的场合产生的闪电形状的放电，伴有"啪啪"声。其引燃危险性很大。

在以上四种静电放电形式中，电晕放电能量较小，危险性较小；刷形放电有一定危险性，有时也能引燃；而火花放电和雷型放电能量较大，危险性最大。

（四）静电放电的危害

静电放电给生产和生活带来诸多隐患和危害，表现在以下四个方面。

1. 引发火灾和爆炸事故　静电放电形成点火源并引发火灾和爆炸，是静电危害中最为严重的事故。在高校实验室，尤其在化学实验室，以下情况存在静电引发火灾和爆炸事故的风险。

（1）易燃性液体（如苯、甲苯、甲醇、汽油、液化石油气、甲醛、乙酸乙烯等）或粉末伴随空气高速地通过绝缘性导管（如橡胶管、塑料管等）进行灌装、输送和投料时；苯、乙醚、CS_2等易燃溶剂通过非金属网、滤纸、毛毡或白土等进行过滤时；易燃料液在离心机进行分离、干燥时；当汽油等易燃液体在容器中来回晃荡、摩擦、冲击、飞溅时，能产生几十伏到几百伏的高电压，当静电电压达到300V时，就会产生静电放电现象，闪烁出火花。

（2）高压液体或气体（含水蒸气）呈雾状高速地喷出，而在周围也存在着紧急排放或泄漏喷出的高压易燃性液体（如苯、甲苯、甲醇、汽油、液化石油气、甲醛、乙酸乙烯等）或气体（如氢气、氧气）时；用高压水蒸气冲洗易燃性液体贮槽时；在密闭空间内开展喷漆作业时，存在静电引发火灾和爆炸事故的风险。

（3）固体及粉末，特别是橡胶、塑料、树脂、聚酯和合成纤维高分子物质发生摩擦剥离时；在用聚乙烯塑料袋包装的粉末在投料时；在充填、挤压、辊压高分子材料时；在涂刷塑料油漆、树脂、胶泥时，存在静电引发火灾和爆炸事故的风险。

（4）在绝缘性易燃液体灌装进行中或灌装后不久，用金属取样器进行取样时，或用金属尺测量液位时，存在静电引发火灾和爆炸事故的风险。

2. 造成人体电击引发事故　电击的伤害程度与静电能量的大小有关，静电所导致的电击不会达到致命的程度，但是人会因电击受到惊吓而身体失去平衡，发生坠落、摔伤，造成二次伤害。对于心脏衰弱者，微弱的电击可能引起或加剧心脏病发作，危及生命安全。

3. 损坏电子产品　静电能够损坏半导体器件、大规模集成电路元器件，尤其对于某些类型的金属氧化物场效应晶体管（MOSFET）、结型场效应管（FET）、互补金属氧化物半导体（CMOS）和晶体管逻辑（TTL）集成电路等具有较大危害。静电放电使得实验室的电子元件性能和可靠性变差，影响实验结果。

4. 干扰电子设备正常运行　静电放电时可产生频率几百赫兹到几十兆赫、幅值高达几十毫伏的电磁脉冲干扰，若耦合到实验室计算机或其他电子设备的电路中，它们会引起数字电路的电平发生翻转，导致实验设备误动作；还可以对实验室内电子设备造成间歇式干扰，引起信息丢失或功能暂时破坏，使电子产品工作的可靠性下降。此外，静电放电时产生的电磁辐射会对无线通信造成干扰，影响实验设备正常工作。

二、实验室静电防护措施

在实际生产和生活中，静电的产生是不可避免的。然而，把它控制在危险水平以下，尽可能地减小危害，这也是有可能的。静电安全是指在各种环境（系统）中，不发生因静电现象而导致人员的伤害、设备损坏或财产损失的状况和条件。静电防护是指为了防止静电积累所引起的人身电击、火灾、爆炸、电子元件损坏以及对生产和生活的不良影响而采取的防范措施。因此，减少静电的产生和累积是静电防护的出发点，加速静电泄漏、进行静电中和及静电屏蔽是静电防护的主要措施。

（一）减少实验室静电的产生

1. 优选实验设备的材料　实验室的实验设备生产及制造材料选择对于减少静电产生有重要作用。一般从以下两个方面入手。

（1）在实验设备加工制造和采购过程中，选择电阻率较低的固体材料，如金属或导电塑料，以减少摩擦起电。

（2）如果必须选用绝缘材料，应选用吸湿性塑料使静电易于泄漏。

2. 优化实验操作流程和工艺　实验方法及实验步骤的优化设计能够减少静电，避免静电引起事故，可以从以下几个方面进行改进。

（1）在混合搅拌过程中合理安排加料的顺序。

（2）通过降低液体流速或搅拌速度来降低摩擦程度，减少静电的产生。

（3）实验设备和管道尽量使用金属材料，少用或者不用塑料管材。

（4）采用惰性气体或者氮气进行保护。

（5）汽油等易燃易爆油品应采用底部进油的注油方式。

（6）在液体装罐或搅拌过程中不得取样、检测、测温，应使液体静置一段时间，待静电消散或松弛后再进行上述操作。

（二）减少实验室静电的累积

1. 静电泄漏法　带电体上的电荷通过自身或其他物体等途径，向大地传导而使电荷部分或全部消失的现象称为静电泄漏。通常采用静电接地、空气增湿、加入抗静电剂等方法来实现静电泄漏，以达到安全的目的。

（1）静电接地：接地是消除静电灾害最简单、最常用的方法。接地主要用来消除金属设备、金属容器等导体上的静电，而不宜用来消除绝缘体的静电。一般有以下3种方法：

1）直接接地：将金属导体与大地进行导电性连接。用于加工、储存及运输各种易燃液体、可燃气体和可燃粉尘的实验设备、管道等都必须接地。

2）间接接地：将带有静电导体的表面全部或局部与接地金属导体紧密相接。

3）跨接接地：通过机械和化学方法使两个或两个以上互相绝缘的金属导体进行导电性连接，以此建立一个供电流流动的低阻抗通路，然后接地。

（2）空气增湿：随着空气湿度的增加，在绝缘体的表面形成很薄的水膜，使其表面电阻大幅度降低，以此加速静电的泄漏。在易于产生静电的场所，可以通过通风调湿、地面洒水、喷放水蒸气、安装空调设备、使用喷雾器、挂湿布片等方法使空气的相对湿度达到60%～70%，可以降低或消除静电的危害。

（3）添加抗静电剂：抗静电剂具有良好导电性或较强吸湿性，能降低体积电阻率或表面电阻率。将少量的抗静电剂掺杂在绝缘材料中会增强导电性和亲水性，促进静电泄漏。通常，在实验室内可以通过以下方式添加抗静电剂实现静电泄漏。

在非导电的实验材料及器具的表面通过喷、涂、镀、敷、印、贴等方式附加上一层物质以增加表面电导率，加速电荷的泄漏与释放。在塑料、橡胶、防腐涂料等非导电材料中掺入金属粉末、导电纤维、炭黑粉等物质，以增加其导电性。实验室所用的窗帘和地毯中混入导电性合成纤维或金属丝，能提高织物的抗静电性能。在易于产生静电的液体中加入抗静电添加剂，能改善液体的导电率。

2. 静电中和法　静电中和法是利用极性相反的离子或电荷来中和带电物体上的静电，从而减少或消除静电。可以运用感应静电消除器、高压静电消除器、放射线静电消除器及离子流静电消除器等消除静电。静电消除器将气体分子电离并产生与带电物体极性相反的离子，它们向带电物体移动并中和带电物体上所带的电荷，从而达到消除静电的目的。静电消除器按工作原理不同，可分为感应式静电消除器、附加高压静电消除器、脉冲直流型静电消除器和同位素静电消除器。

3. 静电屏蔽法　静电屏蔽法就是把带电体用接地的金属板或金属屏蔽网包围起来，将静电荷对外的影响局限于屏蔽层内，同时屏蔽层内的物质也不会受到外电场的影响，以抑制发生静电放电危险。例如，将软管表面或管壁内的金属丝卷成螺旋状，并将金属丝接地，可避免软管引起静电放电。通信电缆的最外层金属铠装和电子仪器设备外面的金属罩都能起到静电屏蔽的作用。

（三）实验室静电防护具体措施

1. 在实验室埋设专用接地线并可靠接地　由一块长约700mm、宽约500mm、厚约5mm的紫铜板和钎焊在紫铜板上的截面积不小于100mm钎的扁铜线组成。将所有实验设备和实验台通过截面积不小于1.25mm的多芯导线与专用接地线相连，构成一个完整的静电防护区域。接地装置的接地电阻应小于10Ω，防静电接地线不能接在电源零线上，不得与防雷接地线共用。

在高校实验室内，由皮带传动的机组、皮带的防静电接地刷和金属防护罩均应接地；存在爆炸危险的金属管道、配线的钢管、电缆的铠装及金属外壳均应在进口处接地；可燃粉尘的袋式集尘设备、织入袋体的金属丝的接地端子均应接地；非金属管道或设备上的金属丝、网、带应紧贴其表面均匀地缠绕，并可靠接地。

实验室防静电接地应满足如下要求。

（1）电气设备、机组、贮罐、管道等的防静电接地线，应单独与接地体或接地干线相连，接地端子或螺栓直径不应小于10mm。

（2）当金属法兰采用金属螺栓或卡子相紧固时，可不另装跨接线。

（3）实验室内容量为50m^{3}及以上的贮罐，其接地点应不少于两处，且间距不应大于30m，并在罐体底部对称地与接地体连接，形成闭合回路。

（4）装有易燃或可燃液体的贮罐，在无防雷接地时，其罐顶与罐体之间应采用铜软线跨接，且不少于两处，其截面应不小于25mm^2，电气设备的电缆应在引入贮罐处将铠装和金属外壳可靠地与罐体连接。

2. 设置专门的防静电安全区　静电防护区是指配备各种防静电装备用品、设置了接地系统、能限制静电电位、具有确定边界和专门标记的场所。操作易受静电干扰的实验设备或使用静电敏感元件都应在静电防护区内进行。静电防护区应该满足如下要求。

（1）设立明显的防静电安全区标志牌。

（2）采用导电性地面或涂有防静电漆的地板，利于静电泄漏。

（3）在离地30～50mm处做紫铜环带并接入大地。

（4）在门口放置金属接地棒和防静电脚垫，人员进入室内前要赤手触摸。

（5）应穿防静电服、防静电鞋袜，戴上防静电手套和防静电帽。

（6）定期按标准对安全区内的工具、设备及人体进行接地检测试验。

3. 使用防静电工作台　防静电工作台具有防静电功能，用于电子、医药化工等对静电有严格要求的场合。使用防静电工作台能够保证静电敏感元件以及易燃易爆实验的安全性。通常，使用防静电工作台需要注意以下事项。

（1）让使用交流电的仪器设备通过防静电工作台插座的保护接地实现接地。

（2）让不使用交流电的仪器设备通过其表面耗散材料或导电材料泄漏静电。

（3）将防静电接地线用螺栓接地，以起到泄漏静电的作用。

（4）大规模集成电路和静电敏感元件的实验必须在防静电工作台上开展。

（5）实验所用的计算机和外围设备都应该放置在防静电工作台上。

4. 通过洒水、喷雾和空调加湿等方法提高实验室内的相对湿度，并保持室内较低的温度，利于静电防护。

5. 实验室内采取强制通风措施，限制或减少实验室内空气中的氧含量，使可燃物达不到爆炸极限浓度。

6. 严禁将集成电路芯片、电路板等放在容易产生静电的材料上（如普通塑料袋、普通泡沫等），严禁将电路板裸露叠放或与其他器件、材料混放。

7. 直接接触静电敏感元件的实验人员应佩戴防静电手环，尽量减少对其的接触次数。

8. 静电敏感元件应单个放入防静电袋、箱、盒中，禁止将多个器件堆积或码放在一起。

9. 严禁穿着容易产生静电的服装进入实验室的易燃易爆区，不得在该区内穿、脱衣服或用化纤织物擦拭设备。

10. 实验室易燃易爆区、易产生化纤和粉体静电的装置都必须防静电接地。

第六节　电磁辐射及其防护

在我们生活环境和生产过程中，电磁辐射无处不在，既存在有利的电磁辐射，如紫外线可以用于杀菌消毒，也存在有害的电磁辐射，如γ射线对人体的破坏作用相当大，甚至可以直接致死。因此，学习电磁辐射及其防护知识尤为重要。实验室电气安全涉及的电磁辐射主要源于电力供应和电气设备所产生的工频电磁场，属于典型的极低频电磁场。此外，电磁波专业实验室也存在射频电磁场。本节介绍电磁辐射的基本概念、来源、分类和电磁辐射的危害及其防护措施等内容。关于放射性辐射安全（如 X 射线和 γ 射线）将在第六章中阐述。

一、电磁辐射概述

（一）基本概念

1. 电磁波 任何带电体周围都存在着电场，周期变化的电场就会产生周期变化的磁场，电场和磁场的交互变化产生了电磁波。

电场是由电压的差值所产生，电压越高，电场就越强。磁场是由电流流过导体或元器件时所产生，电流越大，磁场就越大。

2. 电磁辐射 电磁波向空中发射或泄漏的现象叫做电磁辐射。电磁辐射是一种看不见、摸不着、无处不在、无时不在的特殊形态存在的物质。

电磁辐射电磁波频率和波长的分布如图 3-31 所示。根据电磁辐射波的频率由低到高可分为无线电波、微波、太赫兹、红外线、可见光、紫外线、X 射线、γ 射线和宇宙射线。其中，无线电波的频率最低、波长最长、能量最小，而 γ 射线和宇宙射线的频率最高、波长最短，能量最大。显然，可见光都是电磁辐射的一种。

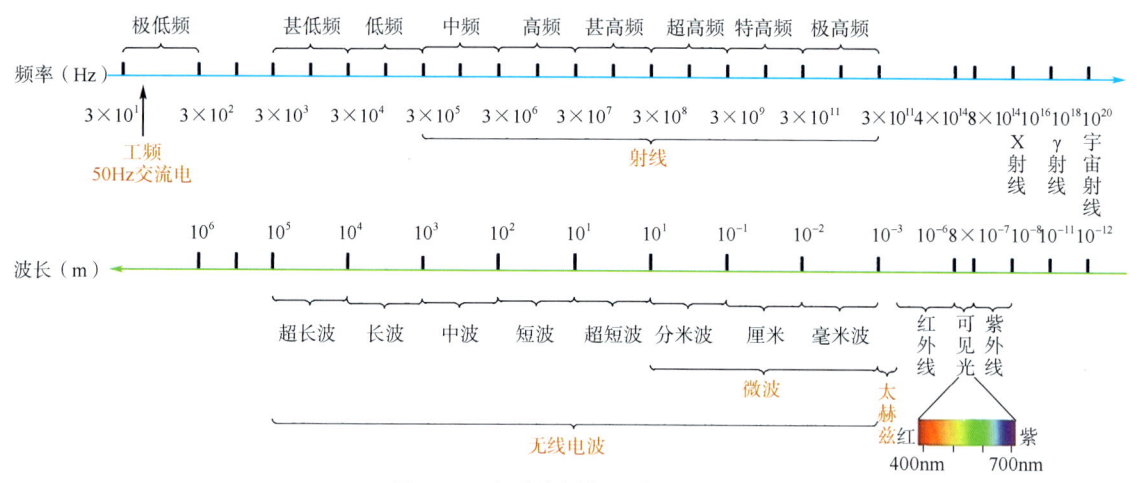

图 3-31 电磁波频率和波长分布图

3. 电磁污染 指天然和人为的各种电磁波的干扰及有害的电磁辐射。当电磁辐射超过一定量值或强度（即安全卫生标准限制）后，就会对人体产生负面效应，此时就称作电磁污染。

4. 极低频电磁场 根据世界卫生组织（WHO）的定义，是指频率在 30～300Hz 之间的电磁波，占据电磁辐射频谱的较低部分。显然，在我国电力产生、分配和使用过程中，工频 50Hz 产生的电磁场属于典型的极低频电磁场。本节主要关注实验室电气安全涉及的工频电磁场和射频电磁场所引起的电磁辐射。

（二）电磁辐射的来源及分类

1. 电磁辐射的来源 由麦克斯韦电磁场理论可知，电场和磁场相互联系、相互激发，组成一个统一的电磁场。一旦有变化的电流就会产生变化的磁场，电场和磁场的交互变化就会产生电磁波，有电磁波就存在电磁辐射。电磁辐射的来源主要有三类：

（1）天然电磁场：光、雷电、太阳活动引起的太阳风、太阳黑子、宇宙射线、天然放射性物质等是自然的电磁现象。它们会给人类生活带来巨大影响，甚至是灾难。

（2）工频电磁场：高压输电线路、变电站、大功率变压器、电动机、发电机、电焊机、工业高频炉等电气设备；家电及办公设备，如电视机、微波炉、电热毯、电吹风、计算机、复印机、打印机、网络机柜等。工频电磁场属于典型的极低频电磁场，不在无线电波频谱范围内。

（3）射频电磁场：广播及电视发射塔、雷达、移动电话、收音机、手机基站、微波炉、无线导航、卫星通信等。射频电磁场频率范围宽，影响区域也较大，能危害近场区的工作人员。射频电磁辐射已经成为电磁污染环境的主要因素。

2. 电磁辐射的分类

（1）根据电磁辐射是否对人体起到作用或造成伤害，将其分为两大类：

1）有益电磁辐射：当电磁辐射能量被控制在一定限度内时，它对人体、有机体及其他生物体是有益的，它可以加速生物体的微循环、防止炎症的发生，还可促进植物的生长和发育。例如，波长为253.7nm的紫外线可用于空气、液体、衣物及食品包装材料的杀菌消毒，但不可直接用于人体。

2）有害电磁辐射：电离辐射会对人体健康造成严重危害。在非电离辐射中，当工频电磁场和射频电磁场引起的电磁辐射达到一定量值或者强度后也会对人体有害。

（2）根据产生电磁辐射的过程中是否发生电离又可将电磁辐射分为电离辐射和非电离辐射两大类：

1）电离辐射：是能使受作用物质发生电离现象的辐射，是作为粒子或电磁波传播的辐射，它携带足够的能量使受作用物质的电子与原子或者分子相分离，从而使它们电离。电离辐射由高能亚原子粒子（包括 α 粒子、β 粒子和中子）、高速运动的离子或原子（通常大于光速的1%）和高能电磁波组成。γ射线、X射线及紫外线的中高能部分属于电离辐射。电离辐射射线的波长短、频率高、能量高。电离辐射源包括天然辐射源（包括宇宙射线和天然放射性物质）和人工辐射源（由专用仪器设备及含放射性材料产生的放射性污染，如 X 线机、CT 仪、紫外线仪等）两大类。关于射线的辐射防护将在第六章中阐述。

2）非电离辐射：是指不能使物质原子或分子发生电离的辐射。包括紫外线 A、紫外线 B、可见光、红外线、微波和无线电波等。它们无法使物质分子或原子电离，仅能引起物质分子或离子的振动、转动等。

（三）电磁辐射相关准则

1. 新国标　《电磁环境控制限值》（GB8702—2014）规定了电磁环境中控制公众曝露的电场、磁场、电磁场（1～300GHz）的场量限值、评价方法和相关设施（设备）的豁免范围。新国标将旧国标《电磁辐射防护规定》（GB8702—1988）中比较严格的八条电磁管理内容全部删除了，意味着全面放开了对电磁辐射的管理要求。同时，100kV 以下电压等级的交流输变电设施豁免管理，以此促进电力事业的发展。此外，手机基站功率一般在 40W 以下，也属于豁免管理的设备，不需要向管理部门报批，以此消除公众的过度担忧。

2. ICNIRP《限制电磁场曝露导则（2020）》（100kHz～300GHz）　国际非电离辐射防护委员会（ICNIRP）在该《导则》中阐述了曝露在 100kHz～300GHz 频段范围内，人体曝露的机理、依据以及保护措施。极低频电磁场产生生物学效应的关键是其在人体内产生的感应电场。对于一般公众暴露的极低频电磁场而言，一般人体组织的感应电场的基本限值是 0.4V/m，但是对于头部的中枢神经刺激有更严格的要求。由于生物体的复杂性，导致极低频电磁场生物学效应问题非常复杂。目前的研究尚未发现极低频电磁场对人体健康有明确的危害。

（四）电磁辐射的危害

由电离辐射的组成可知，电离辐射粒子能量高，对人体健康和电子电气系统的运行具有极大的危害。而非电离辐射能量较低，当工频电磁辐射和射频电磁辐射超出一定量值或强度后，就形成了电磁污染。它既看不见，又摸不着，却能直接作用于电子元件、电气设备和人体，是危害人类健康的"隐形杀手"，并已经成为影响人类生存的第五大污染。电磁辐射的危害具体表现如下。

1. 影响人体健康 在高频率、高功率的射频电磁辐射下，人体吸收电磁辐射能量到达一定量时就会出现高温生理反应，导致神经衰弱、白细胞减少等病变，称之为电磁波的热效应；当电磁波长时间作用于人体时，人体温度没有明显提高，但是会出现心悸、乏力、失眠、健忘等神经系统的症状，称之为非热效应。

（1）可引起体温升高、心悸、头胀、失眠、心动过缓、白细胞减少，免疫功能下降等，影响人体的循环、免疫、生殖和代谢功能等。

（2）可引起中枢神经系统的障碍（如神经衰弱、抑郁症），使血液、淋巴液和细胞原生质发生改变，对人体造成严重危害。

（3）可造成自主神经紊乱，出现心率或血压异常，如心动过缓，血压下降或心动过速，诱发高血压、心血管疾病、糖尿病、癌突变等。

（4）可引起眼睛损伤，造成晶体混浊，严重时导致白内障。

（5）可影响睾丸正常功能，造成不育症。

（6）可导致胎儿畸形或孕妇自然流产。

（7）当功率为1000W的微波直接照射人体时，可在几秒内致人死亡。

极低频电磁辐射所致的生物学效应与高频电磁辐射生物效应既有不同点也有相同的地方。极低频电磁辐射对人体的影响研究报道很多，但目前没有定论。是否有可能引起脑神经损害，以至于引发精神疾患，如焦虑症、忧郁症，甚至自杀，以及老年性痴呆、肌萎缩侧索硬化症、男性曝露所致的生育问题、对免疫系统的影响、引发心血管疾病等问题都值得关注。电磁辐射是否诱发癌症颇有争议。

2. 引起火灾和爆炸事故 在高强度的射频电磁场作用下，当高大的金属设施接收电磁波以后，可能发生谐振，产生数百伏的感应过电压，可产生感应的脉冲放电，对人造成电击伤害，也可能与邻近导体之间发生火花放电，引起火灾和爆炸。例如，切断大电流电路时产生的火花放电，其瞬变电流很大，会产生很强的电磁。它在本质上与雷电相同，只是影响区域较小。

3. 干扰电子设备及系统正常工作 电磁辐射可以造成医疗电子设备、自动化控制系统、导航系统、无线电通信设备工作失常、失效，甚至失控。

二、实验室电磁辐射防护措施

在高校实验室，通常采用各种手段将电磁辐射或干扰控制在一定范围、一定程度内，以此减弱对设备或人体的影响，达到电磁辐射防护的目的。电磁辐射一般有以下几种防护措施。

（一）距离法防护

由于感应电场强度与辐射源到被照射物体之间的距离的平方成反比，辐射电场强度与辐射源到被照射物体之间的距离成反比，因此，加大辐射源到被照射物体之间的距离，利用空间自然衰减，可大幅度减少电磁辐射强度，以达到防护的目的。实验室电磁辐射距离防护措施如下。

1. 在操作具有电磁辐射的实验设备时，应当远离辐射源、与辐射源保持一定距离或采用远距离控制，这是最简单且有效的电磁辐射防护方法。

2. 在设计电子电路时，将射频电路与一般线路进行远距离布线，并采取屏蔽和接地措施，防止线路的干扰与耦合。将二者设计成平衡对称电路，以抵消或减小电磁干扰。此外，设计电子电路时还考虑设备电磁兼容的问题。

3. 实验室设备摆放要保持尽量大的间距。实验室单台设备运行时所产生的极低频电磁辐射非常微弱，对健康的影响可忽略不计，但是，多台套大功率设备同时运行时产生的极低频电磁场会互相叠加而显著增强。

4. 在实验室使用电脑时，最好在显示器上贴防辐射屏，人体距离显示屏至少 50cm。对于放置大量电脑的实验室机房，电脑的摆放要保持一定间距。

（二）屏蔽法防护

屏蔽材料能够对电磁波进行反射与吸收，传递到屏蔽材料上的电磁波一部分被反射，另一部分被吸收，使透过屏蔽体的电磁强度大幅衰减，从而减少电磁波对人体和周围环境的危害。通常，对辐射污染源进行主动屏蔽，使其不对外产生影响；对人员或设备进行被动屏蔽，使其不受电磁辐射干扰。

1. 主动屏蔽　将辐射污染源加以屏蔽，使不对限定范围外的生物体或仪器设备产生影响。例如，在实验室内对于功率较大的设备，应采用金属网或者外部机壳进行屏蔽并接地，金属网线越粗，网孔越小，电磁屏蔽效果越好。在实验室有时为了加快设备散热而将机壳拆卸，这种行为应该杜绝。

2. 被动屏蔽　对指定范围内的人员或设备加以屏蔽，使之不受电磁辐射的干扰。例如，对于计算机实验室的大型网络服务器、交换机、路由器等一般放置于专用的网络机柜中，以减少其对外的电磁辐射。

（三）吸收法防护

将吸波材料或装置放置在微波场源的周围可降低辐射场强和减少电磁辐射。目前可采用石墨、铁氧体、活性炭等吸收材料将电磁辐射能量转化为热能。例如，在无线电传播和微波专业实验室的墙体表面敷设辐射吸收材料可减少电磁辐射。

（四）滤波法防护

在设计电子电路时，将射频电路与一般线路进行远距离布线，并屏蔽和接地，防止线路的干扰与耦合。将二者设计成平衡对称电路，可以抵消或减小电磁干扰。此外，在射频设备的电源线或控制线路的引入处和输出端装设谐波滤波器，可防止射频信号和高次谐波的传递，能有效抑制线路干扰与电磁辐射。

（五）时间法防护

在电磁场区域停留的时间越短，受到的电磁辐射量值也会越少。因此，可通过熟悉实验步骤尽量缩短实验操作的时间的方法来减少电磁辐射量值，同时减少进入电磁场区域次数，以达到电磁辐射防护的目的。在高频辐射环境内的实验人员要穿防辐射服和鞋，戴防辐射眼镜和防辐射头盔。

参考文献

程佳佳, 2021. 集成电路器件的静电防护分析 [J]. 集成电路应用, 38(12): 36-37.
崔政斌, 石跃武, 2009. 用电安全技术 [M]. 北京：化学工业出版社.
胡洪超, 蒋旭红, 舒绪刚, 2019. 实验室安全教程 [M]. 北京：化学工业出版社.
环境保护部, 国家质量监督检验检疫总局, 2014. 电磁环境控制限值 (GB 8702—2014)[S]. 北京：中国环境科学出版社出版.
黄志斌, 赵应声, 2021. 高校实验室安全通用教程 [M]. 南京：南京大学出版社.
雷银照, 2007. "电气"词源考 [J]. 电工技术学报, (4): 1-7.
李培省, 贾海江, 赵明, 等, 2022. 高校科研实验室安全隐患现状调查与分析 [J]. 安全, 43(9): 60-65.
李培武, 2003. 化工生产中静电的危害及其预防 [J]. 化工安全与环境, 16(2): 16-17.
王挺, 2022. 电子设备静电放电危害及防护技术分析 [J]. 无线互联科技, 19(9): 131-133.
夏新民, 秦鸣峰, 朱可, 2010. 电气安全 [M]. 北京：化学工业出版社.
夏兴华, 2012. 电气安全工程 [M]. 北京：人民邮电出版社.
杨岳, 2017. 电气安全 [M]. 第 3 版. 北京：机械工业出版社.
叶元兴, 马静, 赵玉泽, 等, 2020. 基于 150 起实验室事故的统计分析及安全管理对策研究 [J]. 实验技术与管理, 37(12): 317-322.

郑大宇, 2021. 工频状态下电磁辐射的防护措施 [J]. 建筑电气, 40(7): 48.
朱小闪, 刘宁宁, 翟艳霞, 等, 2020. 电磁辐射损伤个体防护的研究进展 [J]. 实用医药杂, 37(12): 1130-1132.

思 考 题

1. 电气事故是指什么？
2. 电气事故按照电能作用的不同形式分为哪几种？
3. 触电事故的分类有哪两种？它们分别是什么？
4. 防止触电有哪些技术措施？
5. 静电放电的形式有哪几种？
6. 静电放电的危害有哪些？
7. 减小电磁辐射危害有哪些措施？

（广东工业大学　李惜玉　刘　洋）

第四章　实验室化学品安全

本章要求
1. **掌握**　危险化学品的分类、危险特性和全周期管理。
2. **熟悉**　各类危险化学品的性质、个人防护及实验安全操作。
3. **了解**　化学品一般事故的应急处置。

今天，当我们坐在宽敞明亮、温暖舒适的大楼内，看着平板电视或电脑上不断介绍的星辰大海、鳞次栉比的高楼大厦、飞驰而过的列车与琳琅满目的各类商品，品尝着美味的奶茶或咖啡，你是否知道，这些繁华与舒适背后，都有一个强大的化学工业产业在支撑？非常遗憾的是，时至今日，社会对于化学化工行业的了解并不全面，有时候也不客观，社会教了我们很多的化学知识，苏丹红、三聚氰胺、塑化剂、丙二醇、对二甲苯（PX）……，但每一个"知识"，都伴随着一件件并不美好而又被广泛关注的安全事件，以至于很多人谈化学而色变，视化学如猛虎，甚至"我们恨化学"能出现在电视广告中！

但我们真能恨化学吗？我们真可以和化学无关吗（图4-1）？事实上，化学是创造新物质、新材料的基础学科，在人类认识世界、改造世界中发挥了无可替代的作用。它就像一位神奇的魔术师，将一百多种元素巧妙结合，构建起神奇瑰丽的化学和材料世界，成为支撑国民经济、社会可持续发展的基石。为我们源源不断地提供各种食品和医药，保障我们健康的衣食住行；各种绿色高效农药的发展，为农业生产的稳定和发展提供保障；各种化工新材料的出现，是我们国防建设、高精尖技术发展不可或缺的基础。因此，化学和化学工业是很多国家的基础产业和支柱产业，根据国际化工协会联合会2019年发布的统计结果显

图4-1　化学和你我相关？

示，化学工业几乎涉及所有生产行业，通过直接、间接和诱发影响为全球的国内生产总值（GDP）作出了7%的贡献。我国有数以千万计的化学和化学工程相关从业人员，并依托专门的化学类研究所、大学的化学院系形成了一支稳定的研究队伍。

化学研究过程是伴随反复的化学实验和实践的，需要使用大量的化学品，这些化学试剂品种繁多、性质各异，尤其许多还是易燃、易爆、剧毒、强腐蚀性化学试剂；在实验过程中操作不当、疏忽大意，容易造成火灾、爆炸、中毒或烧伤等安全事故/事件，严重威胁师生的生命财产安全。因此，高校实验室安全工作复杂艰巨，责任重大。为提高高校实验室安全管理能力和水平，保障校园安全稳定和师生生命健康安全，教育主管部门每年都会出台相关的管理政策、安排专项行动并组织实验室安全现场检查工作。从近几年现场检查发现的问题来看，化学安全相关的隐患问题占比超过三分之一，且所有受检的综合性或理工类学校普遍存在化学品安全管理问题。从高校实验室安全事故/事件原因分析，因化学相关（含化学品使用、存储）原因导致的各类事故/事件占所有事故的三分之二以上。

其主要原因包括：①化学及相关学科如化工、材料、药学等往往是各高校的重点学科，人员、

经费、场地等资源投入大；②因分属不同学科，化学安全相关的实验场地多，有些甚至分属不同校区、不同属地；③化学安全管理的专业性较强，在院系配备专业管理人员难度较大，安全管理人员人手严重不足；④高校是人才培养的高地，以本科生和研究生为主的人员流动性大。尤其是非化学专业师生的化学专业基础相对较弱，化学品的使用和管理相对较难。因此，本章将从危险化学品的特性、分类、全周期管理及事故应急处置，以及常规化学操作等方面介绍实验室化学品安全知识，让我们一起了解化学品，用好化学品。

> **视窗 4-1　　　　　　　　某大学实验室爆炸事故**
>
> 事故概况：2018 年 12 月 26 日，某大学市政环境工程系实验室发生爆炸，事故造成 3 名参与实验的学生死亡，其中 2 名博士生，1 名硕士生。
>
> 事故原因：事发前，该实验室里堆放了 30 桶镁粉，40 袋水泥，28 袋磷酸钠，8 桶催化剂以及 6 桶磷酸钠。在使用搅拌机对镁粉和磷酸搅拌、反应过程中，料斗内的氢气被搅拌机金属摩擦产生的火花点燃爆炸，继而引起镁粉粉尘爆炸，进一步引起周边镁粉和其他易燃物燃烧。
>
> 事故处理结果：2019 年 2 月 13 日，该市政府事故调查组公布调查结果，公安机关对事发科研项目负责人李某某和事发实验室管理人员张某依法立案侦查，追究刑事责任。根据干部管理权限，经教育部、大学研究决定，对学校党委书记、校长、副校长等 12 名干部及学院党委成员进行问责，并分别给予党纪政纪处分。

第一节　危险化学品的危险特性

图 4-2　化学品的海量知识容易让人茫然

截至目前，人类已知超过 2.6 亿种物质，其中化合物的数量超过 1.5 亿种，并且每天都在成千上万地增加。这些化合物有无机的、有机的，有毒的、无毒的，常用的、非常用的。因此，很多人，尤其是非化学专业的人，在面对这些海量的化学品时会茫然无措（图 4-2）。一般来说，具有毒害、腐蚀、爆炸、燃烧、助燃等性质，对人体、设施、环境具有危害的剧毒化学品和其他化学品，统称为危险化学品。危险化学品性质各异，危险性不同，而且有些危险化合物不只具有一种危险性，但其多种危险性中必有一种表现最为突出的危险性。为便于管理和采取相应的安全对策，有必要根据其主要危险性进行分类和管理。我国的《危险化学品目录》是国务院安全生产监督管理部门会同其他相关机构，根据化学品危险特性中的主要危险和生产、运输、使用时便于管理的原则来确定、公布并适时调整。目前的版本是 2015 版，共有 2828 种化学品。

危险化学品的危险特性主要包括理化危险、健康危险以及环境危险等，这三种危险特性往往相互交错，其中理化危险主要包括以下几种。

一、反　应　性

化学品的反应性是指其与其他物质接触时或受到光、热等外界诱导时能发生化学反应的能力。不同化学品的反应性差异较大，有些化学品具有较高的反应性，容易发生氧化、聚合等反应，或与其他物质接触发生激烈反应，如乙醚存放过程中容易产生过氧乙醚；有些化学品则相对稳定，不容易与其他物质发生反应。化学品的反应性主要与其分子结构、原子组成和化学键类型相关，了解化学品的反应性对于安全使用和存储至关重要。

二、燃 烧 性

物质燃烧需要同时具备可燃物、助燃物和着火源这3要素。其中可燃物是指能与空气中氧气起燃烧反应的物质，大多数的危险化学品如乙醇、汽油、氢气等都是可燃物。助燃物是指能帮助和支持可燃物燃烧的物质，如空气、氧化剂等。着火源是指引起可燃物燃烧的热源，一般为火焰、火星、电火花等。需要注意的是，静电、化学反应放热、光照、撞击等也是危险化学品的常见着火源。一般来说，当燃烧3要素同时满足时，容易发生火情甚至火灾事件，每年高校实验室的火情或火灾事件层出不穷（图4-3）。

图4-3　2021年6月某大学实验室火情事件

除了这3要素外，物质燃烧还与温度、压力、可燃物和助燃物的浓度有关系。燃烧按其形成的条件、瞬间发生的特点和燃烧现象，可分为闪燃、阴燃、自燃和点燃4种类型。其中闪燃的最低温度称为闪点，自燃的最低温度为自燃点，而点燃的最低温度为燃点。

三、爆 炸 性

危险化学品因燃烧或温压急剧变化而容易产生瞬间的物理、化学变化，进而引起爆炸。实验室的爆炸事故主要包括化学爆炸和物理爆炸。容器内液体过热、高压反应釜、压缩气体等爆炸是常见的物理爆炸；化学爆炸需要同时具备3要素，即点火源、助燃物，以及易燃易爆气体/蒸气且达到爆炸极限，可燃气体爆炸、粉尘爆炸、爆炸物爆炸等是典型的化学爆炸，如2020年黎巴嫩首都贝鲁特大爆炸（图4-4）就是典型的化学爆炸。

图4-4　2020年8月黎巴嫩贝鲁特硝酸铵大爆炸

四、毒 害 性

危险化学品在经口食入、吸入或通过皮肤接触后可能造成死亡、严重伤害或损害人体健康，根据其急性毒性健康危害，一般分为剧毒、有毒和有害等分类，有关毒害物的急性毒性健康分类标准见表 4-1。

表 4-1　急性毒性健康危害分类标准*

危害种类	类别 1/ 吞咽致命	类别 2/ 吞咽致命	类别 3/ 吞咽有毒	类别 4/ 吞咽有害	类别 5/ 吞咽可能有害
经口（mg/kg 体重）	$LD_{50} \leq 5$	$5 < LD_{50} \leq 50$	$50 < LD_{50} \leq 300$	$300 < LD_{50} \leq 2000$	$2000 < LD_{50} \leq 5000$
经皮肤（mg/kg 体重）	$LD_{50} \leq 50$	$50 < LD_{50} \leq 200$	$200 < LD_{50} \leq 1000$	$1000 < LD_{50} \leq 2000$	
经吸入气体（ppm V）	$LC_{50} \leq 100$	$100 < LC_{50} \leq 500$	$500 < LC_{50} \leq 2500$	$2500 < LC_{50} \leq 20000$	
经吸入蒸气（mg/L）	$LC_{50} \leq 0.5$	$0.5 < LC_{50} \leq 2.0$	$2.0 < LC_{50} \leq 10.0$	$10.0 < LC_{50} \leq 20.0$	
经吸入粉尘和烟雾（mg/L）	$LC_{50} \leq 0.05$	$0.05 < LC_{50} \leq 0.5$	$0.5 < LC_{50} \leq 1.0$	$1.0 < LC_{50} \leq 5.0$	
标志	 ☠	 ☠	 ☠	 !	无

* 来源：化学品分类和标签规范，第 18 部分：急性毒性（GC30000.18—2013）
LD_{50}/LC_{50}：半致死剂量或半致死浓度，指引起一组受试实验动物半数死亡的剂量或浓度

需要注意的是，除了具有急性毒性健康危害的物质被纳入急性毒性范围内，其他具有健康危害的物质，如皮肤腐蚀/刺激性、严重眼损伤/眼睛刺激、皮肤或呼吸过敏、致突变性、致癌性、生殖毒性等，一般直接按其健康危害种类分类和称谓。

五、腐 蚀 性

很多危险化学品能腐蚀破坏人体、金属、建筑物或其他物质，表现出较强的刺激性和腐蚀性。按腐蚀性的强弱，腐蚀性物质可分为 2 级，按其酸碱性及有机物、无机物则可分为 8 类。

（1）一级无机酸性腐蚀物质。这类物质具有强腐蚀性和酸性，尤其是一些具有氧化性的强酸，如氢氟酸（HF）、硝酸（HNO_3）、硫酸（H_2SO_4）、氯磺酸（$HClSO_3$）等。还有遇水能生成强酸的物质，如二氧化氮（NO_2）、二氧化硫（SO_2）、三氧化硫（SO_3）、五氧化二磷（P_2O_5）等。

（2）一级有机酸性腐蚀物质。具有强腐蚀性及酸性的有机物，如甲酸、氯乙酸、磺酸酰氯、乙酰氯、苯甲酰氯等。

（3）二级无机酸性腐蚀物质。这类物质主要是氧化性较差的强酸，如吡啶-3-甲酸（烟酸）、亚硫酸（H_2SO_3）、亚硫酸氢铵（NH_4HSO_3）、磷酸（H_3PO_4）等，以及与水接触能部分生成酸的物质。

（4）二级有机酸性腐蚀物质。主要是一些较弱的有机酸，如乙酸、乙酸酐、丙酸酐等。

（5）无机碱性腐蚀物质。具有强碱性无机腐蚀物质，如氢氧化钠（NaOH）、氢氧化钾（KOH），以及与水作用能生成碱性的腐蚀物质，如氧化钙（CaO）、硫化钠（Na_2S）等。

（6）有机碱性腐蚀物质。具有碱性的有机腐蚀物质，主要是有机碱金属化合物和胺类，如三乙醇胺、甲胺、甲醇钠。

（7）其他无机腐蚀物质。这类物质有漂白粉、三氯化碘、溴化硼等。

（8）其他有机腐蚀物质。如甲醛、苯酚、氯乙醛、苯酚钠等。

六、放 射 性

有些危险化学品含有放射性核素，且其活度浓度和放射比活度超过国家标准 GB 11806—2019 规定的豁免值（7.4×10^4 bq/kg）。这类物质按放射性大小分为一级、二级和三级放射性物品，其放出的射线分为 4 种，分别为 α 射线、β 射线、γ 射线和中子流。在元素周期表上，原子序数大于 83 的元素都是放射性元素，83 以下的元素中只有锝（Tc，原子序数 43）和钷（Pm，原子序数 61）是放射性元素。此外，有些同位素也具有放射性，如氚（T）、碳-14（^{14}C）等。

第二节　危险化学品的分类和标志

依据联合国《关于危险货物运输的建议书——规章范本》，国家市场监督管理总局和国家标准化管理委员会制定了国家标准《危险货物分类和品名编号》，该标准最早制定于1986年，2012年修订的《危险货物分类和品名编号》（GB 6944—2012）将危险品分为9个类别：第1类 爆炸品；第2类 气体；第3类 易燃液体；第4类 易燃固体、易于自燃的物质、遇水放出易燃气体的物质；第5类 氧化性物质与有机过氧化物；第6类 毒性物质和感染性物质；第7类 放射性物质；第8类 腐蚀性物质；以及第9类 杂项危险物质和物品。这是目前广泛使用的危险化学品分类体系。

由于化学品种类和数目不断增加，为协调世界各国对化学品统一分类及标记制度，国际劳工组织（ILO）与经济合作发展组织（OECD）、联合国危险物品运输专家委员会（UNCETDG）共同开发了"全球化学品统一分类和标签制度（GHS）"。2003年7月经联合国经济社会委员会会议正式采用GHS，并授权将其翻译成联合国官方语言，在全世界范围内使用。GHS是对危险化学品的危害性进行分类定级的标准方法，旨在对世界各国不同的危险化学品分类方法进行统一，最大限度地减少危险化学品对健康和环境造成的危害；也是指导各国控制化学品危害和保护人类与环境的规范性文件。目前GHS紫皮书（第8修订版，2019年）将化学品危险性分类为29个危险（危害）种类（hazard class）和104个危险类别（hazard category），即物理危险（17个危险种类）、健康危害（10个危害种类）和环境危害（2个危害种类）。

然而，我国根据联合国GHS制定了相应的国家标准《化学品分类和危险性公示通则》（GB 13690），将化学品危险性分为28类，其中包括16个物理危险种类、10个健康危害种类以及2个环境危害种类。此版未列入加压化学品，因此16个物理危险种类分别为：爆炸物、易燃气体、易燃气溶胶、氧化性气体、压力下气体、易燃液体、易燃固体、自反应物质或混合物、自燃液体、自燃固体、自燃物质和混合物、遇水放出易燃气体的物质和混合物、氧化性液体、氧化性固体、有机过氧物、金属腐蚀剂。10个健康危害种类分别为：急性毒性、皮肤腐蚀/刺激、严重眼损伤/眼刺激、呼吸或皮肤致敏、生殖细胞致突变性、致癌性、生殖毒性、特定目标器官/系统毒性一次接触、特定目标器官/系统毒性重复接触、吸入危险。2个环境危害种类分别为对水生环境的危害和对臭氧层的危害。在各危险种类下又分为若干个危险类别（hazard category），划分为几个等级，以反映一个危险种类内危险的相对严重程度。这是近年来逐步发展并不断完善的新的危险化学品分类体系。

从两种危险化学品的分类体系对比来看，GB 13690中理化危险主要对应GB 6944中的第1类、第2类、第3类、第4类、第5类以及第8类。而其健康危害和环境危害则在第6类和第9类的基础上进行了明确和细化。

图4-5给出了2015年版危险化学品目录中各物质的GHS分类信息归类，由图可见，列入该目录的2828种危险化学品中，同时具有物理危险、健康和环境危害三重危害的化学品有284种，占总数的10.04%。只具有健康危害和环境危害的化学品699种，占总数的24.72%；只具有物理危险和健康危害的化学品为422种，占总数14.92%；只具有物理危险和环境危害的化学品有83种，占总数的2.93%。仅具有物理危险或者健康危害或者环境危害三种危险之一的化学品分别有643种、620种和77种。而各类

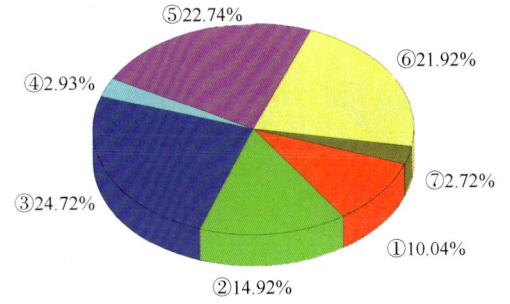

图4-5　《危险化学品目录（2015年）》中化学品危险性分类*

①同时具有物理危险、健康和环境危害三种危险，②只具有物理危险和健康危害，③只具有健康危害和环境危害，④只具有物理危险和环境危害，⑤只具有物理危险，⑥只具有健康危害，⑦只具有环境危害

* 来源：贵州省政府网站：https://www.gzzf.gov.cn/zwgk/zdlygk/aqsc/wxhxpml/202304/t20230424_79240287.html

具有健康和环境危害的危险化学品合计 2185 种，占目录中危险化学品总数的 77.3%。

一、危险化学品的分类

（一）按理化危险分类

危险化学品根据理化危险主要分为以下几类：

1. 爆炸品 是在外界作用下（如受热、受压、撞击等）发生剧烈化学反应，瞬时产生大量的气体和热量，使周围压力急剧上升而发生爆炸的物质（图 4-6）。目前公安部公布的民用爆炸品共 58 种，外加一类国防科工委、公安部认为需要管理的其他民用爆炸物品，一共 59 种。主要包括 TNT（2,4,6-三硝基甲苯）、苦味酸、硝化甘油等具有整体爆炸危险的物质；燃烧弹等具有迸射危险，但无整体爆炸危险的物质；礼花弹等具有燃烧危险和较小迸射危险或两者兼有，但没有整体爆炸危险的物质，以及无重大危险的爆炸物质和非常不敏感的爆炸物质等。

图 4-6　爆炸品标识

2. 气体 指在 50℃时蒸气压力大于 300kPa，或 20℃时在 101.3kPa 标准压力下完全是气态的物质，包括压缩气体、液化气体、溶解气体和冷冻液化气体，一种或多种气体或一种或多种其他类别物质的蒸气混合物，充有气体的物品和气雾剂。常见的主要有氮气（N_2）、氩气（Ar）等惰性气体，也有一氧化碳（CO）、氨气（NH_3）等有毒气体。进一步细分，主要分为：

（1）易燃气体：指在 20℃和 101.3kPa 标准压力下，与空气有易燃范围的气体，如氢气（H_2）、甲烷（CH_4）等，标识见图 4-7。

（2）易燃气溶胶：指悬浮在气体介质中的固态或液态颗粒所组成的气态分散系统。通常由气溶胶喷雾罐（任何不可重新灌装的容器，该容器由金属、玻璃或塑料制成），内装强制压缩、液化或溶解的气体，包含或不包含液体、膏剂或粉末，配有释放装置，可使所装物质喷射出来，形成在气体中悬浮的固态或液态微粒，也可形成泡沫、膏剂或粉末，或处于液态、气态。

（3）氧化性气体：指一般通过提供氧气，比空气更能导致或促进其他物质燃烧的任何气体，如氧气（O_2）、氯气（Cl_2）等。

图 4-7　易燃气体标识

（4）压力下气体：指高压气体在压力等于或大于 200kPa（表压）下装入贮器的气体，或是液化气体、冷冻液化气体。压力下气体包括压缩气体、液化气体、溶解气体、冷冻液化气体。

3. 易燃液体 GB 6944 中，易燃液体指的是闭杯试验闪点不高于 60℃，或开杯试验闪点不高于 65.6℃的液体；而 GB13690 中，指闪点不高于 93℃的液体。这类试剂在实验室最常见和普遍使用，如丙酮、甲醇等，一般来说，闪点越低的物质越危险。常见易燃液体化学品的闪点见表 4-2，标识见图 4-8。

图 4-8　易燃液体标识

表 4-2　常见易燃液体化学品的闪点

易燃液体	闪点/℃	易燃液体	闪点/℃	易燃液体	闪点/℃
汽油	−58～10	石油醚	−30	二硫化碳	−45
乙醚	−45	乙醛	−38	环氧乙烷	29
丙酮	−20	辛烷	−16	苯	−11
正己烷	−23	四氢呋喃	−20	乙酸乙酯	−4
甲苯	4	甲醇	12	乙醇	13
丁醇	29	乙酸酐	49	嘧啶	20
乙腈	2	煤油	30～70	乙二醇	100

4. 易燃固体、易于自燃的物质、遇水放出易燃气体的物质　GB 6944 仅对此类分为 3 项，但 GB 13690 细分为 5 项，包括：

（1）易燃固体：指容易燃烧或通过摩擦可能引燃或助燃的固体。易于燃烧的固体为粉末、颗粒状或糊状物质，它们在与火源短暂接触即可点燃，火焰会迅速蔓延，情况非常危险，常见的如红磷（P）、硫磺（S）等，标识见图 4-9。

图 4-9　易燃固体标识

（2）自反应物质或混合物：指即使没有氧气（空气）也容易发生激烈放热分解的热不稳定液态、固态物质或者混合物，如 N,N'- 二亚硝基 -N,N'- 二甲基对苯二酰胺等。其中不包括根据统一分类制度分类为爆炸物、有机过氧化物或氧化物质的物质和混合物。自反应物质或混合物如果在试验中其组分容易起爆、迅速爆燃或在封闭条件下加热时显示剧烈效应，应视为具有爆炸性质。

（3）自燃液体：指即使数量小也能与空气接触后 5min 之内引燃的液体，如三乙基铝等烷基金属，标识见图 4-10。

（4）自燃固体：指即使数量小也能与空气接触后 5min 之内引燃的固体，如黄磷、铝粉等。

图 4-10　自燃物品标识

（5）自热物质和混合物：指除发火液体或固体以外，与空气反应不需要能源供应就能够自己发热的固体、液体物质或混合物，如白磷等。这类物质或混合物不同于发火液体或固体，因为这类物质只有数量很大（千克级）并经过长时间（几小时或几天）才会燃烧。

（6）遇水放出易燃气体的物质和混合物：指通过与水作用，容易具有自燃性或放出危险数量的易燃气体的固态、液态物质或混合物，如钾、钠等，标识见图 4-11。

5. 氧化性物质（图 4-12）和有机过氧化物

（1）氧化性液体：指本身未必燃烧，但通常因放出氧气可能引起或促使其他物质燃烧的液体，典型的如双氧水（H_2O_2）、硝酸（HNO_3）、高氯酸（$HClO_4$）等。

图 4-11　遇湿易燃物品标识

（2）氧化性固体：指本身未必燃烧，但通常因放出氧气可能引起或促使其他物质燃烧的固体，如过氧化钠（Na_2O_2）、超氧化钾（KO_2）、高氯酸钾（$KClO_4$）等。

（3）有机过氧化物：指含有二价过氧结构的液态或固态有机物质，可以看作是一个或两个氢原子被有机基替代的过氧化氢衍生物，也包括有机过氧化物配方（混合物），如过氧乙酸等。有机过氧化物是热不稳定物质或混合物，容易放热自加速分解。另外，它们可能具有下列一种或几种性质：①易于爆炸分解；②迅速燃烧；③对撞击或摩擦敏感；④与其他物质发生危险反应。如果在实验室试验中，有机过氧化物在封闭条件下加热时，组分容易爆炸、迅速爆燃或表现出剧烈效应，则可认为它具有爆炸性质。标识见图 4-13。

图 4-12　氧化剂标识

6. 毒性物质和感染性物质　标识见图 4-14。GB 6944 仅分为毒性物质和感染性物质两项，但 GB 13690 将其健康危害进一步细化成 10 项，并进一步考虑这些物质对水生体系和臭氧体系的环境影响。

7. 放射性物质　标识见图 4-15。指放射性超过国家豁免阈值的物质。值得注意的是，GB13690 中并没有将其单独归类，而是通过健康危害并入到其他分类中。

图 4-13　有机过氧化物标识

8. 腐蚀性物质　标识见图 4-16。是指通过化学作用使生物组织接触时造成严重损伤或在渗漏时会严重损害甚至损毁其他货物或运载工具的物质。主要包括：

　　图 4-14　毒性物质标识　　　　图 4-15　放射性物质标识　　　　图 4-16　腐蚀性物质标识

　　（1）酸性腐蚀品：如硫酸（H_2SO_4）、硝酸（HNO_3）、氢氟酸（HF）、高氯酸（$HClO_4$）等，以及王水（1 体积浓硝酸 +3 体积浓盐酸）等。

　　（2）碱性腐蚀品：如氢氧化钠（NaOH）、氢氧化钾（KOH）、硫氢化钙（CaH_2S_2）等。

　　（3）其他腐蚀品：含通过化学作用显著损坏或毁坏金属的金属腐蚀剂，以及苯酚钠、二氯乙醛等。

（二）按管制类别分类

　　除了按照 GB 6944 和 GB 13690 进行危险化学品分类之外，国务院、公安部等国家安全生产管理部门进一步明确了剧毒品、易制爆化学品和易制毒化学品等管制类化学品，并及时对相关名录进行更新调整。

　　这些管制类化学品主要包括：

　　1. 剧毒品　指具有剧烈急性毒性危害的化学品，包括人工合成的化学品及其混合物和天然毒素，还包括具有急性毒性易造成公共安全危害的化学品。目前剧毒品化学品目录中共 148 种，实验室常见的剧毒品主要包括氰化汞、氰化钾、氯气、叠氮化钠、丙炔醇等。

　　2. 易制爆危险化学品　指可以作为原料或辅料用于爆炸物品制造的危险化学品。目前公安部公布的易制爆危险化学品共有 9 类 74 种，包括硝酸、高氯酸等酸类 3 种，硝酸钠、硝酸钾等硝酸盐类 11 种，氯酸钠、氯酸钾和氯酸铵等氯酸盐类 3 种，高氯酸钾等高氯酸盐类 4 种，重铬酸钾等重铬酸盐 4 种，过氧化氢、超氧化钠等过氧化物和超氧化物 15 种，金属锂、钠、铝粉、硫磺、硼氢化钾等易燃物还原剂类 16 种，硝基甲烷、二硝基苯酚等硝基化合物类 11 种，以及硝化纤维、高锰酸钾、水合肼等其他类 7 种。

　　3. 易制毒危险化学品　指可用于制造毒品的前体、原料和化学助剂等物质，主要分为三类，其中第一类是可以用于制毒的主要原料，第二类和第三类是可以用于制毒的化学配剂。2021 年更新的易制毒危险化学品主要包括第一类 19 种，第二类 11 种，第三类 8 种，一共 38 种易制毒危险化学品。

　　4. 重点监管危险化学品　国家安全监管部门根据化学品事故尤其是重特大事故的危险化学品品种、生产情况等，筛选需重点监管的危险化学品名单。目前先后公布了 2 批，其中第一批 60 种危险化学品及在温度 20℃ 和标准大气压 101.3kPa 下属于易燃气体类别 1、易燃液体类别 1、自燃液体类别 1、自燃固体类别 1、遇水放出易燃气体的物质类别 1 和三光气等光气类化学品于 2011 年予以公布，第二批 14 种危险化学品于 2013 年公布。

　　5. 麻醉药品和精神药品　绝大多数的精神药品和麻醉药品是化学药品或制剂，它们虽然不在危险化学品目录中，但由国家卫生健康委员会、国家药品监督管理局等国家部门严格管控、编制、更新和公布品种名录。现行的麻醉药品品种目录和精神药品品种目录是 2013 年公布的，包括麻醉药品 121 种，第一类精神药品 68 种，第二类精神药品 81 种。

　　联合国《关于危险货物运输的建议书——规章范本》（第 15 修订版）和《危险货物包装标志》

（GB 190）规定了危险货物包装图示标志的分类图形、尺寸、颜色及使用方法，其目的是通过图案、文字说明、颜色等信息，鲜明、简洁地表征危险化学品的危险特性和类别，向作业人员传递安全信息的警示性资料。需要特别注意的是，当一种危险化学品具有一种以上的危险特性时，应同时用多个标志表示其危险性类别。

二、传递化学品安全的信息文件

（一）化学品安全技术说明书（SDS）

化学品安全技术说明书（safety data sheet for chemicals，SDS）是由化学品生产商或经销商按法律要求必须提供的包含化学品理化特性、毒性、环境危害以及对使用者健康（如致癌、致畸等）可能产生危害等信息的一份综合性文件。化学品安全技术说明书在有些国家也称为物质安全技术说明书（material safety data sheet，MSDS）。根据《化学品安全技术说明书—内容和项目顺序》（GB 16483）规定，SDS 需提供 16 部分的化学品信息，且每部分的标题、编号和前后顺序不应随意变更。这 16 部分包括：化学品及企业标识、危险性概述、成分/组成信息、急救措施、消防措施、泄漏应急处理、操作处置与储存、接触控制和个体防护、理化特性、稳定性和反应性、毒理学信息、生态学信息、废弃处置、运输信息、法规信息和其他信息。除第 16 部分"其他信息"外，其余部分不能留下空项。

SDS 是化学品供应商对下游用户传递化学品基本危害信息（包括运输、操作处置、储存和应急行动信息）的一种载体，同时也向公共机构、服务机构和其他涉及该化学品的相关方传递这些信息。按照要求，每种化学品都应该编制一份 SDS。供应商应向下游用户提供完整的 SDS，并有责任及时更新，为下游用户提供最新版本的 SDS。下游用户在使用 SDS 时，还应充分考虑化学品在具体使用条件下的风险评估，加强化学品的安全管理，有效地预防和控制化学品的危害。

（二）国际化学品安全卡（ICSC）

"国际化学品安全卡"（international chemical safety card，ICSC）是联合国环境规划署（UNEP）、国际劳工组织（ILO）和世界卫生组织（WHO）的合作机构国际化学品安全规划署（IPCS）与欧洲联盟委员会（EU）合作编辑的一套具有国际权威性和指导性的化学品安全信息卡片。安全卡片的全部数据都是由联合国指定的 10 个国家，包括美国、加拿大、德国、英国、荷兰及日本等的 16 个著名权威机构的专家提出，列入卡片名单的化学品大多是具有易燃、爆炸性及对人体健康和环境有毒性或潜在危害的常用危险化学品，其中包括已列入鹿特丹化学品公约（PIC 公约）国际上禁用或严格限用的危险化学品和农药 27 种；国际公约控制的持久性有机污染物 8 种；欧洲联盟规定的重大危险源化学物质 74 种。

ICSC 共设有化学品标识、危害/接触类型、急性危害/症状、预防、急救/消防、溢漏处置、包装与标志、应急响应、储存、重要数据、物理性质、环境数据、注解和附加资料 14 个项目，图 4-17 给出了三氧化二砷的 ICSC 卡实例。卡片提供的数据符合国际劳工组织关于工作场所安全使用化学品公约以及我国关于危险化学品安全技术说明书、化学品安全标签编写规定等国家标准要求，可以满足危险化学品生产、储存、使用、进出口贸易、健康与安全和环境管理等各方面管理工作和实际使用的需要。

SDS 和 ICSC 都是传递化学品安全信息的信息文件，两者的主要数据项内容相同或相近，但也存在明显差异。首先，编制者对数据的要求有所不同。SDS 是化学品生产企业自己编制的化学品数据存档管理文件，而 ICSC 是联合国组织有关机构编制的具有国际权威性化学品指导性的信息文件，SDS 在数据科学完整性、可靠性上难以达到 ICSC 的水平。其次，SDS 是针对一种化工产品的，它既可以是一种化学物质，也可以是一种化学混合物或制剂，而 ICSC 是表述纯化学物质信息的卡片。总之，ICSC 和 SDS 是相互补充的两种信息资源，将两者结合使用，更有利于实验室安全管理和日常使用。

国际化学品安全卡	
三氧化二砷	ICSC 编号：0378

中文名称：三氧化二砷；砒霜；氧化砷 (III)；亚砷酸酐；白砷
英文名称：Arsenic trioxide; Arsenic (III) oxide; Arsenous acid anhydride; White arsenic

CAS 登记号：1327-53-3	
RTECS 号：CG3325000	中国危险货物编号：1561
UN 编号：1561	分子量：197.8
EC 编号：033-003-00-0	化学式：As_2O_3

危害/接触类型	急性危险/症状	预防	急救/消防
火灾	不可燃。在火焰中释放出刺激性或有毒烟雾（或气体）		周围环境着火时，允许使用各种灭火剂
爆炸			
接触		防止粉尘扩散！避免孕妇接触！避免一切接触！	一切情况均向医生咨询
吸入	灼烧感，咳嗽，气促，喘息，头痛，虚弱，咽喉痛。症状可能推迟显现。	局部排气通风或呼吸防护。	新鲜空气，休息，给予医疗护理。
皮肤	发红，疼痛，皮肤干燥皮肤烧伤，水疱。	防护手套，防护服。	脱去污染衣服，冲洗，然后用水和肥皂冲洗皮肤，给予医疗护理。
眼睛	发红，疼痛，皮肤干燥，皮肤烧伤，结膜炎	如果是粉末，安全护目镜或眼睛防护结合呼吸预防。	首先用大量水冲洗几分钟，然后就医。
食入	灼烧感，恶心，腹部疼痛，腹泻，呕吐，胃痉挛，肌肉震颤，休克，死亡。	工作时不得进食、饮水或吸烟；进食前洗手。	漱口，催吐（仅对清醒病人!)，休息并给予医疗护理。

泄露处理	包装与标志
真空抽吸泄漏物；小心收集残余物，然后转移到安全场所；不要让该化合物进入环境。个人防护用具：全套防护服包括自给式呼吸器。	不易破碎包装，将易破碎包装放在不易破碎容器中。不得与食品和饲料一起运输。污染海洋物质。 欧盟危险性类别：T+符号 N 符号 标记： E R：45-28-34-50/53 S：53-45-60-61 联合国危险性类别：6.1 联合国包装类别：II 中国危险性类别：第 6.1 项 毒性物质 中国包装类别：II

应急响应	存储
美国消防协会法规：H3（健康危险性）；F0（火灾危险性）；R2（反应危险性） 运输应急卡：TEC(R)-61GT5-II	与食品和饲料、酸类和还原性物质分开存放。

图 4-17 三氧化二砷的 ICSC 卡

第三节 危险化学品的全周期管理

我们日常的衣食住行、经济和科技发展、国防安全等都离不开化学工业，它在国民经济中占重要地位，是国家的基础产业和支柱产业。但化学工业门类繁多、工艺复杂、产品多样，生产、运输和使用中涉及的化学品和排放的污染物种类多、数量大，甚至具有高毒性，化工产品在加工、贮存、使用和废弃物处理等各个环节都有可能产生大量有毒物质而影响生态环境、危及人类健康。因此，化学工业是具有一定危险性的特殊行业。高校实验室教学科研所用的危险化学品，同样涉及采购、运输、贮存、使用和废弃处置等环节，加强危险化学品的全周期管理，可以有效地预防和控制化学品的危害，保证教学科研的顺利进行，维护校园安全稳定。

我国2020年《危险化学品安全法（征求意见稿）》中，详细阐述了危险化学品的生产、贮存、使用、经营、运输和废弃处置的安全管理规范。明确了生产、贮存、使用、经营、运输和废弃处置危险化学品的单位的主体责任与地方属地监管责任，建立生产经营单位负责、职工参与、政府监管、行业自律和社会监督的机制。任何单位和个人不得生产、经营、使用国家禁止生产、经营、使用的危险化学品。高校在危险化学品全周期管理的各环节中，也需严格对照执行。

危险化学品的采购应符合教学、科研工作实际需要，提倡开展微型化、无害化绿色实验，尽可能减少实验中的使用量，优先考虑使用低毒（无毒）、低危险性化学品；实验室应控制危险化学品的品种和用量，严禁超量购买和储备；鼓励实验室之间开展危险化学品调拨，尽量避免重复购置和闲置浪费现象。

一般来说，危险化学品采购时应遵照下列要求：

（1）不得向未取得危险化学品安全生产许可证的企业采购危险化学品。

（2）不得向未取得危险化学品安全生产许可证（经营）的企业或供应商采购危险化学品。

（3）剧毒化学品的购买应由专人负责，严格实行统一购买制度。任何单位和个人不得私自购买、出借、转让和接受剧毒化学品。采购剧毒化学品时，必须从具有剧毒品经营许可证的单位购买，严格控制品种和数量，严禁计划外超量储备。

申请剧毒化学品购买许可证时，需要向所在地县级人民政府公安机关提交下列材料：营业执照或者法人证书（登记证书）的复印件，拟购买的剧毒化学品品种、数量的说明，购买剧毒化学品用途的说明，以及经办人的身份证明。

（4）易制爆、易制毒等管制类化学品的购买应由专人负责，应当如实提供购买单位的名称、地址、经办人的姓名、身份证号码以及所购买的管制类危险化学品的品种、数量、用途。

（5）危险化学品使用单位和销售单位均不得委托不具备危险化学品运输资质的单位承运，各类学校应加强危险化学品的校内运输管理。

（6）采购危险化学品时，应向危险化学品的生产或经营单位索取与所采购危险化学品完全一致的化学品安全技术说明书（SDS）和化学品安全标签（一书一签）。

（7）危险化学品到货后，采购人员须逐件检查所购危险化学品的名称、数量、包装和"一书一签"，防止漏、丢、错等事件发生，确认完好后登记入库。

（8）对于保存良好且不影响使用的闲置化学品的校内、院内或实验室之间的调拨使用，需遵循危险化学品的危险特性和所属单位的管理要求，做好危险化学品的交接、转运和台账管理。

二、危险化学品的运输

危险化学品运输是特种运输的一种，是指专门组织或技术人员对非常规物品使用特殊车辆进行的运输。一般只有经过国家相关职能部门严格审核，并且拥有能保证安全运输危险货物的相应设施设备，才能有资格进行危险品运输。近年来，危险化学品运输\装卸过程中发生事故在国内外均较常见，了解危险化学品的安全运输规定和安全运输要求，对降低运输/装卸事故具有重要意义。

我国《危险货物道路运输规则》（JT/T 617）规定了汽车运输危险货物的托运、承运、车辆和设备、从业人员、劳动防护等基本要求，适用于汽车运输危险货物的安全管理。

危险化学品运输安全的要求主要包括：

（1）国家对危险化学品的运输实行资质认定制度，未经资质认定，任何单位和个人不得运输危险化学品。

（2）危险化学品的包装应符合《危险货物运输包装通用技术条件》（GB 12463），《放射性物质安全运输规程》（GB 11806）和《道路运输液体危险货物罐式车辆第2部分：非金属常压罐体技术要求》（GB 18564.2）的规定；标志应符合《危险货物包装标志》（GB 190）和《包装储运图示标志》(GB/T 191)的规定；安全标签应符合《化学品安全标签编写规定》(GB 15258)的规定。

（3）托运人应如实详细填写运单上规定的内容，并应提交与托运的危险货物完全一致的安全技术说明书和安全标签。托运未列入《危险货物品名表》(GB 12268)的危险货物时，应提交与托运的危险货物完全一致的安全技术说明书、安全标签和危险货物鉴定表。

（4）承运人应核实所装运危险货物的收发货地点、时间以及托运人提供的相关单证是否符合规定，并核实货物的品名、编号、规格、数量、件重、包装、标志、安全技术说明书、安全标签和应急措施以及运输要求。承运人自接货起至送达交付前应负保管责任。货物交接时，双方应做到点收、点交，由收货人在运单上签收。发生剧毒、爆炸、放射性物品丢失、被盗、被抢或者出现流散、泄漏等情况的，驾驶人员、押运人员应当立即采取相应的警示措施和安全措施，并及时向公安部门报告。

（5）装运爆炸、剧毒、放射性、易燃液体、可燃气体等物品，必须使用符合安全要求的运输工具，禁止用电瓶车、翻斗车、铲车、自行车等运输爆炸物品。运输强氧化剂、爆炸品及用铁桶包装的一级易燃液体时，没有采取可靠的安全措施，不得用铁底板车及汽车挂车；禁止用叉车、铲车、翻斗车搬运易燃、易爆液化气体等危险物品；温度较高地区装运液化气体和易燃液体等危险物品，要有防晒设施；放射性物品应用专用运输搬运车和抬架搬运，装卸机械应按规定负荷降低25%；遇水燃烧物品及有毒物品，禁止用小型机帆船、小木船和水泥船承运。运输爆炸物品、易燃易爆化学物品以及剧毒、放射性等危险物品，应事先报经当地公安部门批准，按指定路线、时间、速度行驶。

（6）运输危险货物的驾驶人员、押运人员和装卸管理人员应持证上岗，了解所运输危险货物的特性、包装容器的使用特性、防护要求和发生事故时的应急措施，熟练掌握消防器材的使用方法。押运人员应熟悉所运危险货物特性，并负责监管运输全过程，驾驶人员不得擅自改变运输作业计划。

（7）运输危险货物的单位，应配备必要的劳动防护用品和现场急救用具；特殊的防护用品和急救用具应由托运人提供。危险货物装卸作业时，应穿戴相应的防护用具，并采取相应的人体保护措施；防护用具使用后，应按照国家环保要求集中清洗、处理；对被剧毒、放射性、恶臭物品污染的防护用具应分别清洗、消毒。

（8）校内转运时，一般危险化学品的校外运输由供货商负责，进入校园后的相关安全责任主要由学校负责。危险化学品在采购、使用、废弃等过程中均可能涉及校内转运。一般来说，危险化学品在校园内的运输，包括实验室与实验室之间的转运，实验室与送货车辆/废物处置车辆之间的转运等，均应严格执行《危险化学品管理条例》《危险化学品安全法》和所在单位的道路交通安全相关管理规定，涉及使用机动车辆转运的，还需向学校相关职能部门预约报备。严禁危险化学品在非实验场所长时间停留、存储和使用。

三、危险化学品的贮存

危险化学品贮存的基本原则是根据化学品的特性、容器类型、贮存方式和消防要求，采取分级、分类、分区、分库贮存，各类化学品不得与禁忌化学品混合贮存。根据《常用化学危险品贮存通则》(GB 15603)，危险化学品的贮存方式分隔离贮存、隔开贮存和分离贮存三种。隔离贮存指在同一房间或同一区域内，不同的物料之间分开一定的距离，非禁忌物料间用通道保持空间的贮存方式。隔开贮存指在同一建筑或同一区域内，用隔板或墙，将其与禁忌物料分离开的贮存方式。分离贮存指在不同的建筑物或远离所有建筑的外部区域内的贮存方式。

危险化学品贮存的通用要求包括：

（1）贮存危险化学品必须遵照国家法律法规和其他有关的规定。

（2）危险化学品必须贮存在经公安部门批准设置的专门的危险化学品仓库中。

（3）危险化学品露天堆放，应符合防火、防爆的安全要求，爆炸物品、一级易燃物品、遇湿燃烧物品、剧毒物品不得露天堆放。

（4）贮存危险化学品的仓库必须配备有专业知识的技术人员，其库房及场所应设专人管理，管理人员必须配备可靠的个体防护装备。

（5）贮存的危险化学品应有明显的标识。同一区域贮存两种或两种以上不同级别的危险品时，应按最高等级危险物品的性能标志。

（6）各类危险品不得与禁忌物料混合贮存，禁忌物料配置参见国家标准《常用化学危险品贮存通则》（GB 15603）的附录 A。禁忌物料是指化学性质相抵触或灭火方法不同的化学物料。

（7）贮存危险化学品的建筑物、区域内严禁吸烟和使用明火。

危险化学品贮存场所主要包括库房贮存和实验室贮存，介绍如下：

（一）库房贮存

有条件的大专院校可以建设学校统一管理的危险化学品仓库，如试剂库房（图 4-18），危险化学品仓储设施建设和储存的一般要求包括建筑结构、电气安全、安全措施、存储要求和安全管理等方面。

1. 建筑结构

（1）仓库的墙体应采用不燃烧材料的实体墙。

（2）仓库门应采用具有防火、防雷、防静电、防腐、不产生火花等功能的单一或复合材料制成，门应向疏散方向开启。

（3）存在爆炸危险的危险化学品仓库应设置泄压设施，泄压方向应避开人员集中场所、主要通道，一般应向上泄压。

图 4-18　试剂库房照片

（4）仓库应为单层且独立设置，不应设有地下室。

（5）仓库的防火间距应符合《建筑设计防火规范》（GB 50016）的规定。

2. 电气安全

（1）仓库内照明设施、电气设备和输配电线路应采用防爆型。

（1）仓库内照明设施、配电箱及电气开关应设置在仓库外，可靠接地并设置保护设施。

（3）储存有爆炸危险的危险化学品仓库内电气设备应符合国家标准《爆炸和火灾危险环境电力装置设计规范》（GB 50058）的要求。

3. 安全措施

（1）仓库应设置防爆型通风机、防雷和防静电设施。

（2）仓库及其出入口应设置视频监控设备。

（3）贮存易燃气体、易燃液体的危险化学品仓库应设置可燃气体报警装置。

（4）仓库设置的灭火器数量和类型应符合国家标准《建筑灭火器配置设计规范》（GB 50140）的要求。

（5）装卸、搬运危险化学品时，应做到轻装、轻卸，严禁摔、碰、撞、击、拖拉、倾倒和滚动。

（6）装卸搬运有燃烧爆炸危险性化学品的机械和工具应选用防爆型。

（二）实验室贮存

多数大专院校的危险化学品依赖于实验室或实验楼内的某个实验室改造的暂存房（图 4-19）或实验室的试剂柜，主要用于短期存储开展教学科研工作所需的必要化学品。其中，管制类化学品，尤其是剧毒品和第一类易制毒化学品，一般为学院一级统一管理；普通危险化学品甚至包括

图 4-19　实验室试剂贮存

第二、三类易制毒化学品，一般为实验室根据相关管理要求采用试剂柜等方式自行管理。

1. 普通危险化学品贮存　实验室须建立危险化学品出入库台账。化学品采购、入库、领用、使用以及危险废物处置等环节都须及时、准确做好记录，做到账物相符、账账相符。

暂存室或试剂柜等贮存场所必须安全可靠，满足通风、隔热、干燥、避光、阴凉等要求，远离高温高压仪器、配电柜等危险设备设施以及热源和火源等。

实验室内严禁超量存放危险化学品。每间实验室内存放的除压缩气体、液化气体、剧毒化学品和爆炸品以外的危险化学品总量不应超过 $1L/m^2$ 或 $1kg/m^2$，其中易燃易爆性化学品的存放总量不应超过 $0.5L/m^2$ 或 $0.5kg/m^2$，且单一包装容器不应大于 25L 或 25kg，暂时存放在安全柜或试剂柜以外的危化品总量液体不得超过 $0.2L/m^2$、固体不得超过 $0.2kg/m^2$。

危险化学品贮存应定位、定点有序存放，在贮存点醒目的位置张贴定置线（警示线）、安全警示标志以及危险化学品详细清单，并放置相应危险化学品的化学品安全技术说明书（SDS），方便查阅。所有化学品和配制实验试剂都应贴有明显标签，杜绝标签丢失、新旧标签共存、标签信息不全或不清等混乱现象。配制的试剂、反应产物等应有名称、浓度或（纯度）、责任人、日期等信息。

实验室临时贮存的危险化学品应遵循以下原则：固体液体存放于同一柜体内时遵循固液分开、固上液下的原则，挥发性不同的化学品存放时遵循上强下弱的原则，同时尽可能遵守上轻下重的原则；化学品应密封、分类、合理存放，切勿将不相容的、相互作用会发生剧烈反应的化学品混放。

压缩气体和液化气体应与爆炸物品、氧化剂、易燃物品、自燃物品、腐蚀性物品隔离贮存。盛装液化气体的容器属压力容器的，应有压力表、安全阀、紧急切断装置，并定期检查，不得超装。易燃气体不得与助燃气体、剧毒气体同存；氧气不得与油脂混合贮存；易燃液体、遇湿易燃物品、易燃固体不得与氧化剂混合贮存；氧化剂应单独存放，常见的化学品存放禁忌物见表 4-3。

定期清理过期药品，无累积现象。

自制化学品应参照危险化学品分级分类存贮和管理。

表 4-3　常见化学品及其主要存放禁忌物

序号	化学品	CAS 号	危险性类别	存放禁忌物
1	硫酸	8014-95-7	皮肤腐蚀/刺激，类别 1A 严重眼损伤/眼刺激，类别 1 特异性靶器官毒性——一次接触，类别 3（呼吸道刺激）	铬、高氯酸盐、高锰酸盐
2	硝酸	52583-42-3	氧化性液体，类别 1 皮肤腐蚀/刺激，类别 1 严重眼损伤/眼刺激，类别 1	乙酸、苯胺、铬酸、氢氰酸、硫化氢、易燃性液体、易燃性气体等易燃物质和可硝化物质
3	高氯酸（>72%）	7601-90-3	氧化性液体，类别 1 皮肤腐蚀/刺激，类别 1A 严重眼损伤/眼刺激，类别 1	乙酸酐、铋及其合金、乙醇、纸、木材、润滑脂、油
4	氢氰酸	74-90-8	急性毒性—经口，类别 2 急性毒性—经皮，类别 1 急性毒性—吸入，类别 2 危害水生环境—急性危害，类别 1 危害水生环境—长期危害，类别 1	酸类、碱类、氧化剂

续表

序号	化学品	CAS号	危险性类别	存放禁忌物
5	醋酸（>80%）	64-19-7	易燃液体，类别3 皮肤腐蚀/刺激，类别1A 严重眼损伤/眼刺激，类别1	铬酸、硝酸、含羟基化合物、乙烯、甘醇、高氯酸、过氧化物、高锰酸钾
6	铬酸	7738-94-5	皮肤腐蚀/刺激，类别1 严重眼损伤/眼刺激，类别1 皮肤致敏物，类别1 致癌性，类别1A 危害水生环境—急性危害，类别1 危害水生环境—长期危害，类别1	乙酸、萘、樟脑、甘油、松节油、乙醇和其他易燃性液体
7	甲苯	108-88-3	易燃液体类别2 对皮肤的腐蚀，刺激类别2 急性毒性，口服类别4 对眼有严重的损伤，刺激类别2 对靶器官、全身毒害性（多次/反复接触）类别2 吸入性呼吸器官毒害性类别1 急性危害水生环境类别3	强氧化剂、酸类、卤素
8	硝酸铵（爆炸品）	6484-52-2	爆炸物，1.1项 特异性靶器官毒性——次接触，类别1 特异性靶器官毒性—反复接触，类别1	各类酸、金属粉末、易燃性液体、氯酸盐、亚硝酸盐、硫磺、有机物或易燃性细小颗粒
9	氯酸盐		氧化性固体，类别1 危害水生环境—急性危害，类别2 危害水生环境—长期危害，类别2	铵盐、各类酸、金属粉末、硫磺、易燃性化合物
10	高氯酸钾	7778-74-7	氧化性固体，类别1	参考高氯酸
11	高锰酸钾	7722-64-7	氧化性固体，类别2 危害水生环境—急性危害，类别1 危害水生环境—长期危害，类别1	甘油、乙二醇、苯甲醛、硫酸
12	过氧化钠	1313-60-6	氧化性固体，类别1 皮肤腐蚀/刺激，类别1A 严重眼损伤/眼刺激，类别1	任何可被氧化物质，如乙醇、甲醇、冰醋酸、乙酸酐、苯甲醛、二硫化碳、甘油、乙二醇、乙酸乙酯、乙酸甲酯、
13	大部分有机过氧化物		有机过氧化物 皮肤腐蚀/刺激，类别1 严重眼损伤/眼刺激，类别1	各类酸（有机或矿物），避免摩擦，冷贮存
14	氢氟酸	7664-39-3	急性毒性（经口）类别2 急性毒性（经皮肤）类别1 急性毒性，吸入类别2 皮肤腐蚀类别1A	强碱、活性金属粉末、玻璃制品
15	二氧化氯	10049-04-4	氧化性气体，类别1 加压气体 急性毒性-吸入，类别2 皮肤腐蚀/刺激，类别1B 严重眼损伤/眼刺激，类别1 特异性靶器官毒性——次接触，类别3（呼吸道刺激） 危害水生环境—急性危害，类别1	氨、甲烷、磷化氢、硫化氢
16	过氧化氢（>60%）	7722-84-1	氧化性液体，类别1 皮肤腐蚀/刺激，类别1A 严重眼损伤/眼刺激，类别1 特异性靶器官毒性——次接触，类别3（呼吸道刺激）	铜、铬、铁，大多数金属及其盐，任何易燃性液体，易燃材料和硝基甲烷

续表

序号	化学品	CAS 号	危险性类别	存放禁忌物
17	硫化氢	7783-06-4	易燃气体，类别 1 急性毒性—吸入，类别 2 危害水生环境—急性危害，类别 1	发烟硝酸、氧化性气体
18	氧气	7782-44-7	氧化性气体，类别 1 加压气体	各类油、润滑脂、氯气、易燃性液体、固体、气体
19	氯气	7782-50-5	急性毒性—吸入，类别 2 皮肤腐蚀/刺激，类别 2 严重眼损伤/眼刺激，类别 2 特异性靶器官毒性——次接触，类别 3（呼吸道刺激） 危害水生环境—急性危害，类别 1	氨、乙炔、丁二烯、丁烷和其他石油气、氢气、乙炔钠、松节油、苯和细小粒状金属
20	丙酮	67-64-1	易燃液体，类别 2 严重眼损伤/眼刺激，类别 2 特异性靶器官毒性——次接触，类别 3（麻醉效应）	浓硝酸和浓硫酸的混合物
21	乙炔	74-86-2	易燃气体，类别 1 化学不稳定性气体，类别 A	氯气、溴气、氟气、铜（管）、银、汞
22	苯胺	62-53-3	急性毒性—经口，类别 3 急性毒性—经皮，类别 3 急性毒性—吸入，类别 3 严重眼损伤/眼刺激，类别 1 皮肤致敏物，类别 1 生殖细胞致突变性，类别 2 特异性靶器官毒性—反复接触，类别 1 危害水生环境—急性危害，类别 1 危害水生环境—长期危害，类别 2	硝酸、过氧化氢
23	汞	7439-97-6	急性毒性—吸入，类别 2 生殖毒性，类别 1B 特异性靶器官毒性—反复接触，类别 1 危害水生环境—急性危害，类别 1 危害水生环境—长期危害，类别 1	乙炔、雷汞酸（HONC）和氨
24	碘	7553-56-2	皮肤腐蚀/刺激，类别 1B 特异性靶器官毒性——次接触，类别 2 危害水生环境—急性危害，类别 1	乙炔、氨（无水或含水）
25	黄磷	12185-10-3	自燃固体，类别 1 急性毒性—经口，类别 2 急性毒性—吸入，类别 2 皮肤腐蚀/刺激，类别 1A 严重眼损伤/眼刺激，类别 1 危害水生环境—急性危害，类别 1	苛性碱或还原剂
26	溴	7726-95-6	急性毒性—吸入，类别 2 皮肤腐蚀/刺激，类别 1A 严重眼损伤/眼刺激，类别 1 危害水生环境—急性危害，类别 1	氨、乙炔、丁二烯、丁烷和其他石油气、乙炔钠、松节油、苯和细小粒状金属
27	氨（无水）	7664-41-7	易燃气体，类别 2 急性毒性—吸入，类别 3 皮肤腐蚀/刺激，类别 1B 严重眼损伤/眼刺激，类别 1 危害水生环境—急性危害，类别 1	卤素、汞、次氯酸钙和氟化氢

注：CAS（chemical abstracts service registry number）指化学文献服务登记号，每种化学物质都有唯一的 CAS 号，用于识别特定的化学物质

2. 管制类或特殊化学品贮存要求

（1）剧毒化学品：应单独存放在专用仓库的保险柜中，依照其性能分类、分区存放，不得与易燃、易爆、腐蚀性化学品一起存放；由专人负责管理，严格按照"五双"（"双人收发、双人记账、双人双锁、双人运输、双人使用"）制度进行管理。剧毒化学品专用仓库应当符合国家标准、行业标准的人防、物防和技防要求，按照国家有关规定设置相应的防范设施，并经常进行维护、保养，保证安全设施和设备的正常使用。剧毒化学品专用仓库应该配备专职值守人员，并每2小时对存放场所周围进行巡查。剧毒化学品的贮存场所必须设置明显的安全警示标志，应当设置通信、报警装置，并保证处于适用状态，视频图像信息保存期限不应少于30天。应当建立剧毒化学品出入库核查、登记制度，如实记录贮存剧毒化学品的数量、流向。贮存的剧毒化学品必须保证账、物相符（包括品种、规格和数量）。登记资料至少保存3年。

（2）易制爆危险化学品：储存场所应符合强制性行业标准 GA 1511—2018《易制爆危险化学品储存场所治安防范要求》规定。存放场所出入口应设置防盗安全门，或将易制爆危险化学品存放在房间的专用储存柜内，且专用储存柜应具有防盗功能，符合双人双锁管理要求，并安装机械防盗锁，实行专人管理，如实记录数量、流向等信息。易制爆危险化学品装卸、运输时应防止猛烈撞击，日晒雨淋；存放在通风、配防渗漏托盘并带有过滤装置的易制爆双层钢制柜内，并设置明显的安全警示标志。存放场所出入口或存放部位应安装视频监控装置，视频图像存储时间应大于等于30天。

（3）易制毒危险化学品：应设置专用存储区或者专柜储存并有防盗措施，不得和其他种类的物品（包括非危险品）共同放置，特别是要远离火种、热源及氧化剂、易燃品、遇湿易燃品。易制毒化学品应实行专人管理，必须如实记录数量、流向等信息，保证账、物相符（包括品种、规格和数量）。原则上每间实验室（50m²）存放总量原则上不得超过20L（或kg）或24h使用量；需存放在通风和防渗漏的专用贮存柜内。

（4）易燃易爆品和腐蚀品：需存放在通风和防渗漏的专用贮存柜内，需把具有腐蚀特性的化学试剂进行密封存放，实行专人管理，如实记录数量、流向等信息。

（5）实验气体：气体钢瓶存放点须通风、远离热源、避免暴晒，地面平整干燥；钢瓶颜色和字体清楚，有状态标志，有钢瓶定期检验合格标志；配置气瓶柜或气瓶防倒链、防倒栏栅；无大量气体钢瓶堆放现象；每间实验室内存放的氧气和易燃、易爆、有毒气体不宜超过一瓶，其他气瓶的存放，应控制在最小需求量。

涉及毒性和易燃易爆气体的场所，配有通风设施和合适的泄漏报警装置等，张贴必要的安全警示标志；存有大量惰性气体或液氮、二氧化碳的较小密闭空间，需加装氧气含量报警表；独立的气体钢瓶室，通风、不混放、有监控、管路有编号、排布有序、去向明确，有专人管理和记录；未使用的钢瓶有钢瓶帽。

可燃性气体与氧气等助燃气体不混放；气体管路连接正确、有标识，管路材质选择合适，无破损或老化现象，定期进行气体泄漏检查；易燃易爆气体管道应可靠接地，存在多条气体管路的房间须张贴详细的管路图。图 4-20 为典型的高校气体存放区域照片。

图 4-20　气体钢瓶房间

四、危险化学品的使用

危险化学品的使用涉及的专业性较强，使用者需具备一定的化学专业基础，并经过专业培训后方可独立使用。初次使用者一般须有专业技术人员或有经验的使用人员指导。

（一）一般危险化学品使用

实验室须准确掌握危险化学品的品种、来源、数量、危险特性、标准化操作规程（SOP）、废弃物管理以及日常检查情况等信息，须建立危险化学品的危险识别制度。

实验人员须充分掌握实验目的和反应机制，仔细阅读化学品安全技术说明书（SDS），了解化学品的物理和化学特性、生理毒性和泄漏应急处置措施，严格遵照操作规则和使用方法使用化学品，充分预测实验可能产生的危害，掌握风险控制手段和事故应急能力，按需佩戴合适的个体防护装备（口罩、手套、工作服、护目镜等）。

若在实验中使用易挥发试剂，或是会产生有毒、有害、刺激性气体或烟雾的，须在通风橱内进行操作。实验持续过程中，实验人员应密切留意实验动态，严禁脱岗和无人值守。严禁未获许可人员进入实验室，严禁将食品和饮料等带入实验室，严禁将化学品带出实验室。

尽量采用微型化、无害化、绿色实验方式，在能够达到实验目的和效果的前提下，尽量减少药品用量，或者用危险性低的药品替代危险性高的药品。

实验室应建立化学应急管理制度，配备必要的应急救援设施和器材。发现危险化学品丢失、被盗（抢）或误用等突发情况，应立即启动应急预案，并逐级上报管理部门。

（二）剧毒化学品使用

高校实验室的科研工作具有鲜明的创新性要求和不确定性特点，剧毒化学品使用种类多、用量小，但实验室人员较为密集且流动性大，管理不善极易带来严重后果，因此剧毒化学品的管理应受到所有使用人员的高度重视。

使用剧毒化学品的实验室应具备安全规范的使用场所，设置明显的安全警示标志。根据拟使用的剧毒化学品种类、危险特性、使用量和使用方式，建立和健全安全管理规章制度和安全操作规程，保证剧毒化学品的安全使用。拟使用剧毒化学品的化学品安全技术说明书（SDS）应放在显眼位置，供实验人员随时查阅和应急使用。剧毒化学品的使用人员必须每年参加专业的学习与培训，并取得岗位培训合格证。涉及剧毒化学品使用和产生的实验必须做好翔实的实验记录。

剧毒化学品应严格按照"双人收发、双人记账、双人双锁、双人运输、双人使用"的"五双管理"制度使用，实验过程应在通风良好条件下进行，必须有两人在场且其中至少一名为在职教师，必须佩戴合适的个体防护装备，采取有效的防护措施，根据剧毒化学品的特性和实验操作规程进行实验。

无论是否有剩余，剧毒化学品的原包装容器不得任意毁弃或出售给他人，必须退回剧毒化学品仓库。剧毒化学品使用后所产生的废液、废渣，应先按规定进行无害化处理，处理后作为普通废液进行处置。如确实无法自行处理，应严格进行分类回收，贴好标识后统一交给有资质处理单位处置，严禁随意倾倒和擅自处置。

五、危险化学品的废弃处置

实验室在日常活动会产生各种固体、液体及可收集的气体，以及丢弃的、废弃不用的、不合格的、过期失效的化学品，包装过化学品的容器如包装桶、试剂瓶等，这些废弃化学品分类、收集、贮存和日常管理，应符合《实验室废弃化学品收集技术规范》（GB/T 31190）要求。同时，产生、收集、贮存、利用、处置危险废物单位需设置的危险废物识别标志，危险废物的容器和包装物，以及相关危险废物的设施、场所环境保护识别标志等，应符合《危险废物识别标志设置技术规范》（HJ 1276）的要求。图4-21为目前常见的高校实验室化学废物暂存房。

图 4-21　化学废物暂存房外观（左）及内饰（右）

1. 有条件的高校或实验室应设置独立的危险废物暂存间。暂存间应满足防风、防雨、防晒和防渗漏的要求。必须有泄漏液体收集装置、气体导出口及净化装置；存放装载液体、半固体危险废物容器的地方，须有耐腐蚀的硬化地面且表面无缝隙；不相容的危险废物必须分开存放，并物理隔离。

2. 一般实验室应设置危险废物暂存区，其外边界应施画 3cm 宽的黄色实线（警戒线），并规范张贴警示标识；保持良好通风条件；危险废物应单层码放；远离火源、热源、避免高温、日晒和雨淋。

3. 实验室废弃化学品须使用密闭式容器收集贮存，贮存容器与实验室废弃化学品具有相容性，一般可为高密度聚乙烯桶（HDPE 桶），但若与 HDPE 桶不相容，可使用不锈钢桶或其他相容性容器。

4. 化学废弃物的盛装容器应完好牢固，封口紧密，无破损、倾斜、倒置和渗漏等现象。容器外应有明显清晰的标识，准确标明废弃物的名称、成分、规格、形态、数量、危险性等，外文标识的应加注中文注释。

5. 废弃化学品应按其安全特性分类收集，隔离存放，带防渗托盘，并在容器外注明危险性。同一类化学废弃物混存前需进行兼容性测试，通过后方可混存。

6. 实验室废弃化学品贮存容器中若有多种相容的废弃化学品混合贮存时，每次向容器中放入废弃化学品时，均须登记废弃化学品名称、数量、时间等，并附《实验室废弃化学品收集记录表》。

7. 废液桶中盛装废液一般不超桶容积的 75%。剧毒化学品、易燃易爆化学品、重金属含量较高的化学品等必须单独收集，并在确保安全的条件下妥善存放，不得混入其他化学废弃物中。

8. 严禁将未经无害化处理、可能污染环境的废弃化学品直接排入下水道。

9. 实验过程中会产生无法收集的有毒、有害气体，应在废气排放前采取措施进行有效的吸附、吸收、中和等处理，或安装吸附型或分解型的通风柜，确保废气排放达到国家相关排放标准。

10. 严禁将化学废弃物与一般生活垃圾、生物性废弃物、医疗废弃物或放射性废弃物等混装贮存和回收。

11. 对实验室废弃化学品进行分类、收集、贮存操作时应做好个体防护，在没有防护的情况下，任何人不应暴露在能够或可能危害健康的环境中。

12. 危险废弃物暂存场所应配备通信设备、防爆照明设施和观察窗口、安全防护服装及工具，并结合危险废弃物性质设置合适的应急防护设施（如洗眼器、吸附棉等）。

近年来，为贯彻执行国家和教育管理部门对高校实验室安全信息化管理的要求，需做到：建设全校统一的实验室安全信息化管理系统，实现安全信息的统计、分析、发布、状态监测、事项监督、档案管理、人员培训、辅助决策、信息共享等综合管理。国内很多高校已基本建设实验室安全管理信息化系统，包括综合管理系统、培训考核系统、化学品采购系统等，一些高校已实现了系统整合。以实验室为单元，将实验室基本信息管理、危险源管理、培训考核、废物处置等功能整合在一个系统中,实现化学品和设施设备的自动盘点、人脸识别、自动拍照、全流程监管、自动出台账、危化品互斥自动提醒、危化品在线培训功能等系统化、信息化,逐步实施实验室安全的精细化管理。

第四节　实验室个人防护与操作安全

危险化学品的毒性、腐蚀性、易燃性以及爆炸性等特性,对人体和环境都可能产生一定的危害。然而,高校师生在学习和从事科研工作的过程中经常会使用或者接触到危险化学品。因此,很多人在面对化学品尤其是使用化学品时心里发怵(图4-22),但只要在接触危险化学品时,做好个体防护和规范操作,就可以有效降低事故发生的概率,保障人身安全。

图4-22　个人防护与实验室安全

一、实验室个人防护

个人防护用品是指任何供个人为防备一种或多种损害健康和安全的危险而穿着或持用的装置或器具。它是保护实验室人员免受伤害的最后一道防线,主要用于保护人员免受由于接触化学辐射、电气设备、人力设备、机械设备或在一些危险工作场所而引起的严重工伤或疾病。除了面罩、安全玻璃、安全鞋外,还包括呼吸防护设备、防护服、安全帽、护目镜、听觉保护器(耳塞)、安全手套、安全鞋、呼吸器和安全带等。

(一)实验室个人防护用品种类

1. 头部防护用品　指为防御头部不受外来物体打击和其他因素危害而采取的个人防护用品。

根据防护功能要求,主要有普通工作帽、防尘帽、防水帽、防寒帽、安全帽、防静电帽、防高温帽、防电磁辐射帽、防昆虫帽等9类产品。

2. 呼吸器官防护用品　指为防止有害气体、蒸气、粉尘、烟、雾经呼吸道吸入或直接向佩用者供氧或清净空气,保证在尘、毒污染或缺氧环境中作业人员正常呼吸的防护用具。

按其功能主要分为防尘口罩和防毒口罩(面具),按形式又可分为过滤式和隔离式两类。

3. 眼面部防护用品　指预防烟雾、尘粒、金属火花和飞屑、热、电磁辐射、激光、化学飞溅等伤害眼睛或面部的个人防护用品。

根据防护功能,可分为防尘、防水、防重击、防高温、防电磁辐射、防射线、防化学飞溅、防风沙、防强光等9类。

4. 听觉器官防护用品　指能够防止过量的声能侵入外耳道,使人耳避免噪声的过度刺激,减少听力损伤,预防噪声对人身引起的不良影响的个体防护用品。

听觉器官防护用品主要有耳塞、耳罩和防噪声头盔3大类。

5. 手部防护用品　具有保护手和手臂的功能,供作业者劳动时戴用的手套称为手部防护用品,通常称作防护手套。

劳动防护用品分类与代码标准按照防护功能将手部防护用品分为12类:普通防护手套、防水手套、防寒手套、防毒手套、防静电手套、防高温手套、防X射线手套、防酸碱手套、防油手套、防震手套、防切割手套、绝缘手套。

6. 足部防护用品　足部防护用品是防止生产过程中有害物质和能量损伤劳动者足部的护具,通常称防护鞋。

国家标准按防护功能分为防尘鞋、防水鞋、防寒鞋、防冲击鞋、防静电鞋、防高温鞋、防酸碱鞋、防油鞋、防烫脚鞋、防滑鞋、防穿刺鞋、电绝缘鞋、防震鞋等13类。

7. 躯干防护用品 躯干防护用品就是我们通常讲的防护服或实验服。

根据防护功能，防护服分为普通防护服、防水服、防寒服、防砸背服、防毒服、阻燃服、防静电服、防高温服、防电磁辐射服、耐酸碱服、防油服、水上救生衣、防昆虫、防风沙等14类产品。

（二）实验室个人防护用品使用

保护人身安全的最后一道防线是个人防护，因此进入实验室前，应根据实验室要求和拟开展的实验内容，做好适当的个人防护。一般化学实验时必备的个人防护用品包括：

1. 防护服 即实验服，为防止皮肤和衣物受到化学试剂的污染，进入实验室的人员应身着实验服。实验服一般为长袖，以免手臂裸露在外而缺乏防护。需要注意，实验服一般仅限实验楼内工作区域使用，不得穿到其他公共场所；如受到严重污染、腐蚀损坏，需及时更换。

2. 安全防护眼镜 即护目镜，眼睛是实验室最容易被事故伤害的部位，一般在开展有机反应实验、使用危险化学试剂、操作过程存在颗粒飞溅或强光辐射（如紫外线、红外线、激光等）时，必须佩戴护目镜。需要特别注意的是，近视眼镜不能替代护目镜使用，隐形眼镜也一般不可在实验时佩戴。

3. 手套 当接触化学试剂、边缘尖锐锋利的物体（如碎玻璃、木材、金属碎屑）、过冷或过热的物体时，为了防止手部受到伤害，需要根据实验选戴不同的手套。实验室常用的手套根据材料一般分为以下5种：

（1）聚乙烯（PE）一次性手套，不能用于处理有机溶剂。

（2）乳胶手套，可重复使用，耐酸碱、油脂和多种溶剂，但不适用于长时间接触烃类溶剂（如己烷、甲苯等）及含氯溶剂（氯仿等）。

（3）橡胶手套，包括氯丁橡胶、丁腈橡胶、丁基橡胶等，可以有效阻隔酸、碱及无机盐溶剂的渗透，适用于较长时间接触化学试剂。

（4）帆布和棉手套，用于操作低温或高温物体。

（5）纱手套，一般用于接触机械的操作。

选用手套时，除了需要根据实验内容选择材质，还需要注意手套的大小要适合。另外，使用过程中若需要接触日常物品，如电话、门把手、电梯等公共物品时，需脱下手套。使用后的手套也不能随意丢弃。

4. 口罩 实验室常见的口罩包括防尘口罩、防毒口罩和防毒面具。其中防尘口罩主要用于含低浓度有害气体和蒸气的环境，或会产生粉尘的环境中使用，一次性医用口罩、一次性活性炭口罩等都属于防尘口罩。防毒面罩，俗称猪鼻子，面罩主体隔绝空气，起密封作用。过滤材料起过滤毒气和粉尘的作用，主要用于含有低浓度有害气体和粉尘的环境。防毒面罩用于对呼吸器官、眼睛及面部皮肤提供有效防护。防毒面具由面罩、导气管和滤毒罐组成，面罩可直接与滤毒罐连接使用，或者用导气管与滤毒罐连接使用。一般在比较恶劣的环境下使用，防止毒气、粉尘、细菌、有毒有害气体或蒸汽等有毒物质伤害。

除了常规的实验服、护目镜、口罩和手套外，还需根据实验环境和实验内容选择其他的个人防护用品，如鞋、耳塞、头盔等。需要注意，女生进入实验室不能涂指甲油；如果是长发，还需要先把头发盘好。

二、化学实验室操作安全

（一）通风橱操作

通风橱又称通风柜，是化学实验室一个重要的局部排风装置。它可减少实验人员和有害气体的接触，是保护实验人员安全的一级屏障。合理设计的气流分布能使通风橱内的有害气体浓度达到最低限度，达到最佳的控制效果。其中通风橱的工作口对柜内的气流分布影响很大，开口处的面风速会直接影响通风橱的使用效果。一般推荐开口处的风速为 0.3～0.75m/s，以 0.5m/s 为较佳风速。日常通风橱的使用（如图 4-23）须注意如下情况：

1. 任何可能产生有毒有害气体而导致个人暴露或产生可燃、可爆炸气体或蒸气而导致积聚的实验，都须在通风柜内进行。

2. 实验室排出的有害物质浓度超过国家现行标准规定的允许排放标准时，须采取净化措施，做到达标排放。

3. 在通风柜中进行实验时，不得将头伸入调节门内，一般腹部、胸部距离通风橱调节门 10～15cm。

4. 进行实验时，通风柜可调玻璃视窗一般开至离台面 10～15cm，保持通风效果，并保护操作人员胸部以上部位。

5. 通风柜内放置的物品应距离调节门内侧 15cm 以上，以免掉落。当需要用到大型设备，或所放置设备高度超过 10cm

图 4-23 通风橱的使用

时，设备下方一般需要有气流通道，可使用不锈钢支架将设备架高 10cm 左右。

6. 不得将通风柜作为化学试剂存放场所。通风橱内应避免放置过多非必要物品、器材，以免干扰空气的正常流动，造成扰（湍）流。

7. 在不使用通风柜时应随时保持调节门于关闭位置。不可将一次性手套或较轻的塑料袋等留在通风柜内，以免堵塞排风口。

（二）手套箱使用

真空手套箱也称手套箱、惰性气体保护箱、干燥箱等，是化学实验室的一种常见实验装置。它将高纯惰性气体充入箱体内，循环过滤掉其中的 O_2、H_2O、有机气体等活性物质，主要为条件要求苛刻的反应提供无水无氧环境，一般反应并不需要在手套箱进行。手套箱的日常使用（如图 4-24），注意事项主要包括：

1. 实验开始前对实验中需要带入手套箱的药品、器具做到心中有数，尽量减少使用过渡舱的次数。

2. 拟带入药品、器具须充分干燥，放入过渡舱中的物品须经过至少 3 次的换气以及 10min 以上抽真空才可带入箱体内部。

3. 实验过程中应佩戴三层手套、穿实验服、戴护目镜。应缓慢将手套伸入箱体，避免压力过大引起循环停止。

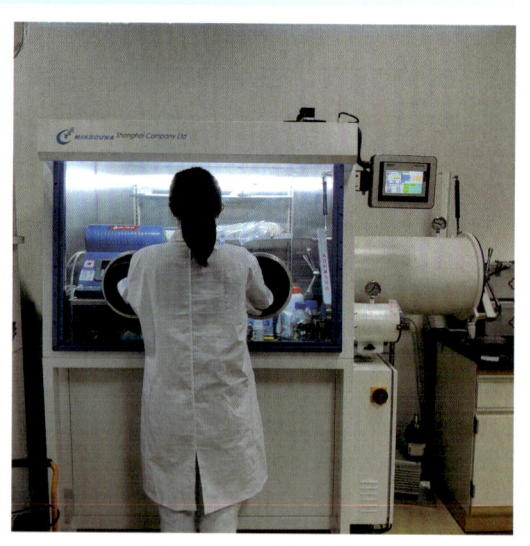

图 4-24 手套箱的使用

4. 实验过程中须谨慎操作，避免溶剂、药品的洒落，避免器具的破裂。作为补救措施，对于洒落的溶剂、药品请用镊子夹棉花擦拭干净，对于破裂的器具，应避免手套直接接触，用镊子夹紧带出舱外，尤其应注意细小的碎玻璃。

5. 尽量减少药品、溶剂以及反应体系敞口放置的时间，减少溶剂挥发。

6. 若手套箱出现运行不稳定的情况，应立即停止实验，查找原因，待问题解决后方可继续使用。

（三）实验气体使用

实验气体是化学实验室常用的、特殊的危险化学品，包括各种压缩气体、高（低）压液化气体、低温液化气体等，一般用 40L 工业气瓶储存，常用的气瓶规格还有 10L、8L、4L 等。常见气瓶的种类、标志和性质如表 4-4 所示。

表 4-4　常见气瓶的种类、标志和性质

气瓶名称	外表面颜色	字样	字样颜色	横条颜色	毒性	腐蚀性
氧气	天蓝	氧	黑	—	无	无
氢气	绿	氢	红	红	无	无
氮气	黑	氮	黄	棕	无	无
氩气	灰	氩	绿	—	无	无
氦气	棕	氦	白	—	无	无
硫化氢	白	硫化氢	红	红	毒	酸腐蚀
丁烯	红	丁烯	黄	黑	无	无
一氧化氮	灰	氧化氮	黑	—	剧毒	酸腐蚀
二氧化硫	黑	二氧化硫	白	黄	毒	酸腐蚀
二氧化碳	黑	二氧化碳	黄	—	无	无
乙烯	紫	乙烯	红	—	无	无
乙炔	白	乙炔	红	—	无	无
氨气	淡黄	液氨	黑	—	毒	碱腐蚀
一氧化碳	银灰	一氧化碳	红	—	毒	无
甲烷	棕	甲烷	白	—	无	无

使用时，通过减压阀（气压表）有控制地放出气体。由于钢瓶的内压很大，而且有些气体易燃或有毒，所以在使用钢瓶时要注意安全。

1. 气体钢瓶要合理固定，附件齐全，远离热源、电源等，并保持通风和干燥、避免阳光直射和强烈震动，分类存放，可燃性和助燃性气瓶绝对不可混放。

2. 实验室内不得存放过量气体钢瓶，危险气体气瓶尽量置于室外。室内放置易燃易爆、有毒气体，应配备气体监控和泄漏报警装置，张贴必要的安全警示标识；存有大量无毒窒息性压缩气体或液化气体（液氮、液氩）的较小密闭空间，为防止大量泄漏或蒸发导致缺氧，应安装氧含量报警装置。

3. 独立的气体气瓶室应通风、不混放、有监控，有专人管理和记录。

4. 气体管路材质选择要合适，无破损或老化现象，定期进行气密性检查；存在多条气体管路的房间须合理布置气体管路并做好标识。

5. 气瓶颜色符合 GB/T 7144《气瓶颜色标志》的规定要求，确认"满瓶、使用中、空瓶"三种状态。

6. 气体钢瓶上选用的减压器要分类专用，安装后及时检漏。使用中要经常注意有无漏气、压力表读数等。

7. 在可能造成回流的使用场合，使用设备或系统管路上必须配置防止倒灌的装置，如单向阀、止回阀、缓冲罐等。

8. 气体钢瓶内气体不得用尽，必须保留一定的剩余压力，一般惰性气体剩余压力应不小于 0.05MPa，可燃性气体应剩余 0.2～0.3MPa，其中氢气应保留 2.0MPa 余压。

9. 若发现气体泄漏，应立即采取关闭气源、开窗通风、疏散人员等应急措施。切忌在易燃易爆气体泄漏时开关电源。

10. 使用完毕，应及时关闭气瓶总阀。

（四）过夜实验/长时间反应实验

过夜实验一般指晚上 11 点至上午 7 点之间进行的实验过程，长时间反应实验一般指连续 4h 以上的化学反应。因科研工作的特殊性，部分实验需要长时间反应甚至过夜进行，过夜实验或长时间无人监管实验，是造成实验室安全事故/事件的重要原因之一。一般过夜实验或长时间反应实验的管理需遵循以下原则：

1. 过夜实验/长时间反应实验一般采用申请-审批制，学生申请后必须征得导师或实验室负责人签署同意意见，一般还需向所属二级单位报备。审批后的申请单需张贴于实验室门外适当位置，方便巡查人员核对。

2. 安全风险较低的实验在确保实验稳定后，可以无人值守和免陪同人员，但一般仍需值班人员巡查 1~2 次，或采用在线监控方式巡查，以免意外事件发生。

3. 安全风险较高的实验，如氢化反应，有烷基金属盐、易燃易爆气体、剧毒品等参与反应，高温高压的极端条件反应，释放出氢气等易燃易爆气体的反应等，人员不得脱岗且必须有陪同人员。

4. 过夜实验和长时间反应实验须在通风橱中进行，通风橱须保持开启状态。该反应装置所在通风橱内必须清理干净，不得放置任何易燃易爆试剂和其他易燃物品，包括塑料袋、纸屑（张）等。

5. 实验人员需清楚过夜实验或长时间反应实验的原料、产物、副产物性质，对当次实验进行彻底的风险危害识别、分析，制定应急预案并采用合适的措施进行事故预防。

6. 巡查人员有权停止未申报、审批的过夜实验和长时间反应实验；实验发生异常甚至出现安全事故重大隐患时，巡查人员有权采取适当手段终止实验。

7. 性能稳定的冰箱、恒温烘箱、冷冻干燥、电子显微镜等仪器设备不属于过夜实验或长时间反应实验范畴，一般无须此类专门申请和审批。

（五）高危反应实验（涉易燃易爆化学品的反应）

在化学及相关专业中，经常需要开展有活性物料参与或产生的并释放大量反应热，反应条件是在高温、高压和气液两相平衡状态下进行的化学反应。这些反应一般危险性较高，稍有不慎容易带来严重的实验室安全事件或事故，属于需要重点关注的高危反应实验。从反应类型来看，高危反应实验主要包括硝化、氧化、还原、电解、聚合、卤化、磺化、氢化、裂化、氯化、重氮化、胺化等反应过程。

从反应物和反应条件来看，主要涉及：①使用丁基锂、叔丁基锂、氢化钠、叠氮化钠等危险试剂的反应；②使用或产生易燃易爆有毒气体的反应；③使用剧毒化学品；④使用乙醚等低沸点试剂的反应、需要溶剂进行回流的反应；⑤化学品用量大的实验；⑥在非恒定条件下进行的反应；⑦在高温、高压等极端条件下的反应等。

一般来说，高危反应实验需重点注意以下事项：

（1）高危反应实验需有标准操作规程（SOP），以及相应的应急预案和应急处置器材。

（2）从事高危反应实验的人员需经过培训和考核，熟悉 SOP、应急预案和应急处置方法后方可独立操作。

（3）需严格控制高危反应实验的投料量，配备良好的搅拌和冷却装置，严格按照 SOP 操作，防止温升过高、过快，反应剧烈无法控制。

（4）高危反应实验需在通风橱等通风良好环境中进行，人员不得脱岗且必须有陪同人员。

（六）涉氢氟酸的反应

氢氟酸（hydrofluoric Acid，HF）是氟化氢气体的水溶液，为无色透明至淡黄色冒烟液体。它不是管制类化学品，酸性不强，但因其高度的腐蚀性，对皮肤具有强烈的烧伤和腐蚀作用，是化学实验室危险性高的化学品之一，需要谨慎对待。

（1）使用时应做好个人防护，一般应佩戴自吸过滤式防毒面具（全面罩），穿橡胶耐酸碱服，戴双层及以上橡胶耐酸碱手套。

（2）操作人员必须经过专门培训，严格遵守操作规程。

（3）所有操作须在专门的通风橱中进行，且操作尽可能机械化、自动化。

（4）实验室应配备完备的淋浴、洗眼设备和葡萄糖酸钙凝胶等应急药品。

（5）实验室禁止吸烟、进食和饮水。任何未知透明溶液都应当按氢氟酸对待，包括瓶子里的和洒出来的。

（6）使用氢氟酸时，应避免与碱类、活性金属粉末、玻璃制品接触。

第五节　化学品一般事故的应急处置

尽管我们在实验室安全尤其是危险化学品的全周期管理等方面已有完备的意识、知识和技能，根据美国著名安全工程师海因里希提出并经过统计事故数量得到的比例关系（1∶30∶300法则，即海因里希法则），大量的安全隐患势必带来相应的安全事件，进而发展成安全事故。因此，在化学实验室偶尔也会出现各种化学品一般事件或事故，不要惊慌失措（图4-25），通过了解一般事故的应急处置方法方式，在专业救护人员（如果需要）到来之前，根据伤情在现场采取必要的应急处理措施，可以防止伤情恶化，挽救生命。

图4-25　实验室化学品事故应急处置

一、皮肤烧伤处置

化学烧伤是指皮肤直接接触强腐蚀性物质、强氧化剂、强还原剂，如浓酸、浓碱、氢氟酸、钠、溴等化学品引起的局部外伤。发生化学烧伤后，要将伤员迅速移离现场，脱去污染的衣着，立即用大量流动清水冲洗20～30min以上。若化学物质与水能发生作用，如浓硫酸等，则先用干布或毛巾擦去大部分化学物质，再用水冲洗。碱性物质污染后，冲洗时间应延长。烧伤创面经水冲洗后，必要时进行合理的中和治疗，再用流动水冲洗。对有些化学物质烧伤，如氰化物、酚类、氯化钡、氢氟酸等在冲洗时应进行适当解毒急救处理。化学烧伤并休克时，冲洗从速、从简，要积极进行抗休克治疗。初步急救处理后送医院进一步治疗。

1. 硫酸、发烟硫酸（H_2SO_4）、硝酸、发烟硝酸（HNO_3）、氢碘酸（HI）、氢溴酸（HBr）、氯磺酸触及皮肤时，如量不大，立即用大量流动清水冲洗20～30min；如果沾有大量硫酸，可先用干燥的软布吸掉，再用大量流动清水继续冲洗15min以上，随后用稀碳酸氢钠溶液或稀氨水浸洗，再用水冲洗，最后送医院救治。

需要注意：硫酸（H_2SO_4）、盐酸（HCl）、硝酸（HNO_3）烧伤发生率较高，占酸烧伤的80%。氢氟酸（HF）能腐烂指甲、骨头，滴在皮肤上可形成难以治愈的烧伤。皮肤若被烧伤后，先用大量水冲洗20min以上，再用冰冷的饱和硫酸镁（$MgSO_4$）溶液或70%的乙醇浸洗30min以上；也可用大量水冲洗后，用肥皂水或2%～5%碳酸氢钠溶液冲洗，用5%碳酸氢钠（$NaHCO_3$）溶液湿敷。局部可用松软膏或紫草油软膏剂、硫酸镁糊剂外敷。

2. 氢氧化钠（NaOH）、氢氧化钾（KOH）等碱烧伤皮肤时，先用大量水冲洗15min以上，再用1%硼酸溶液或2%乙酸溶液浸洗，最后用清水洗。严重时尽快送医院进一步处置。

3. 三氯化磷（PCl_3）、三溴化磷（PBr_3）、五氯化磷（PCl_5）、五溴化磷（PBr_5）、溴（Br_2）触及皮肤时，应立即用清水清洗15min以上，再送医院救治。磷（P）烧伤也可用湿毛巾包裹，或用1%硝酸银（$AgNO_3$）/硫酸钠（Na_2SO_4）冲洗15min后进行包扎。禁用油质敷料，以防磷吸收引起中毒。

4. 盐酸（HCl）、磷酸（H_3PO_4）、偏磷酸（HPO_3）、焦磷酸（$H_4P_2O_7$）、乙酸（HAc）、乙酸酐、浓氨水、次磷酸（H_3PO_2）、氟硅酸、亚磷酸（H_3PO_3）、煤焦酚触及皮肤时，立即用清水冲洗。

5. 无水三氯化铝（$AlCl_3$）、无水三溴化铝（$AlBr_3$）触及皮肤时，可先干拭，然后用大量清水冲洗15min。

6. 甲醛（HCHO）触及皮肤时，可先用水冲洗后，再用酒精擦洗，最后涂以甘油。

7. 碘（I_2）触及皮肤时，可用淀粉物质（如米饭等）涂擦，以减轻疼痛，也能褪色。

8. 溴（Br_2）烧伤的伤口一般不易愈合，必须严加防范。凡用溴时都必须预先配制好适量的2%硫代硫酸钠（$Na_2S_2O_3$）溶液备用。一旦有溴沾到皮肤上，立即用硫代硫酸钠溶液冲洗，再用大量水冲洗干净，包上消毒纱布后就医。也可用水冲洗后，用1体积25%氨水、1体积松节油和10体积95%的乙醇混合液涂敷。

注意：在受上述烧伤后，若创面起水泡，均不宜把水泡挑破。

9. 被碱金属钠（Na）烧伤，可见的钠块用镊子移走，再用乙醇擦洗，然后用清水冲洗，最后涂上烫伤膏。

10. 碱金属氰化物、氢氰酸（HCN），先用高锰酸钾（$KMnO_4$）溶液冲洗，再用硫化铵 $[(NH_4)_2S]$ 溶液冲洗。

11. 铬酸（H_2CrO_4），先用大量水冲洗，再用硫化铵 $[(NH_4)_2S]$ 稀溶液漂洗。

12. 黄磷，立即用1%硫酸铜（$CuSO_4$）溶液洗净残余的磷，再用0.01%高锰酸钾溶液湿敷，外涂保护剂，用绷带包扎。

13. 苯酚，先用大量水冲洗，然后用体积比为4:1的70%乙醇-氯化镁（$MgCl_2$）（1mol/L）混合溶液洗。

14. 硝酸银（$AgNO_3$），先用水冲洗，再用5%碳酸氢钠溶液漂洗，涂油膏及磺胺粉。

15. 硫酸二甲酯，不能涂油，不能包扎，应暴露伤处让其挥发。

二、眼睛烧伤处置

1. 眼睛烧伤或进异物 大多数有毒有害化学品接触眼睛，都会对眼睛造成伤害，引起眼睛发痒、流泪、发炎疼痛，有烧伤感，甚至引起视力模糊或失明。一旦眼内溅入任何化学品，应立即用大量净水缓缓彻底冲洗。洗眼时要保持眼皮张开，可由他人帮助翻开眼睑，持续冲洗15min以上，边洗边眨眼睛。若为碱烧伤，则用2%的硼酸溶液淋洗；若为酸烧伤，则用3%的碳酸氢钠溶液淋洗。切忌用稀酸中和眼内的碱性物质，也不可用稀碱中和眼内的酸性物质。溅入碱金属、溴、磷、浓酸、浓碱或其他刺激性物质的眼睛烧伤，急救后必须送医院检查治疗。

2. 玻璃碎屑、金属碎屑进入眼睛内 通常是比较危险。一旦眼内进入玻璃碎屑或金属碎屑，应保持平静，绝不可用手揉擦，也不要试图让别人取出碎屑，尽量不要转动眼球，可任其流泪，有时碎屑会随泪水流出。严重者，可用纱布轻轻包住眼睛后，将伤者紧急送往医院处理。

3. 若木屑、尘粒等异物进入眼内 可由他人翻开眼睑，用消毒棉签轻轻取出异物，或任其流泪待异物排出后，再滴几滴鱼肝油。

三、常见有毒化学品的中毒症状和急救方法

了解毒物的性质、侵入人体的途径、中毒症状和急救方法，可以减少化学毒物引起的中毒事故。一旦发生中毒事故时，能争分夺秒地采取正确的自救措施，力求在毒物被身体吸收之前实施抢救，使毒物对人体的伤害降低到最小。表 4-5 是常见毒物侵入人体的途径及中毒症状和救治方法。

表 4-5 常见毒物侵入人体的途径、中毒症状和救治方法

毒物名称	侵入途径	中毒症状	救治方法
氰化物或氢氰酸	呼吸道、皮肤	轻者刺激黏膜、喉头痉挛、瞳孔放大，重者呼吸不规则、逐渐昏迷、血压下降、口腔出血	立即移出毒区，脱去衣服。可吸入含 5% 二氧化碳的氧气，立即送医院
氢氟酸或氟化物	呼吸道、皮肤	烧伤初期皮肤潮红、干燥。创面苍白、坏死，继而呈紫黑色或灰黑色。深部烧伤或处理不当时，可形成难以愈合的深溃疡，损及骨膜和骨质。吸入氟化氢气体后，气管黏膜受刺激可引起支气管炎症。眼接触可引起角膜穿孔	皮肤被烧伤时，先用水冲洗，再用 5% 小苏打溶液洗，最后用甘油-氧化镁（2:1）糊剂涂敷，或用冰冷的硫酸镁液洗，也可涂可的松油膏
硝酸、盐酸、硫酸及氮氧化物	呼吸道、皮肤	三酸对皮肤和黏膜有刺激和腐蚀作用，能引起牙齿酸蚀病，一定数量的酸落到皮肤上即产生烧伤，且有强烈的疼痛。当吸入氧化氮时，强烈发作后可有 2～12h 的暂时好转，继而继续恶化，虚弱者咳嗽更加严重	吸入新鲜空气。皮肤烧伤时立即用大量水冲洗，或用稀苏打水冲洗。如有水泡出血，可涂红汞或紫药水。眼、鼻、咽喉受蒸气刺激时，也可用温水或 2% 苏打水冲洗和含漱
砷化物	呼吸道、消化道、皮肤、黏膜	急性中毒有胃肠型和神经型两种症状。大剂量中毒时，30～60min 可感觉口内有金属味，口、咽和食管内有灼烧感、恶心呕吐、剧烈腹痛。呕吐物和大便初呈米汤样，后带血。全身衰弱、剧烈头痛、口渴与腹泻。皮肤苍白、发绀，血压降低，脉弱而快，体温下降，最后死于心力衰竭。吸入大量砷化物蒸气时，产生头痛、痉挛、意识丧失、昏迷、呼吸和血管运动中枢麻痹等神经症状	吸入蒸气的中毒者必须立即离开现场，使其吸入含 5% 二氧化碳的氧气或新鲜空气。鼻咽部损害用 1% 可卡因涂局部，含碘片或用 1%～2% 苏打水含漱或灌洗。皮肤受损害时涂氧化锌或硼酸软膏，有浅表溃疡者应定期换药，防止化脓。专用解毒药（100 份密度为 1.43 的硫酸亚铁溶液，加入 300 份冷水，再用 20 份烧过的氧化镁和 300 份冷水制成的溶液稀释）用汤匙每 5min 灌一次，直至停止呕吐
汞及汞盐	呼吸道、消化道、皮肤	急性：严重口腔炎、口有金属味、恶心呕吐、腹痛、腹泻、大便血水样，患者常有虚脱、惊厥。尿中有蛋白和血细胞，严重时尿少或无尿，最后因尿毒症死亡 慢性：损害消化系统和神经系统。口有金属味，齿龈及口唇处有硫化汞的黑淋巴结及唾腺肿大等症状。神经症状有嗜睡、头疼、记忆力减退、手指和舌头出现轻微震颤等	急性中毒早期可用饱和碳酸氢钠溶液洗胃，或立即给饮稀茶、牛奶、吃生鸡蛋清和蓖麻油。立即送医院救治
铅及铅化合物	呼吸道、消化道	急性：口腔内有甜金属味、口腔炎、食管和腹腔疼痛、呕吐、流眼泪、便秘等 慢性：贫血、肢体麻痹瘫痪及各种精神症状	急性中毒可用硫酸钠或硫酸镁灌肠，送医院治疗
三氯甲烷（氯仿）	呼吸道	长期接触可发生消化障碍、精神不安和失眠等症状	重症中毒患者应呼吸新鲜空气，向颜面喷冷水，按摩四肢，进行人工呼吸。包裹身体保暖并送医院救治
苯及其同系物	呼吸道、皮肤	急性：沉醉状、惊悸、面色苍白、继而赤红、头晕、头痛、呕吐 慢性：以造血器官与神经系统的损害最为显著	给急性中毒患者进行人工呼吸，同时输氧。送医院救治

续表

毒物名称	侵入途径	中毒症状	救治方法
四氯化碳	呼吸道、皮肤	皮肤接触：因脱脂而干燥皲裂	2%碳酸氢钠或1%硼酸溶液冲洗
		吸入：黏膜刺激，中枢神经系统抑制和胃肠道刺激症状	脱离中毒现场，人工呼吸、吸氧
		慢性：神经衰弱症，损害肝、肾	
重铬酸钾及铬（Ⅵ）化合物	消化道、皮肤	对黏膜有剧烈刺激，产生炎症和溃疡，可能致癌	用5%硫代硫酸钠溶液清洗受污染皮肤
石油烃类	呼吸道、皮肤	汽油对皮肤有脂溶性和刺激性，使皮肤干燥、龟裂，偶见红斑、水泡	温水清洗
		吸入高浓度汽油蒸气，出现头痛、头晕、心悸、神志不清等	移至新鲜空气处，重症可给予吸氧
		石油烃能引起呼吸、造血、神经系统慢性中毒症状	医生治疗
		某些润滑油和石油残渣长期刺激皮肤可能引起皮癌	

四、实验室危险化学品泄漏处置

一般化学实验室，尤其是科研实验室，通常都暂存有各种各样种类和数量不等的危险化学品，在化学品的储存和使用过程中，容易发生容器破裂、内容物洒漏而造成危险化学品泄漏。如果处理不当，不但容易引起人体中毒甚至死亡，而且可燃物、易燃物引发的火灾、爆炸会造成周围环境的严重污染。因此，须及时采取安全、有效的措施减少或消除泄漏危险。

（一）疏散与隔离

一旦发生危险化学品泄漏，应首先疏散无关人员，隔离泄漏污染区。若为易燃易爆化学品大量泄漏，还应立即切断事件区电源、严禁烟火、设置警戒线，并及时向学院或学校相关部门汇报，必要时直接拨打"119"报警，请求消防专业人员救援。

（二）泄漏源控制与处理

救援人员必须配备必要的个人防护器具，发生剧毒品泄漏事件时，救援人员应穿戴好个人防护用品（防毒面具/口罩、防毒服、防护靴等），进入泄漏现场进行处理，尽可能通过关闭阀门、终止实验、堵漏、吸附等方法控制泄漏源。

泄漏危险化学品的处理方法常有以下几种：

1. 围堤堵截法 对于泄漏面积较大的危险化学品，为防止四处蔓延而造成难以控制的局面，可先用沙土、吸附棉等围堵，然后根据危险化学品的理化特性进行安全处理。

2. 稀释法/中和法 如果泄漏的是具有较强腐蚀性的危险化学品，应加水稀释或用其他物质与之中和反应，降低危险化学品的浓度或直接消除其危险性。

3. 覆盖法 对于易达到爆炸极限范围和易挥发的有毒液体危险化学品，可用泡沫等物质覆盖在上面抑制蒸发，再根据其理化特性进行安全处理。

4. 吸收法 如果泄漏的是液体危险品，可根据其易被吸收的特性，先用惰性物质吸收，再转移至空旷处深埋或做其他安全处理。

5. 冲洗法 对于少量泄漏的危险化学品或经过吸收法处理后的污染现场，可用消防水冲洗泄漏现场，使之直接排入污水处理系统进行处理；不能排入污水处理系统的，一般需用其他安全处理方式。

6. 收集法 如果是大面积泄漏液体危险品，一般先用隔膜泵或其他器皿将泄漏的液体进行回收，不能回收的部分用稀释法、吸收法或洗消法进行安全处理。

以上方法并不只是单独使用,事实上,多数时候这些方法需要综合使用。例如,针对大面积易挥发性危险化学品泄漏,第一步往往采用围堤堵截法,然后再根据泄漏危险化学品的易挥发性选用覆盖法、收集法进行处理,冲洗法是对泄漏现场采取的最后一步。事前做好充分的准备,了解化学品特性及事故处理方法,一旦发生问题,立即采取正确有效的处理方式,切忌手忙脚乱、慌不择法,造成二次事故或者更严重的事故。

(三)废弃物回收

无论采用哪种处置方式,收集的泄漏物以及泄漏物接触的吸收剂、包装物等均应运至专业的废物处理场所处置。对无法收集的(残余)剧毒品,需先进行中和或稀释处理,或联系有资质的单位进行处置。

泄漏事件得到控制和安全处理后,应对事故/事件进行分析、总结甚至责任追究,并采取有效措施消除事故隐患,避免类似事件再次发生。

五、实验室危险化学品火灾和爆炸事件处置

据统计,高校实验室安全事故中,绝大部分是火灾和爆炸。危险化学品尤其是易燃易爆危险化学品一旦起火,很有可能引发爆炸,危险性、破坏性极大。因此,实验室危险化学品火灾事件的处置要遵循"先救人后救火,先控制后消灭,先重点后一般"的原则。应急救援人员应注意穿戴好个人防护用品,保证自己的人身安全,警惕爆炸燃烧产生的毒性或腐蚀性烟气。

(一)易燃液体火灾的基本处置

如在实验室遇到易燃液体引发的火灾事件,不要惊慌失措,应尽快切断火势蔓延的途径,控制燃烧范围。对小面积液体火灾,可用灭火毯、灭火沙等窒息处理,或直接用泡沫、干粉、二氧化碳等灭火器灭火。大面积液体火灾则必须根据其相对密度(比重)、水溶性和燃烧面积大小,选择正确的灭火剂扑救。如果火灾已超出自己可以处置的范围,应尽快逃离现场并及时向学院和学校汇报。

(二)毒害品和腐蚀品火灾的基本处置

对于毒害品和腐蚀品引发的火灾,灭火人员必须穿防护服,佩戴防护面具。一般情况下采取全身防护即可,对有特殊要求如放射性等的物品火灾,应穿专用防护服。

扑救时应尽量避免腐蚀品、毒害品溅出,遇酸类或碱类腐蚀品最好调制相应的中和剂稀释中和。浓硫酸遇水能放出大量的热,会导致沸腾飞溅,需特别注意防护。浓硫酸数量不多时,可用大量低压水快速扑救。如果浓硫酸量很大,应先用二氧化碳、干粉等灭火,再把着火物品与浓硫酸分开。

(三)易燃固体、易燃物品火灾的基本处置

易燃固体、易燃物品一般可用水或泡沫扑救,但少数易燃固体、自燃物品的扑救方法比较特殊,如2,4-二硝基苯甲醚、二硝基萘、萘、黄磷等。

2,4-二硝基苯甲醚、二硝基萘、萘等可升华的易燃固体,在扑救过程中应同时向燃烧区域上空及周围喷射雾状水,并用水浇灭燃烧区域及其周围的一切火源。遇黄磷火灾时,用低压水或雾状水扑救,用泥土、沙袋等筑堤拦截黄磷熔融液体并用雾状水冷却,对磷块和冷却后已固化的黄磷,应用钳子夹入贮水容器中。

(四)易燃气体火灾的基本处置

扑救过程中应向燃烧区域上空及周围喷射雾状水,用水浇灭燃烧区域及其周围的一切火源;同时用水喷射盛装易燃气体的容器,降低容器温度。在确保安全的情况下,切断泄漏源,并开窗

保持通风。当灭火人员发现有发生爆炸的可能时，应迅速撤至安全地带，来不及撤退时，应就地卧倒。

（五）遇湿易燃物品火灾的基本处置

遇湿易燃物品如金属钾、钠以及三乙基铝（液态）等应远离水源、热源，并存放于固定在墙体上的铁柜中。当实验场所内存在一定数量的遇湿易燃物品时，绝对禁止用水、泡沫、酸碱灭火器等湿性灭火剂，应用干粉、二氧化碳等扑救。固体遇湿易燃物品应用水泥、干砂、干粉、硅藻土和蛭石等覆盖。

（六）爆炸物品火灾的基本处置

迅速判断和查明再次发生爆炸的可能性和危险性，把握爆炸后和可能再次发生爆炸之前的短暂时机，采取一切可能的措施，全力阻止再次爆炸的发生。当灭火人员发现有发生再次爆炸的危险时，应迅速撤至安全地带，来不及撤退时，应就地卧倒。

扑救以上火灾时，一旦有爆炸危险（如处在火场中的容器已变色或从安全泄压装置中发出声音），必须马上撤离。

所有沾染危化品的废弃物均需收集起来，由实验室与管理部门联系有资质的单位进行处置或者经无害化处理后按化学废弃物处置。

六、化学品中毒处置

危险化学品种类繁多、毒性各异，应急处理时应小心谨慎。急救前应了解化学品的物理、化学和毒理性质，切忌盲目和不科学地施救，以免造成伤情加重。以下是一些常见的简单应急处理方法。

（一）误食处置

1. 化学药品溅入口中但尚未咽下时　应立即吐出，用大量清水漱口，冲洗口腔；如已吞下，可先用手指或筷子等压住舌根部催吐，然后根据毒物的性质给予合适的解毒剂。或者将 5～10mL 5% 的稀硫酸铜溶液加入一杯温水中，内服后用手指伸入咽喉部，促使呕吐，吐出毒物后立即送医院。

2. 腐蚀性毒物中毒　对于强酸，先饮用大量水，然后服用氢氧化铝膏［$Al(OH)_3$］、鸡蛋清；对于强碱，应先饮用大量水，然后再服用稀的食醋、酸果汁、鸡蛋清。不论酸或碱中毒，都应再给予鲜牛奶灌注，不要服用呕吐剂。

3. 刺激剂及神经性毒物中毒　先服用鲜牛奶或鸡蛋清使之立即冲淡和缓和，再用约 30g 硫酸镁溶于一杯水中口服催吐。也可用手指伸入咽喉部催吐，然后立即送医院救治。

4. 保温　用毛巾或毯子盖在患者身上进行保温，避免从外部升温取暖。

（二）吸入处置

1. 当吸入气体中毒后　应立即将患者转移到空气新鲜通畅的地方，解开衣扣，放松身体，保持呼吸畅通并注意保暖。若中毒者呼吸困难，要及时给氧；呼吸、心跳停止，立即进行心肺复苏。

2. 吸入氯气、氯化氢时　可立即吸入少量酒精和乙醚的混合蒸气以解毒。吸入少量氯气或溴蒸气者，可用碳酸氢钠溶液漱口。

3. 吸入硫化氢或一氧化碳　感到头晕不适时，应立即移到室外呼吸新鲜空气。呼吸能力减弱时，马上进行人工呼吸。但应注意：硫化氢、氯气、溴中毒不可进行人工呼吸，一氧化碳中毒不可使用兴奋剂。

（三）解毒的一般原则

对于进入消化道的试剂首先要催吐，用手指或匙柄刺激舌根或喉部，吐出化学药品。为延缓吸收速度，降低浓度，保护胃黏膜，应饮服保护剂，如鲜牛奶、生鸡蛋清、面粉、淀粉、土豆泥悬浮液以及水。也可在没有上述物品时用500mL蒸馏水加50～100g活性炭（成人），用前再加入400mL蒸馏水充分湿润，分次少量吞服。随后立即送医治疗。

参 考 文 献

北京大学化学与分子工程学院实验室安全技术教学组，2012.化学实验室安全知识教程[M].北京：北京大学出版社.
冯建跃，2020.高校实验室安全工作参考手册[M].北京：中国轻工业出版社.
胡洪超，蒋旭红，舒绪刚，2019.实验室安全教程[M].北京：化学工业出版社.
黄志斌，赵应声，2021.高校实验室安全通用教程[M].南京：南京大学出版社.

思 考 题

1. 化学物质、化学品、危险化学品之间有什么区别和联系？
2. 危险化学品主要有哪些危险特性？
3. 科研实验室应如何安全使用危险化学品？
4. 实验室遇到少量试剂泄漏应如何处置？

（中山大学　肖小华　胡国庆　郑仕勇）

第五章　实验室生物安全

本章要求

1. 掌握　生物安全实验室分级和病原微生物的危害分类及病原微生物实验活动危害评估方法。

2. 熟悉　实验室生物安全事故应急处置方法。

3. 了解　生物安全实验室常用安全设备及个人防护装备。

生物安全是指国家有效防范和应对危险生物因子及相关因素威胁，生物技术能够稳定健康发展，人民生命健康和生态系统相对处于没有危险和不受威胁的状态，生物领域与其他学科一起构建维护国家安全和持续发展的能力。生物安全已成为国家安全的重要组成部分，是一种典型的非传统安全威胁，与矿难等传统安全威胁造成的直接冲击不同，这种威胁会降低每一个人的安全感，造成民众的持续恐慌，影响社会稳定和经济发展。全面贯彻总体国家安全观，统筹发展和安全，坚持以人为本、风险预防、分类管理、协同配合的原则。

生物医学实验教学、科学研究中不可避免地会接触病原体，必须使用生物安全实验室。生物安全实验室是指通过防护屏障和管理措施，达到生物安全要求的病原微生物实验室。生物安全实验室是生物医药等专业学生学习和科研的重要场所之一，但也存在发生实验室事故的安全隐患。病原体从实验室泄漏，可能在实验室及其周围甚至更广的范围内造成传染病的传播或流行，威胁自身和他人安全，还会造成巨大经济损失。实验室生物安全是避免危险生物因子造成实验室人员暴露、向实验室外扩散并导致危害的综合措施。实验室生物安全的目的是减少实验人员暴露于感染环境，避免感染事件发生，防止实验室感染性废弃物对公众产生危害。

2002年以来，我国陆续颁布了多项相关法律法规，使我国实验室生物安全管理走上了法治化、正规化的轨道。2020年10月17日第十三届全国人民代表大会常务委员会第二十二次会议通过了《中华人民共和国生物安全法》，第五章对"病原微生物实验室生物安全"提出了要求。实验室生物安全防护措施不是一成不变的，随着对病原微生物特性和宿主易感性的了解，可不断优化实验室设置，采用更合适的操作技术和处理病原微生物的方法来避免或最大限度地减少实验室人员的暴露和感染。

随着生物技术尤其是基因工程技术的迅速发展，在医药、农牧业、食品等方面展现出了巨大的经济和社会效益，但其安全性问题同样不容忽视。尤其是转基因生物在地球上的分布范围也在不断扩大，有可能会给生态系统带来难以预料的灾害。做好实验室生物安全工作，是教学和科研工作的保障，因此应该学习了解有关实验室生物安全的知识。

目前实验室生物安全内容主要涉及病原微生物危险度等级、生物安全实验室级别、生物安全实验室常用安全设备和个人防护用品、生物安全实验室中的危险因素及标准操作程序、危险度评估、事故应急处理等。通过本章的学习，有助于了解实验室生物安全的基础知识，树立实验室生物安全意识，遵守实验室生物安全规则，避免或最大限度地减少实验室生物安全事故的发生。

视窗 5-1　　　　　　灭菌方法引起的 SARS 实验室安全事故

事故概况：2004年，某疾控中心实验室的技术人员违规操作，导致实验室污染和工作人员感染，并感染了其他人员，使得安徽、北京先后出现 SARS 新发病例。最终1名疑似病人死亡，7人确诊为 SARS 患者，另有几百人接受隔离观察。

事故原因：此轮非典疫情来自实验室内感染，引起实验室感染的环节为 SARS 冠状病毒灭活不彻底。某研究所腹泻病毒室跨专业从事 SARS 冠状病毒研究，采用未经论证和效果验证的 SARS 冠状病毒灭活方法，在不符合防护要求的普通实验室内操作 SARS 冠状病毒感染样品，导致一名硕士研究生感染传染性非典型肺炎，并迅速扩散。

事故处理结果：卫生部严厉处理了这起重大责任事故，共有 5 名责任人受到行政处分，包括行政记过、辞职或撤职等。

安全警示：对所有参加感染性材料尤其是高致病性病原微生物实验的人员，必须进行实验室生物安全操作培训。这一事故是由于实验室生物安全管理不善、执行规章制度不严、研究人员违规操作、安全防范措施不力而导致实验室感染的重大责任事故。

第一节　病原微生物危害分类与生物安全实验室分级

当实验室活动涉及病原微生物时，实验室首先对其特性进行风险评估。病原微生物危害分类是风险评估的重要依据。依据微生物危害分类，确定其应在哪一级的生物安全实验室中进行操作，并制订相应的操作规程、实验室管理制度和紧急事故处理办法，以保证实验活动的安全顺利进行。

一、病原微生物危害分类

（一）病原微生物危害程度分类的主要依据

病原微生物的危害程度分类主要应考虑以下因素。

1. 致病性　病原微生物的致病性越强，导致的疾病越严重，其危害等级越高。

2. 传播方式和宿主范围　病原微生物可能会受到群体免疫水平、宿主群体的密度和流动、适宜媒介的存在以及环境卫生水平等因素的影响。

3. 是否具备有效的预防和治疗措施　包括：通过接种疫苗或给予抗血清（被动免疫）的预防；使用抗生素、抗病毒药物和化学治疗药物。还应考虑出现耐药菌株的可能性；卫生措施，例如食品和饮水的卫生；动物宿主或节肢动物媒介的控制。

（二）病原微生物危害程度分类

《病原微生物实验室生物安全管理条例》（2018 年修订版）中规定，根据病原微生物的传染性、感染后对个体或者群体的危害程度，将病原微生物分为第一类、第二类、第三类、第四类。其中，第一类、第二类病原微生物统称为高致病性病原微生物。

第一类病原微生物，指能够引起人类或者动物非常严重疾病的微生物，以及我国尚未发现或者已经宣布消灭的微生物。如天花病毒、黄热病病毒、埃博拉病毒等。

第二类病原微生物，指能够引起人类或者动物严重疾病，比较容易直接或者间接在人与人、动物与人、动物与动物间传播的微生物。如鼠疫耶尔森菌、O1 和 O139 群霍乱弧菌、炭疽芽孢杆菌、汉坦病毒、高致病性禽流感病毒、狂犬病病毒、人免疫缺陷病毒、结核分枝杆菌等。

第三类病原微生物，指能够引起人类或者动物疾病，但一般情况下对人、动物或者环境不构成严重危害，传播风险有限，实验室感染后很少引起严重疾病，并且具备有效治疗和预防措施的微生物。如流感病毒、乙型肝炎病毒、麻疹病毒、钩端螺旋体等。

第四类病原微生物，指在通常情况下不会引起人类或动物疾病的微生物。如生物制品用菌苗、疫苗生产用的各种减毒、弱毒菌种、毒种等。

目前，我国的病原微生物危害分类等级序号和世界卫生组织（WHO）的危险度等级顺序号正好相反，但对应内容基本一致，详见表 5-1。

表 5-1　病原微生物危害等级分类

危害程度分类（中国）			危险度分类（WHO）			
分类	致病性	标准	等级	个体危害	群体危害	标准
一类	高	引起人或动物的非常严重疾病，国内尚未发现或已宣布消灭的微生物	4级	高	高	引起人或动物的严重疾病，易发生个体之间的直接或间接传播，无有效的预防和治疗措施
二类	高	引起人或动物严重疾病，容易直接或间接在人与人、动物与人、动物与动物间传播的微生物	3级	高	低	引起人或动物的严重疾病，但一般不会发生感染个体向其他个体的传播，具备有效的预防和治疗措施
三类	低	引起人或动物疾病，通常能够对人、动物或环境不构成严重危害，传播风险有限，实验室感染后很少引起严重疾病，具备有效治疗和预防措施	2级	中等	低	对人或动物致病，但对实验室工作人员、社区、牲畜或环境不易导致严重危害。实验室暴露也许会引起严重感染，但具备有效的预防和治疗措施，并且疾病传播的风险有限
四类	无/极低	在通常情况下不会引起人或动物疾病	1级	无/极低	无/极低	不太可能引起人或动物致病

（三）常见病原微生物的危害程度分类

1. 人类病原微生物　在 2006 年我国公布实施的《人间传染的病原微生物名录》的基础上，2023 年 8 月发布了修订版的《人间传染的病原微生物目录》（简称《目录》），是我国第一部涉及人间传染的病原微生物目录，也是规范病原微生物实验活动的基础。《目录》内容包括人间传染的病原微生物的中、英文名称、分类学地位、危害程度分类、从事实验活动所需实验室安全级别和运输包装分类和备注，由病毒（含朊粒）、原核细胞型微生物（含细菌、放线菌、衣原体、支原体、立克次体、螺旋体）和真菌三大类组成。病毒类病原微生物为 166 种，其中，危害程度第一类 29 种、第二类 56 种、第三类 75 种、第四类 6 种。细菌、放线菌、衣原体、支原体、立克次体、螺旋体类病原体为 190 种，其中危害程度分类为第二类的 19 种、第三类的 171 种。真菌类病原微生物为 151 种，其中危害程度分类为第二类的 7 种、第三类的 144 种。常见人类病原微生物的危害程度分类（表 5-2）。根据实验室在从事实验活动中接触不同病原体（或材料）的实际情况，明确了相应的实验室安全级别。对于病原微生物及样本的运输包装，则按国际民航组织文件《危险物品航空安全运输技术细则》（Doc9284）的分类包装要求分为 A、B 两类，对应的联合国编号分别为 UN2814 和 UN3373，与国际标准进行了接轨，并对其运输制订了专门的规定。《目录》对病原微生物培养、动物感染实验等实验室生物安全操作具有十分重要的指导意义。

表 5-2　常见人类病原微生物的危害程度分类

分类	病原体
第一类	克里米亚-刚果出血热病毒（新疆出血热病毒）、东方马脑炎病毒、埃博拉病毒、马尔堡病毒、猴痘病毒、天花病毒、委内瑞拉马脑炎病毒、蜱传脑炎病毒、西方马脑炎病毒、黄热病毒、拉沙热病毒
第二类	基孔肯尼亚病毒、引起肺综合征的汉坦病毒、引起肾综合征出血热的汉坦病毒、高致病性禽流感病毒、艾滋病毒、乙型脑炎病毒、脊髓灰质炎病毒（野毒株）、狂犬病病毒（街毒）、SARS 冠状病毒、MERS 冠状病毒、新型冠状病毒、西尼罗病毒、朊病毒、炭疽杆菌、布鲁氏菌属、结核分枝杆菌、霍乱弧菌、鼠疫耶尔森菌、荚膜组织胞浆菌、粗球孢子菌
第三类	腺病毒、腺病毒伴随病毒、布尼亚病毒、巨细胞病毒、登革病毒、埃可病毒、肠道病毒-71 型、EB 病毒、甲/乙/丙/丁/戊型肝炎病毒、单纯疱疹病毒、人疱疹病毒 6/7/8 型、人 T 细胞白血病病毒、流行性感冒病毒、麻疹病毒、流行性腮腺炎病毒、狂犬病病毒（固定毒）、人乳头状瘤病毒、副流感病毒、呼吸道合胞病毒、鼻病毒、轮状病毒、风疹病毒、水痘-带状疱疹病毒、水疱性口炎病毒、蜡样芽孢杆菌、脆弱拟杆菌、汉氏巴尔通体、百日咳博德特菌、伯氏疏螺旋体、回归热疏螺旋体、空肠弯曲菌、大肠弯曲菌、肺炎衣原体、沙眼衣原体、肉毒梭菌、艰难梭菌、产气荚膜梭菌、破伤风梭菌、白喉棒杆菌、致病性大肠埃希菌、幽门螺杆菌、肺炎克雷伯菌、嗜肺军团菌、麻风分枝杆菌、肺炎支原体、淋病奈瑟菌、脑膜炎奈瑟菌、奇异变形菌、伤寒沙门菌、志贺菌属、金黄色葡萄球菌、肺炎链球菌、苍白（梅）螺旋体、解脲脲原体、黄曲霉、白假丝酵母菌、新生隐球菌、串珠镰刀菌、红色毛癣菌
第四类	豚鼠疱疹病毒、金黄地鼠白血病病毒、小鼠乳腺瘤病毒、大/小鼠白血病病毒

2. 动物病原微生物 2022年6月23日，农业农村部发布《人畜共患传染病名录》（修订版），人畜共患传染病共计24种，包括牛海绵状脑病、高致病性禽流感、狂犬病、炭疽、布鲁氏菌病、弓形虫病、棘球蚴病、钩端螺旋体病、沙门氏菌病、牛结核病、日本血吸虫病、日本脑炎（流行性乙型脑炎）、猪链球菌Ⅱ型感染、旋毛虫病、囊尾蚴病、马鼻疽、李氏杆菌病、类鼻疽、片形吸虫病、鹦鹉热、Q热、利什曼原虫病、尼帕病毒性脑炎、华支睾吸虫病。

人畜共患病的病原体在2005年5月13日农业部审议通过的《动物病原微生物分类名录》中，炭疽、鼠疫等人畜共患病的病原体的分类与人间传染的病原微生物危险度类别相同，属于第一类病原微生物有2种，第二类病原微生物3种，第三类病原微生物10种，刚地弓形虫、棘球绦虫、旋毛形线虫、囊尾蚴、片形吸虫、利什曼原虫、华支睾吸虫等其他病原体不在《目录》中。

一类动物病原微生物包括：口蹄疫病毒、高致病性禽流感病毒、猪水泡病病毒、非洲猪瘟病毒、非洲马瘟病毒、牛瘟病毒、小反刍兽疫病毒、牛传染性胸膜肺炎丝状支原体、牛海绵状脑病病原、痒病病原。

二类动物病原微生物包括：猪瘟病毒、鸡新城疫病毒、狂犬病病毒、绵羊痘/山羊痘病毒、蓝舌病病毒、兔病毒性出血症病毒、炭疽芽孢杆菌、布氏杆菌。

三类动物病原微生物包括：多种动物共患病病原微生物18种；牛病病原微生物7种；绵羊和山羊病病原微生物3种；猪病病原微生物12种；马病病原微生物8种；禽病病原微生物17种；兔病病原微生物4种；水生动物病病原微生物22种毒；蜜蜂病病原微生物6种；其他动物病病原微生物8种病毒。

四类动物病原微生物是指危险性小、低致病力、实验室感染机会少的兽用生物制品、疫苗生产用的各种弱毒病原微生物以及不属于第一、二、三类的各种低毒力的病原微生物。

（四）遗传修饰生物的危害分类

运用基因工程技术可以创造出自然界中未存在过的遗传修饰生物（genetically modified organisms，GMOs）。目前，基因工程已广泛应用于医药、工业、农业、环保、能源、新材料等领域，并对人类的生活、健康和生存环境产生深远影响。转基因技术的产业化应用，不负众望地带来了巨大的经济效益和社会效益。

然而，这些生物体具有潜在风险。首先是对实验室工作人员可能造成的危害，如这些生物体通过气溶胶带来的感染。其次是对外界环境可能造成的危害，如用于基因治疗的慢病毒载体，它可整合到哺乳动物细胞基因组中，其携带的外源基因也可能致癌，如果这种非正常的载体排入自然界中就有潜在的风险。目前，暂无遗传修饰生物的危害分类。在实验操作的安全级别上，遵循以下原则：

1. 通常插入基因的安全级别决定了整个实验操作的安全级别。如果插入基因不要求更高级别的生物安全水平，大部分常规遗传工程实验可以按BSL-1安全操作。

2. 如果有以下情况，则需要较高的生物安全水平：

（1）来源于病原生物体的DNA序列，其表达产物可能增加GMOs的毒性。

（2）插入的DNA序列性质不确定，例如在制备病原微生物基因组DNA库的过程中。

（3）基因产物具有潜在的药理学活性。

（4）毒素基因。

3. 如果用病毒作为表达载体，其防护水平应根据其母本病毒的危害等级及防护要求进行操作。

4. 转基因动物应当在靶基因编码产物特性的防护水平下进行操作，基因敲除动物一般不表现特殊的生物危害。

5. 一旦获得宿主的新信息时，需要随时将相关工作归入更高或更低的实验室生物安全水平。

（五）新现病原微生物

自1940年以来，全球不断出现新发传染病，如严重急性呼吸综合征、高致病性禽流感、中东呼吸系统综合征、埃博拉出血热、寨卡病毒和新型冠状病毒感染等，这些都是由新现病原微生物引发的传染病。《人间传染的病原微生物目录》规定，该表格未列之病原微生物和实验活动，由单位生物安全委员会负责危害程度评估，确定相应的生物安全防护级别。如涉及高致病性病原微生物及其相关实验的，应经国家病原微生物实验室生物安全专家委员会论证。对此类病原微生物，人类普遍缺乏免疫力，疾病传播速度快、范围广，又由于无有效的疫苗和药物，致死率高，易导致社会恐慌，影响社会稳定和经济发展。此外，生物技术的发展使其具有潜在的生物恐怖性质，将影响国家安全，因此，需充分考虑新现病原微生物的潜在风险，选择适当的风险控制措施，以便进行必要和有益的生命科学研究。

二、生物安全实验室分级

（一）生物安全实验室等级

生物安全实验室不仅是进行科学研究的平台，也是传染病防控、保护公共健康的重要组成部分，更是应对生物威胁、保障国家安全的需要。我国主要根据对所操作生物因子采取的防护措施，将生物安全实验室（biosafety laboratory，BSL）按防护水平的不同，分为一级、二级、三级和四级，一级防护水平最低，四级防护水平最高，国际通用表达方式是：BSL-1、BSL-2、BSL-3、BSL-4。涉及实验动物操作的实验室，即动物生物安全实验室（animal biosafety laboratory），相应生物安全防护水平是：ABSL-1、ABSL-2、ABSL-3、ABSL-4。把生物安全防护水平为三、四级实验室定义为高等级生物安全实验室。

依据中华人民共和国国家标准《实验室生物安全通用要求》（GB 19489—2008）规定：

生物安全防护水平为一级的实验室，适用于操作在通常情况下不会引起人类或者动物疾病的微生物。

生物安全防护水平为二级的实验室，适用于操作能够引起人类或者动物疾病，但一般情况下对人、动物或者环境不构成严重危害，传播风险有限，实验室感染后很少引起严重疾病，并且具备有效治疗和预防措施的微生物。

生物安全防护水平为三级的实验室，适用于操作能够引起人类或者动物严重疾病，比较容易直接或者间接在人与人、动物与人、动物与动物间传播的微生物。

生物安全防护水平为四级的实验室，适用于操作能够引起人类或者动物非常严重疾病的微生物，以及我国尚未发现或者已经宣布消灭的微生物。

（二）生物安全实验室的基本要求

生物安全实验室的建设需要消除不利安全的设计，实验室的设计参数，如净化、节能等均服从安全的要求。实验室建造在保证安全的前提下，设计辅助工作区和防护区相对隔离，同时考虑实验活动过程中的合理方便。实验室选用符合工作安全要求的生物安全柜、空气过滤装置和压力蒸汽灭菌器等关键防护设备。

1. 生物安全一级实验室（BSL-1）

（1）对工作人员的要求：进入BSL-1实验室的工作人员要通过实验室操作程序培训，并由一位受过微生物学及相关科学一般培训的实验室工作人员监督管理。

（2）设施和设备要求：实验室的门应有可视窗并可锁闭，门锁及门的开启方向应不妨碍室内人员逃生。在实验室门口处应设存衣或挂衣装置，可将个人服装与实验室工作服分开放置。应设洗手池，宜设置在靠近实验室的出口处（图5-1）。

实验室内应避免不必要的反光和强光。实验室的墙壁、天花板和地面应易清洁、不渗水、耐化学品和消毒灭菌剂的腐蚀。地面应平整、防滑，不应铺设地毯。实验室应有足够的空间，供台柜等摆放实验室设备和物品。

实验室台柜和座椅等应稳固，边角应圆滑便于清洁。实验室可以利用自然通风，如果采用机械通风，应避免交叉污染。如果有可开启的窗户，应安装可防蚊虫的纱窗。供水和排水管道系统应不渗漏，下水应有防回流设计。

2. 生物安全二级实验室（BSL-2）

（1）对工作人员的要求：进入 BSL-2 实验室操作的实验室工作人员要经过特殊培训，并且在资深工作人员的指导下工作。

（2）设施和设备要求：应符合生物安全一级实验室的相关要求。

实验室主入口的门、放置生物安全柜实验间的门应可自动关闭；实验室主入口的门应有进入控制措施。

图 5-1　生物安全一级实验室结构

实验室工作区域外应有存放备用物品的条件（图 5-2）。应在实验室工作区配备洗眼装置。应在实验室或其所在的建筑内配备高压蒸汽灭菌器或其他适当的消毒灭菌设备，所配备的消毒灭菌设备应以风险评估为依据。应在操作病原微生物样本的实验间内配备生物安全柜。应按产品的设计要求安装和使用生物安全柜。如果生物安全柜的排风在室内循环，室内应具备通风换气的条件；如果使用需要管道排风的生物安全柜，应通过独立于建筑物其他公共通风系统的管道排出。

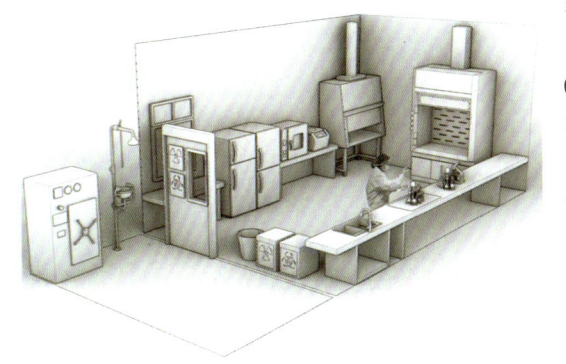

图 5-2　生物安全二级实验室结构

应有可靠的电力供应。必要时，重要设备如培养箱、生物安全柜、冰箱等应配置备用电源。

3. 生物安全三级实验室（BSL-3）

（1）对工作人员的要求：实验人员应在处理致病性的病原和可能使人致死的病原方面受过专业训练，并由对该病原工作有经验的、有资格的科学工作者监督。

（2）设施和设备要求：高效空气过滤器（high efficiency particulate air filter，HEPA 过滤器）主要用于滤除颗粒灰尘及各种悬浮物，由滤芯和壳体两部分组成，过滤效率高、流动阻力低、能较长时间连续使用，可以滤除已知的所有微生物颗粒，在生物安全实验室中应用广泛。

1）平面布局：实验室应明确区分辅助工作区和防护区，应在建筑物中自成隔离区或为独立建筑物，应有出入控制。防护区中直接从事高风险操作的工作间为核心工作间，人员应通过缓冲间进入核心工作间（图 5-3）。

适用于操作通常认为非经空气传播致病性生物因子的实验室辅助工作区，应至少包括监控室和清洁衣物更换间；防护区应至少包括缓冲间（可兼作脱防护服间）及核心工作间。

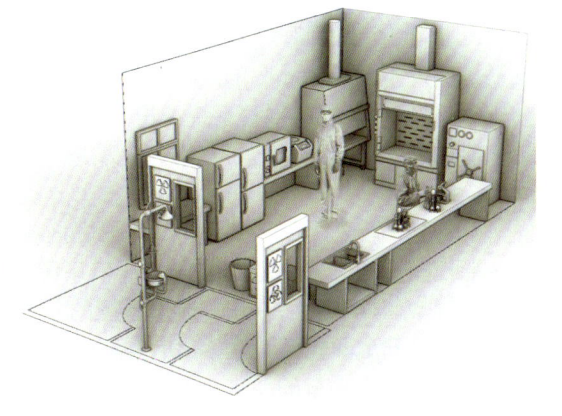

图 5-3　生物安全三级实验室结构

适用于可有效利用安全隔离装置（如：生物安全柜）操作常规量经空气传播致病性生物因子

的实验室，辅助工作区应至少包括监控室、清洁衣物更换间和淋浴间；防护区应至少包括防护服更换间、缓冲间及核心工作间；核心工作间不宜直接与其他公共区域相邻。

如果安装传递窗，其结构承压力及密闭性应符合所在区域的要求，并具备对传递窗内物品进行消毒灭菌的条件。必要时，应设置具备送排风或自净化功能的传递窗，排风应经HEPA过滤器过滤后排出。

2）通风空调系统：应安装独立的实验室送排风系统，应确保在实验室运行时气流由低风险区向高风险区流动，同时确保实验室空气只能通过HEPA过滤器过滤后，经专用的排风管道排出。

实验室防护区房间内送风口和排风口的布置应符合定向气流的原则，利于减少房间内的涡流和气流死角；送排风应不影响其他设备（如：Ⅱ级生物安全柜）的正常功能。不得循环使用实验室防护区排出的空气。

应按产品的设计要求安装生物安全柜和其排风管道，可以将生物安全柜排出的空气排入实验室的排风管道系统。实验室的送风应经过HEPA过滤器过滤，宜同时安装初效和中效过滤器。实验室的外部排风口应设置在主导风的下风向（相对于送风口），与送风口的直线距离应大于12m，应至少高出本实验室所在建筑的顶部2m，应有防风、防雨、防鼠、防虫设计，但不应影响气体向上空排放。

HEPA过滤器的安装位置应尽可能靠近送风管道在实验室内的送风口端，排风管道在实验室内的排风口端。应有备用排风机。

不应在实验室防护区内安装分体空调。

3）供水与供气系统：应在实验室防护区内的实验间靠近出口处设置非手动洗手设施；如果实验室不具备供水条件，则应设非手动手消毒灭菌装置。应在实验室的给水与市政给水系统之间设防回流装置。

4）污物处理及消毒灭菌系统：应在实验室防护区内设置生物安全型高压蒸汽灭菌器。宜安装专用的双扉高压灭菌器，其主体应安装在易维护的位置，与围护结构的连接之处应可靠密封。对实验室防护区内不能高压灭菌的物品应有其他消毒灭菌措施。高压蒸汽灭菌器的安装位置不应影响生物安全柜等安全隔离装置的气流。

可以在实验室内安装紫外线消毒灯或其他适用的消毒灭菌装置。应具备对实验室防护区及与其直接相通的管道进行消毒灭菌的条件。应具备对实验室设备和安全隔离装置（包括与其直接相通的管道）进行消毒灭菌的条件。应在实验室防护区内的关键部位配备便携的局部消毒灭菌装置（如：消毒喷雾器等），并备有足够的适用消毒灭菌剂。

5）电力供应与照明系统：生物安全柜、送风机和排风机、照明、自控系统、监视和报警系统等应配备不间断备用电源，电力供应应至少维持30min。实验室核心工作间的照度应不低于350lx，其他区域的照度应不低于200lx，宜采用吸顶式防水洁净照明灯。应避免过强的光线和光反射。应设不少于30min的应急照明系统。

6）自控、监视与报警系统：进入实验室的门应有门禁系统，应保证只有获得授权的人员才能进入实验室。需要时，应可立即解除实验室门的互锁；应在互锁门的附近设置紧急手动解除互锁开关。

7）实验室通信系统：实验室防护区内应设置向外部传输资料和数据的传真机或其他电子设备。监控室和实验室内应安装语音通信系统。如果安装对讲系统，宜采用向内通话受控、向外通话非受控的选择性通话方式。通信系统的复杂性应与实验室的规模和复杂程度相适应。

4. 生物安全四级实验室（BSL-4）

（1）对工作人员的要求：实验室工作人员应在处理特别危险的传染源方面受过特殊和全面的训练，应了解标准和特殊操作中一级和二级防护的作用、防护设备、实验室设计性能。实验由在有关病原方面受过训练并有工作经验的有资格的科学工作者监督。

（2）设施和设备要求：应符合生物安全三级实验室的要求。

实验室应建造在独立的建筑物内，或建筑物中独立的隔离区域内。应有严格限制进入实验室的门禁措施，应记录进入人员的个人资料、进出时间、授权活动区域等信息；对与实验室运行相关的关键区域也应有严格和可靠的安保措施，避免非授权人员进入。

实验室的辅助工作区应至少包括监控室和清洁衣物更换间。防护区包括防护走廊、内防护服更换间、淋浴间、外防护服更换间、化学淋浴间和核心工作间。化学淋浴间应具备对专用防护服或传递物品的表面进行清洁和消毒灭菌的条件，具备使用生命支持供气系统的条件。

实验室防护区的围护结构应尽量远离建筑外墙；实验室的核心工作间应尽可能设置在防护区的中部。

应在实验室的核心工作间内配备生物安全型高压灭菌器；如果配备双扉高压灭菌器，其主体所在房间的室内气压应为负压，并应设在实验室防护区内易更换和维护的位置。

如果安装传递窗，其结构承压力及密闭性应符合所在区域的要求；需要时，应配备符合气锁要求的并具备消毒灭菌条件的传递窗。实验室防护区围护结构的气密性应达到在关闭受测房间所有通路并维持房间内的温度在设计范围上限的条件下，当房间内的空气压力上升到500Pa后，20min内自然衰减的气压小于250Pa。

在能够穿着具有生命支持系统的正压防护服操作常规量经空气传播致病性生物因子的实验室，应同时配备紧急支援气罐，紧急支援气罐每人的供气时间应不少于60min。生命支持供气系统应有自动启动的不间断备用电源供应，供电时间应不少于60min。供呼吸使用的气体的压力、流量、含氧量、温度、湿度、有害物质的含量等应符合职业安全的要求。生命支持系统应具备必要的报警装置。

实验室防护区内所有区域的室内气压应为负压，实验室核心工作间的气压（负压）与室外大气压的压差值应不小于60Pa，与相邻区域的压差（负压）应不小于25Pa。适用于可有效利用安全隔离装置（如：生物安全柜）操作常规量经空气传播致病性生物因子的实验室，应在Ⅲ级生物安全柜或相当的安全隔离装置内操作致病性生物因子；同时应具备与安全隔离装置配套的物品传递设备以及生物安全型高压蒸汽灭菌器。

（三）动物生物安全实验室

按照我国《实验室生物安全通用要求》以及《病原微生物实验室生物安全通用准则》的要求，动物实验室的生物安全防护设施除应参照BSL-1至BSL-4实验室的相应要求之外，还应考虑对动物呼吸、排泄、毛发、抓咬、挣扎、逃逸、动物实验（如染毒、医学检查、取样、解剖、检验等）、动物饲养、动物尸体及排泄物的处置等过程产生的潜在生物危害的防护。其中应特别注意对动物源性气溶胶的防护。不同级别的动物生物安全实验室应分别采用相应等级的防护措施。

1. ABSL-1 实验室　除满足 BSL-1 实验室的全部要求外，还应满足以下要求：①建筑物内动物饲养间应与开放的人员活动区分开；②饲养间的门应有可视窗，向里开，应安装自动闭门器，当有实验动物时应保持锁闭状态；③如果有地漏，应始终用水或消毒剂液封。应具备洗涤和消毒动物笼具的条件。

2. ABSL-2 实验室　除满足 ABSL-1 和 BSL-2 实验室的要求外，还应满足以下要求：①出入口设置缓冲间；②根据操作生物因子的要求，配备生物安全柜或带有 HEPA 过滤系统的隔离箱，用于进行可能产生气溶胶的操作；③为保证动物实验室运转和污染控制的要求，用于处理固体废弃物的高压灭菌器、焚烧炉应经过特殊设计，合理摆放，加强保养，并配备补燃和消烟设备；④污水、污物必须经消毒处理后排放。

3. ABSL-3 实验室　除满足 ABSL-2 和 BSL-3 实验室的要求外，还应满足以下要求：①实验室应设置淋浴间、防护服更换间、缓冲间和核心工作间，并根据需要配备动物隔离设备和负压解剖台等；②缓冲间应具备对防护服或传递物品表面消毒灭菌条件；③在核心工作间配备便携式局部消毒设备，安装监视和通信设备。

4. ABSL-4 实验室 除满足 ABSL-3 和 BSL-4 实验室的要求外，还应满足以下要求：①实验室应设置严格限制进入的门禁措施；②配备具有Ⅲ级生物安全柜性能的动物负压隔离器，用于感染动物饲养；③配备双扉高压灭菌器，动物尸体、排泄物、垫料和废弃物等必须经过高压灭菌处理后排放。

5. 操作无脊椎动物的生物安全实验室 无脊椎动物（如节肢动物等）在个体大小、繁殖方式、生活习性和逃逸能力等方面，同实验室常用的哺乳类动物存在显著区别，因此，涉及无脊椎动物操作的生物安全实验室在防护措施方面必须充分考虑到此类动物的特殊性，并根据国家相关主管部门的规定和风险评估的结果制订有效的防护措施，配置相应的防护设施和装备。

如果从事节肢动物（特别是可飞行、快爬或跳跃的昆虫）的实验活动，应采取以下措施：

（1）在动物饲养间入口处设置缓冲间，缓冲间内安装有效的捕虫器，并在门窗和所有通风管道的关键节点安装防节肢动物逃逸的纱网；

（2）应具备分房间饲养已感染和未感染节肢动物的条件；

（3）应具备密闭和进行整体消毒的条件；

（4）安装喷雾式杀虫装置；

（5）应配备制冷装置，以便在必要时降低动物的活动能力；

（6）应确保水槽和存水弯管内的液体或消毒液不干涸；

（7）对所有废弃物高压灭菌；

（8）应有机制监测和记录会爬、跳跃的节肢动物幼虫和成虫的数量；

（9）应配备适用于放置装蜱、螨容器的油碟；

（10）应具备带双层网的笼具以饲养或观察已感染或潜在感染的飞行昆虫。

此外，应具备适用的生物安全柜或相当的安全隔离装置以操作已感染或潜在感染的节肢动物。

6. 生物危险符号 二级、三级、四级生物安全实验室的入口，应明确标示出生物防护级别、操作的致病性生物因子、实验室负责人姓名、紧急联络方式等，同时应标示出国际通用生物危险符号（图5-4）。生物危险符号应按要求绘制，颜色应为黑色，背景为黄色。

生 物 危 险

非工作人员严禁入内

实验室名称		预防措施负责人	
病原体名称		紧急联络方式	
生物危害等级			

图 5-4　生物危险符号及实验室相关信息

三、病原微生物的危害等级与实验室安全水平的关系

当知道微生物的危害等级后，选择合适的生物安全水平实验室开展实验活动是降低风险和控制危害的关键所在。表 5-3 列出了病原微生物的危害等级与实验室安全水平的关系。

表 5-3　病原微生物的危害等级与实验室安全水平的关系

生物安全水平	病原微生物
BSL-1	所有一、二、三类动物疫病的不涉及活病原的血清学检测以及疫苗用减毒或者弱毒株，基因表达用重组菌，如大肠杆菌等
BSL-2	BLS-1 含的病原微生物外，还包括三类动物疫病、二类动物疫病（布病、结核病、狂犬病、马传贫、马鼻疽及炭疽病等芽孢杆菌引起的疫病除外），克隆表达毒素的工程菌、重组病毒等
BSL-3	除 BSL-2 含的病原微生物外，还包括一类动物疫病、二类动物疫病中布病、结核病、狂犬病、马传贫、马鼻疽及炭疽病等引起的疫病、所有新发病和部分外来病。从事外来病的调查和可疑病例的处理分析

续表

生物安全水平	病原微生物
BSL-4	通过气溶胶传播的，导致高度传染性致死性的动物致病；或导致未知危险的疫病。与BSL-4微生物相近或有抗原关系的微生物也应在此种水平条件下进行操作，直到取得足够的数据后，才能决定是继续在此种安全水平下工作还是在低一级安全水平下工作，以及从事外来病病原微生物的研究分析

值得注意的是，四类病原微生物与四个等级的生物安全实验室虽有关系，但并不是一一对应。如新型冠状病毒培养和动物感染实验应当在生物安全三级实验室内进行；未经培养的感染性材料的操作应当在生物安全二级实验室进行，同时采用生物安全三级实验室的个人防护；感染性材料或活病毒在采用可靠的方法灭活后进行的核酸检测、抗原检测、血清学检测、生化分析等操作应当在生物安全二级实验室进行；分子克隆等不含致病性活病毒的其他操作，可以在生物安全一级实验室进行。确定某一病原微生物的具体实验操作所需的实验条件即实验室的生物安全防护水平，应在风险评估的基础上，依据国家相关主管部门发布的《人间传染的病原微生物目录》，不能低于国家的规定。

四、生物安全实验室管理的行政审批

一、二级实验室生物安全管理工作实行属地化管理。县级以上卫生行政部门负责管理和监督辖区内一、二级生物安全实验室的生物安全防护工作。BSL-1、BSL-2级实验室应向当地卫生管理部门申请备案。按照属地管理原则，地级以上市卫生局具体负责辖区内一、二级实验室的日常备案工作，每年将备案情况汇总后报省级卫生机构。地级以上市卫生局对申请备案的实验室所提交的材料进行审查，对材料符合规定要求的，办理备案手续。

我国高等级生物安全实验室建设主要涉及如下几个主管部门：国家发改委负责高级别生物安全实验室规划，卫生健康委负责实验室建设审查的行政审批，环保部门负责项目环境评价，住房和城乡建设部门制定建设和验收标准，中国合格评定国家认可中心（CNAS）负责实验室的认证认可，国家或省级卫生健康委和农业农村部是业务主管部门，负责实验室高致病性病原微生物实验室活动的审批。因此我国高等级生物安全实验室行政审批过程相对复杂。

第二节 生物安全实验室常用安全设备和个人防护用品

一、生物安全实验室常用安全设备

生物安全设备是实验室生物安全防护的有效措施，是保护实验室工作人员和环境的重要手段。常见的生物安全设备有用于隔离防护作用的，如生物安全柜、负压通风柜、负压罩等；以及用于去污染的消毒设备，如甲醛熏蒸器、压力灭菌器、过氧化氢消毒剂等。这些设备都具有防止感染性因子扩散或逃逸的基本功能，是确保实验活动安全的基本条件。

（一）生物安全柜

1. 生物安全柜的工作原理

（1）生物安全柜的作用及原理：实验活动中常常产生带有病原微生物的气溶胶，其直径一般小于100μm，这种微小液滴肉眼无法看到，实验室工作人员无法立即发现实验室操作过程产生气溶胶的存在，如果泄漏到实验室的环境中，工作人员可能由于吸入或防护服表面污染而造成实验室感染。生物安全柜可以将柜内空气向外抽吸，使柜内保持负压状态，通过垂直气流来保护工作人员；外界空气经HEPA过滤器过滤后进入安全柜内，以避免处理样品被污染；柜内的空气也需经过HEPA过滤器过滤后再排放到大气中，以保护环境。

（2）生物安全柜中的安全装置：生物安全柜控制面板上有电源、紫外灯、照明灯、风机开关、

前玻璃门移动控制等装置，主要作用是设定及显示系统状态。

1）高效空气过滤器：生物安全柜使用的高效空气过滤器具有刚性外壳包裹皱褶成型的全部滤料。对于直径为 0.3μm 的微粒过滤效率不低于 99.99%，能够有效地截留所有已知的传染因子，确保空气通过 HEPA 后完全不含微生物。

2）外排风箱系统：由外排风箱壳体、风机和排风管道组成。外排风机提供排气的动力，将工作室内污染空气抽出，并由外排过滤器净化而起到保护样品和柜内实验物品的作用，由于外排作用，工作室内为负压，可防止工作区空气外溢，并可保护操作者。

3）紫外光源：紫外光源位于玻璃门内侧，用于工作室内的台面及空气的消毒。

2. 生物安全柜的分类　　根据生物安全柜送风和排风的方式、正面气流的速度、防护对象和防护水平的不同，可将生物安全柜分为Ⅰ级、Ⅱ级和Ⅲ级。3个级别的生物安全柜一共有 6 种类型，其中Ⅱ级包括 A1、A2、B1、B2 四种类型。不同的生物安全柜在设计上有一定的差异，从而有不同的应用范围（表 5-4，图 5-5）。

表 5-4　Ⅰ级、Ⅱ级和Ⅲ级生物安全柜间的差异

生物安全柜	正面气流最低平均速度（m/s）	气流百分数（%）重新循环部分	气流百分数（%）排出部分	外排连接方式
Ⅰ级 [a]	0.36	0	100	硬管
Ⅱ级 A1 型	0.40	70	30	排到房间或套管连接处
外排风式Ⅱ级 A2 型 [a]	0.50	70	30	排到房间或套管连接处
Ⅱ级 B1 型 [a]	0.50	30	70	硬管
Ⅱ级 B2 型 [a]	0.50	0	100	硬管
Ⅲ级 [a]	NA	0	100	硬管

NA：不适用；a：所有生物学污染的管道均为负压状态或由负压的管道和压力通风系统围绕

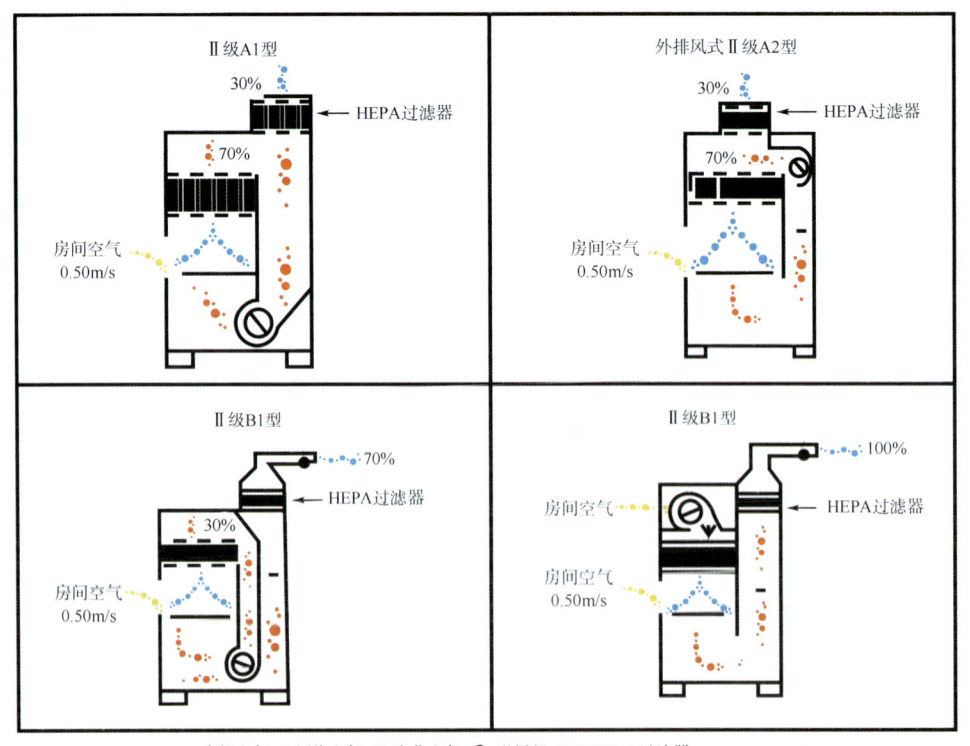

图 5-5　Ⅱ级生物安全柜间的差异

（二）灭菌器

1. 物理灭菌器

（1）热力灭菌器：热（heat）分为湿热（moist heat）和干热（dry heat）两大作用因子，是应用最早、使用最广泛的物理消毒因子。热力消毒法是通过加热使介质上的微生物升温，导致菌体变性或凝固，酶失去活性，最终达到杀灭微生物的目的。

干热灭菌器：干热消毒是利用热空气或直接加热的方式作用于消毒对象。常见干热消毒方法有烘烤、红外线照射、焚烧和烧灼等。其作用机制为干热使微生物的蛋白质发生氧化、变性、炭化，或使其电解质脱水浓缩，引起细胞中毒，以及破坏其核酸，最终导致微生物的死亡。干热灭菌所需温度高，时间长。

湿热灭菌器：湿热是指由液态水或加压蒸汽所产生的热。湿热对物品的热穿透力强，蒸汽中的潜热可以迅速提高被灭菌物品的温度。常见湿热消毒器有煮沸消毒器、流通蒸汽消毒器、巴氏消毒器、压力蒸汽灭菌器、间歇灭菌器等。其中的高压蒸汽灭菌法由于热力对细菌的良好穿透力，所以是当前杀菌能力最强的热力灭菌方法，高压蒸汽灭菌器也是所有灭菌器中历史最久、应用最广、价格最便宜的灭菌设备之一。其作用机制为湿热使微生物的蛋白发生变性和凝固，核酸发生降解，细胞壁和细胞膜发生损伤，最终导致微生物死亡。湿热蒸汽存在潜热（每克水在100℃时由气态变为液态可放出529cal的热量），能迅速提高被灭菌物品的温度，因而湿热灭菌比干热灭菌所需要的温度更低，如在同一温度下，则湿热灭菌所需时间比干热更短。

（2）辐射灭菌器：利用电离辐射杀灭病原体，主要包括紫外线照射、电离辐射、臭氧灭菌灯、微波消毒灭菌等，适用于热敏物料和制剂的灭菌，包括微生物、抗生素、激素、生物制品、中药材和中药方剂、医疗器械、药用包装材料以及高分子材料的灭菌。

2. 化学灭菌器

（1）环氧乙烷灭菌器：使用纯环氧乙烷和氟里昂混合气体，由稳定的温度、压力、湿度在一定的时间作用下，对密闭在灭菌室内的物品进行低温熏蒸灭菌专用设备。环氧乙烷气体是一种非常活泼的化学灭菌气体，无色气体，气味与乙醚相似，低浓度时无味，杀菌力强，杀面谱广，灭菌效果可靠，对灭菌物品损害较小等。

（2）甲醛灭菌器：甲醛灭菌器通过压力和温度的控制，激发乙醇和甲醛成为化学混合气体，并通过水蒸气压力变换增加混合气体的穿透力，通过温度控制增强混合气体的灭菌能力。一般甲醛灭菌器的工作温度是60℃或者78℃，灭菌剂的配方为3%乙醇+2%甲醛水溶液+95%蒸馏水。

（3）过氧化氢等离子体灭菌器：通过过氧化氢液体弥散变成气体状态后对物品进行灭菌，通过产生的等离子体进行第二阶段灭菌。等离子过程还可加快、彻底分解过氧化氢气体在器械和包装材料上的残留。等离子体灭菌法的特点为作用迅速、杀菌可靠、作用温度低、清洁而无毒性残留。适用于不耐热器材、非耐湿制品、各种金属器械、玻璃等物品，但不适用于液体、粉末类物体的灭菌。

二、个人防护用品

个人防护用品（personal protective device）是指从业人员为防御物理、化学、生物等外界因素伤害所佩戴、配备和使用的劳动防护用品。如防护帽、防护服、防护手套、防护眼镜、防护口（面）罩、呼吸防护器等。在生物安全实验过程中，操作过程繁多，致病微生物直接危害操作人员健康；若防护不当，有泄漏、扩散、传播疾病的风险，因此选择合适的个人防护用品，并正确佩戴、使用，是减少和防止事故发生的重要措施，是保护实验人员免受伤害的最后一道防线。

（一）个人防护用品的种类

生物安全实验室的个人防护用品根据保护身体部位，分为：头部防护用品、呼吸防护用品、眼面部防护用品、躯干防护用品、手部防护用品、足部防护用品、听力防护用品等7大类。

1. 头部防护用品 防护帽（protective cap）是生物安全实验头部防护主要用品。实验操作人员在操作过程中，要佩戴无纺纱布制成的防护帽，并掩盖全部头发，可以保护自己免受化学和生物危害物质飞溅至头部（头发）所造成的污染。一般的连体防护服都带有防护帽。在高等级的生物安全实验室中，应该为工作人员配备连体式防护服。

2. 呼吸防护用品 在进行与高致病性微生物有关、有感染性气溶胶的高度危险性操作时，必须采用呼吸道防护用品进行防护。该类防护用品，一般是通过供气系统、过滤系统，将清洁的空气（或氧气）送入面罩内，形成正压，从而防止外界环境中可能含有致病微生物的空气进入人体呼吸道。根据供气情况、保护范围等可分为：正压防护面罩（positive pressure face shield）、个人呼吸器（air breathing apparatus）和正压防护服（positive pressure protective suit）3种。

（1）正压防护面罩：正压防护面罩也称头盔式正压呼吸防护系统，由头罩和供气系统两部分组成。头罩常采用高透明度的材料组成的密闭空间，使佩戴者的呼吸道、头面部和眼部与外界环境隔绝，依靠供气系统的气源满足佩戴者的呼吸需要。供气系统常由电动送风系统将通过高效过滤器过滤后的清洁空气送入正压防护面罩内。

（2）个人呼吸器：个人呼吸器由面罩和供气装置组成。根据供气原理可分为正压通风式呼吸器和自吸过滤式呼吸器。正压通风式呼吸器所需空气另行供给，如：高压氧气、空气，通过减压与面罩相连，然后送入人体呼吸道。自吸过滤式呼吸器是环境中的空气，在人体呼吸过程中，通过呼吸器的过滤（物理或化学方法）装置，去除空气中有毒物质，进入人体呼吸道。

（3）正压防护服：正压防护服由全身式防护服、高效空气过滤器、电动送风装置三部分构成，环境空气经高效空气过滤器过滤后通过电动送风装置送入防护服头罩内，并在全身式防护服内形成稳定的正压梯度，可有效阻断来自外部环境的气溶胶、喷溅液体及尘埃等有害物质的传播与感染，从而实现对穿戴人员有效的防护作用，同时提供舒适的穿戴环境。全身式防护服的头部设有透明头罩，下设有鞋套，防护服主体中部安装有气密拉链，主体两侧设有手套，在主体内还设有供气软管系统，上设有流量调节器，安装在防护服主体上的单向排气阀与外界相通。（见图5-6）

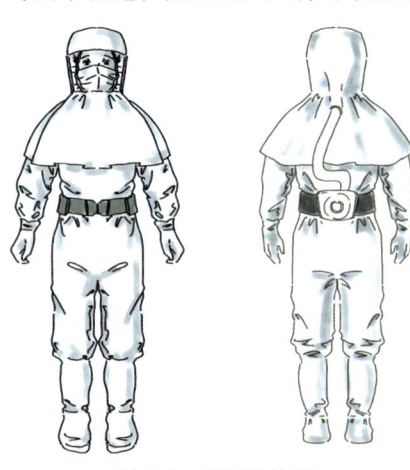

图5-6 正压防护服

3. 眼面部防护用品

（1）防护眼镜（眼罩）：实验人员在现场有潜在眼睛伤害时，必须佩戴防护眼镜（眼罩）。防护眼镜（眼罩）一般是和半面型过滤式呼吸防护器联合使用，也可以单独使用。主要是针对现场具有刺激性和腐蚀性气体、蒸汽的环境；对现场有粉尘、放射性尘埃及空气传播病原体的环境，也有一定的隔绝作用；佩戴防护眼镜（眼罩）可防化学物质飞溅。

（2）口罩：口罩是指戴在口鼻部位，用于过滤进出口鼻的空气，从而达到阻挡有害气体、粉尘、微生物进出佩戴者口鼻的防护用品。所用的过滤材料有：纱布、无纺纱布、布、纸等；根据过滤材料的过滤效率将口罩的防护等级由高至低分为N100、N99和N95。以N95为例，是指气溶胶采用非油性颗粒的氯化钠做测试，流速为85L/min，颗粒平均粒径0.26μm，计数粒径0.07μm，要求过滤效率满足95%。

N95口罩使用方法：①用手端着口罩，使其鼻夹处于手指部，头带自然下垂。②将口罩置于下巴处，鼻夹向上。③将上面的带子拉到头上，置于头后的上部（耳朵以上），将下面的带子拉到头上，置于颈部耳下的位置。④双手指尖置于金属鼻夹之上，向内按压并沿鼻夹两侧下移，使鼻夹与鼻部吻合。⑤进行口罩的气密性检查：双手捂住医用口罩的正面，注意不要挪动位置，用力呼气，应感到医用口罩内正压。如发现泄漏，应调整口罩位置或带子的松紧，直至密封良好。

（见图 5-7）

（3）面罩：面罩是旨在保护佩戴者的整个面部（或部分面部）免受飞行物体和道路碎片、化学物质飞溅（在实验室或工业中）或潜在传染性材料（在医疗和实验室环境中）的防护用品。常由透明的聚碳酸酯或醋酸纤维素材料制成，佩戴在实验人员的头部。防护口罩可保护部分面部免受生物危害物质的污染；当从事危险性的操作时，应佩戴防护面罩对整个面部进行防护。

4. 躯干防护用品 躯干防护用品，即通常讲的防护服装。通过服装的紧密结构，隔绝自身衣物，防止外源具有潜在感染性的物质污染，从而切断致病微生物传播。在生物安全实验室使用的防护服装包括：实验服、隔离衣、防护服。

图 5-7 N95 口罩的佩戴

（1）实验服：实验工作人员日常工作穿着的白大褂。适用于 BSL-1 或 BSL-2 实验室，进行样品的采集、分离、细胞、细菌培养，实验室清洁，仪器维护等操作活动。

（2）隔离衣：隔离衣是指实验室参观人员进行参观时穿戴的服装，能够阻隔一般的感染。

（3）防护服：防护服是指进入传染区的人员穿着的服装，能够隔绝高感染风险。普通防护服一般不具有供气系统，只起到隔离病原体的作用，一般在 BSL-2 实验室中使用（见图 5-8）；而正压防护服还具有供气系统（见前述），一般在 BSL-3 或 BSL-4 实验室中使用。

5. 手部防护用品 防护手套是常见的手部防护用品。在实验操作过程中，手容易被污染或被锐器所伤。应根据实验的性质选择合适的手套。手套根据材料分为：橡胶（乳胶）手套、丁腈手套、PVC 手套、树脂手套。橡胶和丁腈手套在耐用、防刺穿、耐化学腐蚀方面表现较好，是生物安全实验操作过程最常用的手套。一次性的树脂手套，在普通实验中使用，如：清洁桌面，维护仪器等。在

图 5-8 普通防护服

BSL-1 和 BSL-2 实验室内，戴一副手套即可；在 BSL-3 实验室内操作须戴双层手套。在戴手套时，需再进行手套气密性检查。在工作完成后，应先消毒手套，然后再摘掉手套，随后洗手消毒，并将手套进行消毒处理。

6. 足部防护用品 防护鞋（靴）、防护鞋套对防止实验人员足部免受损伤、潜在感染性物质污染、化学品腐蚀具有重要作用。在生物安全实验室 BSL-2 和 BSL-3 需要穿防护鞋套；在 BSL-3 和 BSL-4 实验室里需穿专用的防护鞋。在实验完成后，实验人员应将防护鞋和鞋套进行清洗和消毒处理。

7. 听力防护用品 在实验室活动过程中，当噪声达 75dB 时，或在 8 小时内噪声大于平均值水平时，如：使用超声粉碎样品，需佩戴听力防护用品（如防噪声耳罩或一次性泡沫防噪声耳塞）。听力防护用品，一般放在实验活动区，不允许带离实验室。

（二）个体防护水平

1. 一级防护水平的着装标准 工作帽、医用外科口罩或医用防护口罩、工作服（或连体防护服）、工作鞋、乳胶手套（见图 5-9）。适用范围：BSL-1（防护用品可适当简化）和 BSL-2。

2. 二级防护水平的着装标准 符合 N95 或医用防护口罩标准的医用口罩、防护镜、连体式防护服、防护帽、乳胶手套、防护鞋（见图 5-10）。适用范围：BSL-3、发热门诊医护人员、医院检验和接触样品的人员、传染病患者和尸体护送人员、污物处理人员及微生物实验室维修人员。

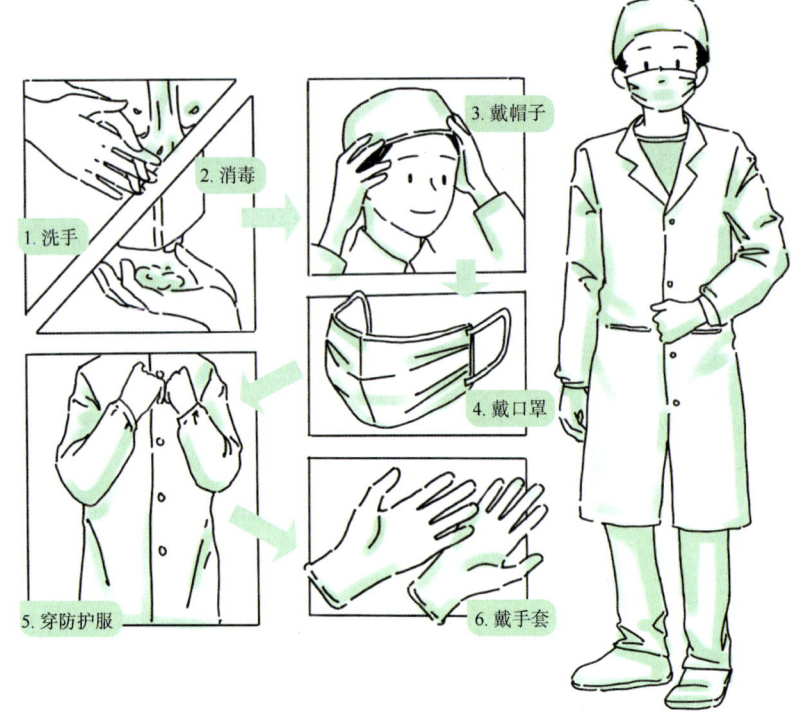

图 5-9　一级防护

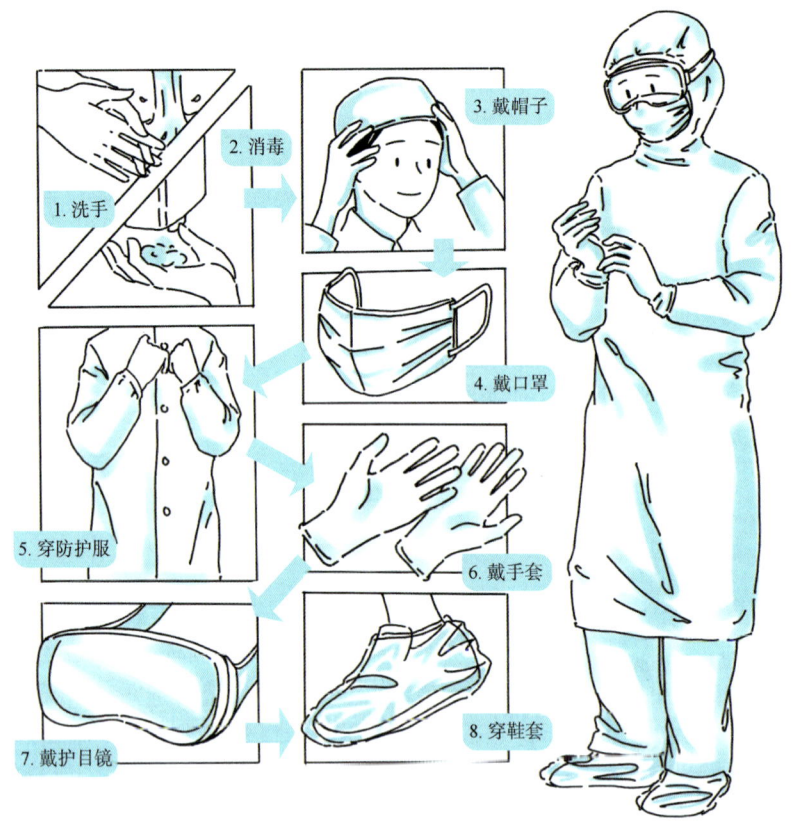

图 5-10　二级防护

3. 三级防护水平的着装标准　在二级防护基础上作如下改动，长管供气式面罩或正压通风式呼吸防护器和正压防护服（见图 5-11）。适用范围：BSL-4（在有三级生物安全柜条件下，个体防护用二级防护标准）和 ABSL-4（四级动物生物安全实验室）操作，如 SARS 患者的气管切开、气管插管、吸痰及 SARS 尸体解剖。

（三）穿戴和脱防护用品

在进行实验操作时，选择合适的防护用品，正确穿戴和使用防护用品是保障实验人员健康重要措施。在穿戴和脱防护用品时，注意顺序，使防护用品达到最佳的防护性能。

1. 穿戴防护用品

（1）戴口罩：一手托着医用口罩，扣于面部适当部位，另一手将医用口罩带戴在合适的部位，双手从中间向两侧下移压紧鼻夹，紧贴于鼻梁处，进行气密性检查。气密性检查方法：双手捂住医用口罩的正面，注意不要挪动位置，用力呼气，应感到医用口罩内正压。如发现泄漏，应调整口罩位置或带子的松紧，直至密封良好。

在二级防护的基础上加用防护面罩

图 5-11　三级防护

（2）戴帽子：根据头的大小选择合适的帽子戴上，注意要将头发全部罩在帽子内。

（3）穿防护服：先检查防护服是否有破损，穿戴好防护服后，防护服上的拉链要拉到最上面，如果防护服上有帽子的要把帽子戴上。

（4）戴防护眼镜：戴上防护眼镜，调整防护眼镜位置，使防护眼镜与脸颊之间密合。

（5）穿鞋套或胶靴：如果穿鞋套，要检查鞋套是否有破损。如果穿胶靴，防护服要塞进胶靴内（埃博拉病毒的防护需防止液体进入，不用将防护服塞进胶靴内）。

（6）戴手套：将手套套在防护服袖口外面。

2. 脱防护用品

（1）摘防护眼镜：一手托住防护眼镜，一手摘掉防护镜带子，放入医疗废物专用包装袋中。

（2）脱手套：将手套反面朝外，操作时注意手不要触碰手套外面，放入医疗废物专用包装袋中。

（3）脱防护服：解开防护服，防护服连同鞋套或胶靴一起脱下，防护服里面朝外包裹鞋套或胶靴，一起放入医疗废物专用包装袋中，操作时注意手不要触碰防护服外面。

（4）摘帽子：将手指内面朝外掏进帽子，将帽子轻轻摘下，将反面朝外，放入医疗废物专用包装袋中。

（5）摘口罩：注意双手不接触面部，放入医疗废物专用包装袋中。

（6）医疗废物专用包装袋口扎紧。

（7）手清洗、消毒：用流动水清洗双手，再用手消毒剂消毒，最后用流动水冲洗干净双手；如果现场没有流动水，可用免洗手消毒剂消毒双手。

上述为简单在 BSL-2 或 BSL-3 实验中的穿戴和脱防护用品的流程；若涉及复杂的操作，如：使用正压防护服，需要根据防护用品说明，进行适当调整。

第三节　生物安全实验室中的危险因素及操作规范

在生物安全实验室的实验过程中，由于实验工作人员生物安全意识不强或实验操作技术不规范、实验仪器使用不当等原因，常常容易发生微生物气溶胶吸入、刺伤、割伤、皮肤黏膜污染、食入以及被感染的实验动物咬伤等危险，需要根据各级各类管理规定，结合生物安全实验室实际情况，制订相应的操作规范。

一、生物安全实验室中的危险因素

近年来，实验室生物安全事故时有发生。通过对过往的事故原因进行分析，发现导致生物安全实验室安全事故发生的危险因素主要包括管理因素、客观因素和人为因素。

（一）管理因素

1. 实验室规章制度不落实　目前，大多数生物安全实验室能够依据国家有关规定制订相关的规章制度，包括实验室安全制度、生物安全管理制度、生物安全工作自查制度、废弃物与排污管理制度、菌毒种及细胞系保管制度和保密制度等，但存在自查工作开展频率低和实验记录不完整等制度执行力度低下的问题。

2. 操作规程缺乏　有些实验室在仪器与设备的使用、通用的检验技术与方法、专用的检验技术与方法、细胞及细胞实验室的管理、动物及动物实验室的管理等方面均缺乏有关的操作规程。

3. 质量保证体系不健全　部分实验室对仪器设备、实验室设施、实验室建筑、操作间、实验动物和档案资料等的管理不到位，如仪器设备没有定期检查和校准、实验室基础设施缺乏巡检和专业保养、档案信息不全等。

4. 人员培训不到位　有些实验人员未经生物安全防护知识和专业操作技能的培训考核就无证上岗，缺乏生物安全意识和相关的实验操作能力。

（二）客观因素

1. 常规操作
（1）样品中可能带有病原体：生物安全实验室内所需处理的样品（血液、体液、分泌物、排泄物等）常带有病原体，这些病原体的活性较高，易感染致病，并且可能存在尚未知的病原体，可能导致实验室获得性感染。

（2）气溶胶：标本在接种和离心等过程中产生的气溶胶容易洒落在地板和台面上，并造成室内空气被污染，从而使室内的工作人员被感染。

（3）实验室伤害：工作人员在实验活动中偶然被针刺、碎玻璃划伤，以及仪器、水、电、煤气等使用不当等，都会导致实验室伤害。

2. 涉及细胞的实验操作
（1）遗传修饰：细胞培养物和人类的遗传学关系越近，对人类的风险就越大。而通过遗传修饰途径获得的重组细胞，则往往会明显增加损害人类健康或污染环境的能力。

（2）交叉污染：细胞在不同的实验室被多次传代的过程中可能会通过交叉污染导致病原体的感染，由于相关背景情况难以掌握且容易忽略，容易对工作人员健康造成威胁。

3. 涉及实验动物的操作
（1）人畜共患病：常见的人畜共患病病原体有狂犬病病毒、猴痘病毒、麻疹病毒、沙门氏菌、结核分枝杆菌、布鲁氏杆菌等，实验动物本身可能携带有这些病原体。

（2）动物性气溶胶：动物实验期间动物呼吸、排泄、抓咬、挣扎和逃逸，工作人员更换垫料和饲料、处理排泄物、尸体解剖和取材等过程中，均可产生大量具有强感染性的动物性气溶胶。

（3）实验室感染：动物实验期间，工作人员常常需要接触感染动物和处理感染性材料，可能存在被实验动物意外抓伤、咬伤的风险。

（三）人为因素

1. 防护措施不到位　有些实验室工作人员操作时不戴工作帽、手套、口罩，操作结束后不及时洗手和消毒。

2. 废弃物处理不当　实验结束后的标本、培养基、鉴定条、药敏条、细菌悬液、病毒液、使用过的滴管、玻片、培养皿等废弃物是主要传染源，若处理不当，容易造成病原体泄漏。

二、生物安全实验室中的操作规范

生物安全实验室应当根据不同的实验活动制订适用的良好操作规范,以降低生物安全事故发生的风险,以下的规范可供实验室参考。

(一)生物安全实验室运行基本规范

1. 实验室生物安全管理
(1)建立生物安全管理体系,包括生物安全管理手册、程序文件、操作规程、准入制度等,并制订发生意外事故时的应急预案。
(2)开展生物安全实验室法律法规和安全知识的培训,组织工作人员定期考核。
(3)在开展实验活动之前,应对涉及的病原体及相关实验活动进行风险评估,在此基础上建立相关操作规程并确定生物安全防护措施。
(4)为工作人员建立健康监护档案,根据岗位要求进行必要的免疫接种。

2. 实验室标识系统
(1)实验室入口处应有标识,明确说明生物安全防护级别,标注实验室负责人姓名、紧急联络方式和国际通用的生物危险符号。
(2)设置在无照明情况下也可以清楚识别的出口和紧急撤离路线标识。
(3)所有操作开关应有明确的功能指示标识。必要时,还应采取防止错误操作或恶意操作的措施。

3. 工作人员
(1)应具有相应专业的教育背景,熟悉国家相关政策和法律法规。
(2)应充分认识和理解所从事工作的风险并自觉遵守实验室的管理规定。
(3)熟练掌握实验室仪器和设备的操作规程,并正确地使用和记录。
(4)熟悉实验室各种突发事件的应急预案和处置程序,具备应急处理的能力。

(二)感染性材料的基本操作规范

1. 菌毒种的购买
(1)购买菌毒种时,工作人员应填写申购表,经负责人审批通过后,方可依照国家相关法律法规和采购规定,从国家认证的菌毒种保藏中心引进。
(2)引进的病原微生物样本严禁私自转让给他人。

2. 储存及保藏
(1)菌毒种样本必须有详细的入库记录,对其储存、领用和销毁等操作均需有详细的记录。
(2)实验室应采取安全保护措施,严防菌毒种的丢失或泄漏。

3. 操作规范
(1)保持实验室整洁有序,严禁摆放与实验无关的物品。
(2)感染性材料的包装和运输应遵循国家和国际的相关规定。
(3)不同类别的病原体应在相应级别的生物安全实验室进行操作。
(4)必须用机械装置移液,在实验过程中严禁用口帮助做实验。
(5)所有实验操作均应选择能减少气溶胶和微小液滴形成的方式来进行。
(6)感染性材料应在生物安全柜内打开或操作。
(7)非必要不使用注射针头和注射器。
(8)严格执行处理溢出物的标准操作程序。
(9)工作结束后应及时清除工作台面的污染。
(10)受污染的液体应采用化学或物理方法清除污染后,才可以排放到生活污水管道。

（11）实验室内的文件和资料均应确保没有受到污染才可以带出实验室。

（三）涉及实验动物的操作规范

1. 选择和购买

（1）实验动物分为四级：一级，普通动物；二级，清洁动物；三级，无特定病原体动物；四级，无菌动物。实验动物携带的微生物指标及健康状态必须满足实验项目的要求，以保证实验结果的可靠性和可重复性，同时减少人畜共患病的生物安全风险。对不同等级的实验动物，应当按照相应的微生物控制标准进行管理。

（2）实验动物必须从获得国家认证、具备有效实验动物生产许可证等资质的部门购买。根据2017修订的《实验动物管理条例》规定，使用的实验动物应当具备下列完整的资料：①品种、品系及亚系的确切名称；②遗传背景或其来源；③微生物检测状况；④合格证书；⑤饲育单位负责人签名。无上述资料的实验动物不得应用。

（3）动物的选择首先要遵循3R原则，即减少（reduction）、优化（refinement）和替代（replacement）。"减少"就是尽可能地减少实验中所用动物的数量，提高实验动物的利用率和实验的精确度；"优化"就是通过改进动物实验方法和实用技术手段的方式减少动物的痛苦、不安和死亡；"替代"就是不再利用活体动物进行实验，而是以单细胞生物、微生物或细胞、组织、器官甚至电脑模拟来替代。其次，在可能的条件下，应尽量选择结构、功能、代谢方面与人类相近的动物做实验。在选择实验动物之前，应充分了解其生物学特性，通过实验动物与人类之间特性方面的比较，做出恰当的选择。

2. 饲养和维护

（1）保持饲养环境安静、干净和卫生。
（2）饲养时使用的饲料、垫料、器具及饮水等要符合国家标准要求。

3. 意外事故处理

若不慎被实验动物抓、咬伤，或被锐器划伤、刺伤，受伤，处理步骤如下。

（1）如果不涉及病原体污染，应立即用清水冲洗，然后用消毒液消毒，并及时去医院接受治疗，并遵医嘱接种狂犬疫苗。

（2）如果存在病原体感染的风险，应向受伤部位和全身喷洒消毒液。脱去手套，放入污物袋。用消毒液冲洗并擦拭伤口。按流程退出实验室后填写事故登记卡表及详细记录，并立即向生物安全负责人报告。及时进行医学安全评价，并由专人陪送至隔离病房医学观察，接受相应的医疗处置。

（四）废弃物处理的操作规范

1. 废弃物的分类

目前我国尚无针对高校生物安全实验室废弃物分类和处理的法规，但可以现有的相关法律法规和标准为指导，根据废弃物的特点将其分为：

（1）可重复使用的非污染性物品。
（2）污染性锐器，如注射针头、手术刀、刀及碎玻璃，这些废弃物应收集在带盖的不易刺破的容器内，并按感染性物质处理。
（3）通过高压灭菌和清洗来清除污染后重复或再使用的污染材料。
（4）高压灭菌后丢弃的污染材料。
（5）直接焚烧的污染材料。

2. 处置原则

生物安全实验室废弃物处理的原则是所有感染性材料必须在实验室内清除污染、高压灭菌或焚烧。

（1）完成实验后将废弃物进行分类处理。
（2）将感染性废弃物进行有效消毒或灭菌处理，或焚烧处理。
（3）将未清除污染的废弃物进行包裹后存放到指定位置，以便进行后续处理。

（4）在感染性废弃物处理过程中避免人员受到伤害或环境被破坏。

生物安全实验室废弃物清除污染的首选方法是高压蒸汽灭菌，废弃物应装在特定容器中，也可采用其他替代方法。

3. 处理程序　这里主要针对生物安全实验室特有的废弃物进行介绍：

（1）生物活性实验材料，包括细胞和微生物（细菌、真菌、病毒和寄生虫等）必须及时灭活。

（2）固体培养基等要采用高压蒸汽灭菌法处理。

（3）液体废弃物如细菌等用15%次氯酸钠消毒30min，为最大限度地减轻其对周围环境的影响，需要稀释后方可排放。

（4）动物尸体或被解剖的动物器官须按要求消毒，并用专用塑料袋密封后冷冻储存，统一送往有资质机构集中焚烧处理。

（5）实验器械与耗材，包括吸管、离心管、烧杯等应收集后定期灭菌，回收处理。

（6）注射的针头等利器应用锐器盒收集，当达到容量的四分之三时，将其放入"感染性废弃物"的容器中进行焚烧，可先进行高压蒸汽灭菌处理。

（7）高压灭菌后重复使用的污染材料必须在高压灭菌或消毒后进行清洗、重复使用。

（8）应在每个工作台放置盛放废弃物的容器或广口瓶，盛放废弃物的容器在重新使用前应高压蒸汽灭菌并清洗。

第四节　病原微生物实验活动危害评估

实验室活动的危害评估是指在实验活动中可能涉及的传染或潜在传染因子等其他因素上，结合产生危害操作而进行的综合评价。实验室活动的生物风险评估是实验室生物安全工作的核心内容，是确保实验室生物安全的重要前提。

据调查发现，大多数实验室相关感染是由人为因素引起的，比如个人防护不当或不充分、实验室相关人员缺乏相关培训或者实验室风险评估不充分或被忽视等。国家标准《实验室生物安全通用要求》（GB 19489—2008）中就强调"当实验室活动涉及致病性生物因子时，实验室应进行生物风险评估"。因此，做好生物实验活动的危害评估是有效预防实验室感染事故不可或缺的一项工作，对于促进生物安全实验室的建设和实验室生物安全的管理起到重要作用。

一、病原微生物实验活动危害评估的意义

（一）有利于确定生物安全防护水平并制订相应的防范措施

近年来，高致病性的病原微生物引起的实验室感染时有发生，严重危害人们的生命财产安全，人们充分认识到对实验人员的实验活动进行规范和评估的重要性。工作人员在实验室的工作过程中可能造成实验室环境的污染，如加样、离心、混匀、接种、制片、移液等，可产生气溶胶污染，标本喷溅等可直接污染工作人员的皮肤黏膜及实验台面和地面等；由于室内环境空间的限制，设备、人员拥挤以及通风换气不充分等都可能使实验室内病原体的浓度增加，使人群在室内被污染的机会明显大于室外；啮齿动物、昆虫等也都可携带传播微生物病原体，给实验室工作人员健康带来威胁。开展实验室病原微生物实验活动危害评估，制订相应标准操作程序与管理规程，确定个人防护程度、应急预案等安全防范措施，能减少或避免实验室生物安全事件的发生。

（二）有助于实验设备的安全运作和保障工作人员的健康

传统临床实验室生物安全体系建设着重要求对实验室工作人员的行为进行规范，防火、安全用电、防化学危险物品、防获得性感染等，以保证实验室的安全运作，将事故控制在最低限度。同时要求实验室必须有安全防护的管理、措施、设备、人员，遵守操作规程，既要保证工作人员不受侵害，也要保证实验对象和环境不受污染。由于临床实验室的标本来自不同的患者，其传

性和致病性也是未知的，临床实验室安全水平的正确划分和恰当应用也比较困难。

（三）有助于制订病原微生物实验室的标准操作规程

病原微生物实验室的标准操作规程包括：病原微生物操作规程、仪器设备使用操作程序和人员培训计划等。在任何涉及处理或储存危险度第一、第二类病原微生物的生物实验室，必须制订一份关于处理实验室和动物设施意外事故的书面方案。这些操作规程的制订必须依据病原微生物风险评估结果，能够针对性地降低病原微生物实验操作安全风险。

二、实验室实验活动危害评估的流程及注意事项

实验室生物安全风险评估必不可少的环节是对拟从事病原微生物实验活动进行危险评估。实验室应建立并维持风险评估和风险控制程序，以持续进行危险识别、风险评估和实施必要的控制措施。世界卫生组织（WHO）出版的《实验室生物安全手册》（第四版）强调了危害评估必须始终以标准化和系统的方式进行，以确保危害评估在同一背景下具有可重复性和可比性。

实验室实验活动的危害评估的工作流程主要包括以下步骤：
（1）收集信息；
（2）评估风险；
（3）制订风险控制策略；
（4）选择并实施风险控制措施；
（5）审查风险和风险管理措施。

除此之外，在进行实验室活动的危害评估的过程中，需要注意的事项主要包括：生物因子已知或未知的特性，如生物因子的种类、来源、传染性、传播途径、易感性、潜伏期、剂量-效应（反应）关系、致病性（包括急性与远期效应）、变异性、在环境中的稳定性、与其他生物和环境的交互作用、相关实验数据、流行病学资料、预防和治疗方案等；实验室本身或相关实验室已发生的事故分析；实验室常规活动和非常规活动过程中的风险（不限于生物因素），包括所有进入工作场所的人员的活动；设施、设备等相关的风险；适用时，实验动物相关的风险；人员相关的风险，如身体状况、能力、可能影响工作的压力等；意外事件、事故带来的风险；被误用和恶意使用的风险；风险的范围、性质和时限性；危险发生的概率评估；可能产生的危害及后果分析；确定可接受的风险；消除、减少或控制风险的管理措施和技术措施，及采取措施后残余风险或新带来风险的评估；适用时，运行经验和所采取的风险控制措施的适应程度评估；应急措施及预期效果评估；为确定设施设备要求、识别培训需求、开展运行控制提供的输入信息；降低风险和控制危害所需资料、资源（包括外部资源）的评估。

三、病原微生物实验室活动的评估

感染性微生物的危险度等级，为实验室生物风险评估，以及为确立对待病原体的生物安全防护水平奠定了基础。在实验室工作中，通常通过病原微生物风险评估确定其危险度等级，对不同级别的病原微生物采取相应级别的生物安全防护水平。一般地，危害度等级高的微生物需要的生物安全防护水平较高，但是应注意，同一种病原微生物在不同实验活动时，由于操作者接触微生物的数量、浓度以及可能的感染途径与方式的不同，其潜在的危险性也不同。

在我国颁布的《人间传染的病原微生物目录》中，特别说明在保证安全的前提下，对临床和现场的未知样本的检测，可在生物安全二级或以上防护级别的实验室进行。涉及病原菌分离培养的操作，应加强个体防护和环境保护。但此项工作仅限于对样本中病原菌的初步分离鉴定。一旦病原菌初步明确，应按病原微生物的危害类别，将其转移至相应生物安全级别的实验室开展工作。另外规定《人间传染的病原微生物目录》未列之病原微生物和实验活动，由单位生物安全委员会负责风险程度评估，确定相应的生物安全防护级别。如涉及高致病性病原微生物及其相关实验的，

应经国家病原微生物实验室生物安全专家委员会论证。

四、可能产生危害的病原微生物实验室活动的对象

实验样本包括未经培养的感染性材料、灭活材料和无感染性材料等。感染性材料是指通过临床诊断或流行病学调查等方法确定其感染性，且在没有相应生物安全防护等级条件下对其进行实验操作可引发实验人员感染的实验样品；灭活性材料是指病原微生物菌（毒）种在采用可靠的方法灭活后的材料；无感染性材料是指不含生物危险因子或生物危险因子的致病性已丧失、一般情况下不会引起疾病感染的材料。对于野外考察采集的标本，尤其是动物来源的标本，需要根据采集地传染病流行情况，遵循标准防护方法采取合适个人防护措施，如戴手套、着防护服、做好眼睛保护，一般需要在最基础的防护条件下处理标本，最低也需要有二级生物安全水平和防护条件。

五、可能产生危害的病原微生物实验室活动

（一）涉及已知危害生物因子的实验活动

1. 细菌、其他原核细菌型微生物和真菌的实验活动

（1）大量活菌操作：是指实验操作过程中涉及大量病原菌的制备或易产生气溶胶的操作，比如病原菌的离心、冻干等。

（2）动物感染实验：特指活菌感染的动物实验。

（3）样本检测：是指包括样品的病原菌分离纯化、药物敏感性实验、生化鉴定、免疫学实验、PCR核酸提取、涂片、显微镜观察等初步检测活动。

（4）非感染性材料的实验：包括不含致病性活菌材料的分子生物学、免疫学等实验。

2. 病毒的实验活动

（1）病毒培养：包括病毒的分离、培养、滴定、中和试验、活病毒及其蛋白纯化、病毒冻干以及产生活病毒的重组试验等操作。

（2）动物感染实验：是指活病毒感染动物的实验。

（3）未经培养的感染性材料的操作：是指未经培养的感染性材料在采用可靠的方法灭活前进行的病毒抗原检测、血清学检测、核酸检测、生化分析等操作。

（4）灭活材料的操作：是指感染性材料或活病毒在采用可靠方法灭活后进行的病毒抗原检测、血清学检测、核酸检测、生化分析、分子生物学实验等不含致病性活病毒的操作。

（5）无感染性材料的操作：是指针对确认无感染性的材料的各种操作，包括但不限于无感染性的病毒DNA或cDNA等，如转基因植物和动物的培育、在表达载体或可能表达的宿主环境中进行微生物毒素和其他毒性基因的克隆以及整个感染性病毒基因片段的生产，这些操作可能会给实验者的健康带来潜在的危害，需要重新评估其危险性。

（二）涉及未知危害生物因子的实验活动

医院或者在流行病学调查中收集到的血液、尿液、粪便、痰等各种"未知疾病样本"是实验人员在实验操作过程中的隐患。在待检样品信息未知时，实验人员可利用收集到的被调查人员的医学资料、流行病学资料（发病率和死亡率资料、可疑传播途径和其他有关暴发的调查资料）以及有关标本来源地的信息，帮助确定处理这些样本的危害程度，同时应当谨慎地采用一些较为保守的标本处理方法。

对于病人的标本，应当遵循标准防护方法，并采用相应的防护措施；标本的运送应当遵循国家和（或）国际的规章和规定。在暴发病因不明的疾病时，应根据国家主管部门和（或）世界卫生组织（WHO）制订的指南进行标本的运输，并按照规定的生物安全等级进行实验操作。

（三）可能产生实验室危害的其他影响因素

1. 气溶胶 在进行实验操作时，比如样品离心、解剖、微生物培养、用吸管吹打混匀微生物悬滴、移液管中的菌悬液落到固体表面、移液器移液等操作，很容易产生气溶胶而增加了实验人员暴露的风险（图5-12）。

另外，气溶胶的危害性还与气溶胶的粒径大小有关。气溶胶粒径＜5μm的生物颗粒容易被实验人员吸入呼吸道，滞留于肺部深处，并在机体内繁殖并扩散，对人体的危害最大；粒径在5~10μm的生物颗粒可随空气进入实验人员的气管、支气管以上的呼吸道，可对机体造成一定的危害；粒径在11~50μm的生物因子可以在空气中扩散，但不易进入人体的呼吸道；而粒径＞50μm的气溶胶则很快沉降至物体表面，如果落在伤口或皮肤黏膜上则可能会增加感染的机会。

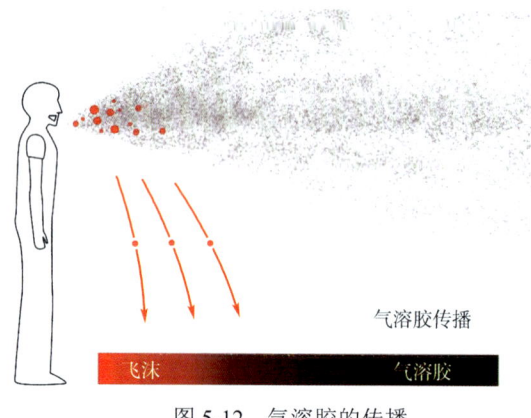

图5-12 气溶胶的传播

2. 实验室工作人员的整体素质 如果实验室工作人员缺乏经验、不理解或不遵守实验室良好的微生物学实践和程序（GMPP）和标准操作流程（SOP），可能会导致在实验过程中出现错误，使感染性生物因子释放到实验室甚至是实验室外部环境，危害实验室工作人员和普通民众的健康。因此，为降低实验室生物安全操作的风险，保障实验室环境的安全，实验室相关人员在进入实验室之前必须接受相关培训，并要求严格遵守实验室的相关规章制度。

3. 锐器刺伤等实验室事故 实验室工作人员在进行实验操作时可能会使用注射针头、玻璃制品，如果因操作不当或者玻璃制品意外破碎导致工作人员被刺伤或扎伤，可能会增加感染性生物因子意外进入机体的概率而引起感染事故。因此，实验室相关人员在使用注射针头、玻璃制品等实验材料时应仔细操作，将废弃的针头收集之后再进行处理，另外，尽可能使用塑料制品代替玻璃制品。

六、针对实验室活动的危害评估应采取的措施

一旦确定了风险控制措施的方案，还应对成本、管理、日常维护以及安全和安全标准进行适当的审查。标准操作程序（SOP）、意外事故应急预案及感染监测方案等，必须形成书面文件并严格遵守执行。另一方面，生物风险评估不仅有助于确立实验室标准化操作程序，还有助于实验室的合理设计与布局，有助于实验设备和安全设备的正确配置与有效使用。

除此之外，病原微生物实验室工作人员应该填写《生物安全知情同意书》，该"同意书"也是《生物风险评估报告》告知形式的一种，主要是指从事存在着潜在生物风险工作的医学微生物学实验室人员，在上岗前必须接受相关的生物安全知识的培训，实验室负责人必须对其所从事工作潜在的生物风险履行告知义务，而且都必须接受关于实验室中每项风险控制措施所需的正确操作程序的培训；还应考虑确保所选择的风险控制措施可能带来新的风险，如多层个人防护装备可能会增加由于灵活性降低而发生错误的可能性，或者如果难以去除，则会增加污染的可能性，从而增加暴露的总体风险；还应考虑所选风险控制措施的非生物风险因素，如家具或设备的专门设计特征还应该考虑人体工程学问题；实验室管理和操作人员，还要在工作过程中对于标准操作程序以及实验室设备、设施的配备是否恰当和使用的有效性进行评价与改进。

七、病原微生物实验室活动的再评估

鉴于病原微生物信息不断更新和生物安全实验室活动的变更等因素，病原微生物实验室风险评估也是动态发展的。在下列情况下应进行再评估：生物安全实验室正式启用之前，应根据实际

工作进行再评估；当收集到的资料表明所从事病原微生物的致病性、传播能力或途径发生变化时，应对其背景资料及时变更，并对相关实验操作的安全性进行再评估；在实验室改变位置或者改造时需要对实验室的安全性进行再评估；在实验活动中增加新的研究项目，应对该项目的实验活动再评估；在实验活动中分离到原评估报告中未涉及的病原微生物，应对病原体危险度再评估；实验室操作人员在实验过程中，发现存在原评估报告中未发现的安全问题，或在安全检查与督察过程中发现存在生物安全隐患，应再评估；实验活动中发生感染动物逃逸、病原微生物泄漏或人员感染等意外事故时，应立即再评估。

第五节 实验室生物安全事故应急处理

在生物安全实验室日常实验过程中，操作者会因个人疏忽或差错，对操作者本人、共同操作的工作人员和环境造成威胁，有时会引发严重后果。因此，正确、果断地处理这些意外事故对于保证实验室安全至关重要。

一、常见的实验室生物安全事故

实验室突发生物安全事件主要发生在病原微生物相关实验室，该类实验室一般保存有生物样本或微生物菌（毒）种。较易引起实验室生物安全事件。

导致实验室生物安全事件的主要危险因素包括：

（一）微生物因素

1. 气溶胶的吸入　气溶胶的吸入是最危险和最容易发生的实验室事故。离心、移液、超声波粉碎、研磨、搅拌或震荡混合、烧灼、容器开启和器具排液等操作均可能产生气溶胶（见图5-13）。

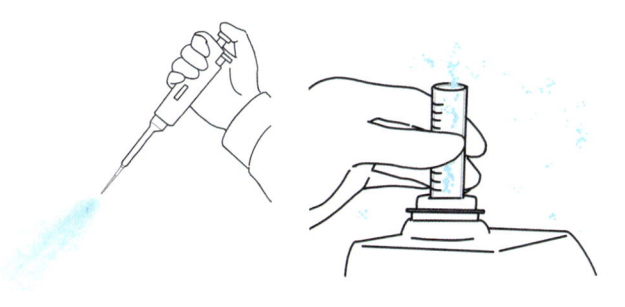

图5-13　移液、震荡操作产生气溶胶

2. 感染性标本或样本的暴露　感染性标本或样本是指已知或可能含有病原微生物的标本或样本，包括液体、固体等物质，如血液、血清、血浆、其他体液、病理组织、微生物培养物、废弃物等。可通过破损皮肤、消化道、黏膜暴露等方式经直接或间接接触途径造成感染。

3. 意外损伤　各种锐器造成刺伤、割伤以及感染动物的咬伤等。

4. 其他不明原因的实验室相关感染。

（二）理化因素

理化因素包括紫外线的长时间暴露和紫外线照射后有毒气体的产生等；同位素或其他电离辐射的意外暴露；有毒化学品和消毒剂的暴露。

二、实验室生物安全事故的个人技术处理

实验室生物安全事件/事故发生后，应急处置工作小组在应急处置领导小组授权下，立即启动本单位的应急预案，各职能部门履行各自职责。

（一）实验活动中出现的意外情况

1. 生物安全柜内溢出　在使用生物安全柜进行实验时可能发生感染性材料、菌毒种或培养物等的意外泼洒和溢出，处理不当可导致实验操作人员吸入感染性的微生物气溶胶而导致感染。

当发生感染性材料等的泼洒或溢出时，切勿将头伸入安全柜内处理污染物，也勿将脸直接面对前操作口，而应处于前视面板的后方；应选择合适的消毒剂对生物安全柜进行消毒，避免腐蚀生物安全柜，在消毒后再用清水擦拭；当溢洒的量不足 1mL 时，可直接用消毒剂浸湿的纸巾或其他材料擦拭；如果溢洒物进入生物安全柜内部，则需经评估后对生物安全柜熏蒸消毒。

如果溢洒量大或出现容器破碎时，须保持生物安全柜呈开启状态，并在溢洒物上覆盖浸有消毒剂的吸收材料；在消毒剂作用时间足够长时间后脱下手套；如果防护服已被污染，需要在脱掉防护服后洗手；换上新的防护装备，如手套、防护服、护目镜等；将吸收了溢洒物的吸收材料和溢洒物收集到专用容器中，并用新的吸收材料将剩余物质吸净；清除破碎的玻璃或其他锐器；用消毒剂擦拭或喷洒安全柜内壁、工作台表面以及前视窗的内侧，消毒剂作用一定时间后，用清水擦去消毒剂；必要时采用熏蒸法整体消毒。

2. 气溶胶释放　通用的处理方法是采用负压过滤隔离技术，通过实验室通风系统在室内产生梯度负压围场，使室内、生物安全柜、污水罐排气口等设备内的气体在排出前，经高效空气过滤器滤过净化处理，有效防止实验室空气中感染性物质向室外排放。此外，熏蒸、喷雾等化学消毒法也可作为室内空气消毒的补充手段应用。

当工作人员在实验操作时出现生物安全柜外的气溶胶意外暴露时（如操作中生物安全柜突然停机等），所有工作人员必须立即撤离相关区域，小心脱去个人防护用品，并确保个人防护用品暴露面朝里，用皂液和水仔细洗手，所有暴露人员都应接受医学观察，必要时及时就医。

同时应当立即通知实验室负责人和生物安全管理人员，在实验室入口处贴上"禁止进入"标志，排风至少 1 小时，排风期间严禁人员入内，如实验室无中央通风系统，则应推迟人员进入实验室的时间。在实验室确认清洁后才准许人员再次进入。

3. 离心机引起的泄漏　进行离心时，操作不当、机械故障以及试管破碎等都可导致气溶胶的产生。在生物学实验室中的离心机必须实行安全操作，防止由离心机引起的泄漏，应注意以下几点：①使用前检查离心管是否破损；②使用配套并且平衡等重的离心管；③离心前要将离心管盖紧、密封，尽可能使用专门的安全离心杯；④确保转头在离心轴上锁好；⑤盖好离心机盖后再离心；⑥离心机完全停下来后再开盖；⑦每次离心后以及有破碎均要进行消毒。

当出现由离心机引起的实验室泄漏事件时，其处置与上述实验室出现的气溶胶意外暴露时的处理类似，应立即关闭实验室，用消毒液喷雾和紫外线照射污染的区域，24 小时后再进行终末消毒。

另外，被污染的离心机在进行消毒处理前停止使用，选择合适的消毒剂或紫外线照射的方法，对离心机污染部位进行消毒处理，再先后使用蒸馏水和干清洁布擦拭。

4. 感染性物质溅洒污染皮肤及黏膜　对于感染性液体外溢到皮肤的情况，实验操作人员应立即停止工作，脱掉手套，用 75% 的乙醇进行皮肤消毒，再用大量水冲洗。

对于感染性液体飞溅入眼睛的情况，实验操作人员应立即停止工作，脱掉手套，并迅速用洗眼器冲洗，再用生理盐水冲洗，注意动作要轻柔，勿损伤眼睛。

同时，须对感染性液体暴露的工作人员做适当的预防性治疗和医学观察。

5. 实验人员晕倒或身体严重不适　实验室人员身体出现不适时，应立即停止工作，按照流程退出实验室，在离开实验室前，应采取适当的消毒措施。

在有实验工作人员晕倒时，室内的其他人员应立即与实验室外的人员及上级负责人联系，及时将晕倒人员退出实验区域。在退出实验室前，采取适当的消毒方式对人员进行消毒后脱去个体防护装备。另外派人员迅速（按要求穿戴个人防护装备）进入实验室，妥善处理菌（毒）种与感染性实验材料。

身体不适人员应进行必要的治疗并休息，在身体情况恢复后方可重新进入实验室工作。

6. 实验人员出现疑似症状　实验室工作人员出现与被操作病原微生物引发疾病类似的症状时，可视为可能发生实验室感染事故。

实验室主任应立即向单位主要负责人报告，同时派专人专车陪同及时到指定医院就诊。在就诊过程中，应采取必要的隔离防护措施，以避免疾病传播。一旦确诊患者为疑似传染病患者，应按《病原微生物实验室生物安全管理条例》第四十七条执行。

7. 感染性或潜在感染性物质的溢出　实验或运送感染性物质过程中，可能因为试管或试剂储存设备破裂而导致感染性或潜在感染性物质溢出的情况，造成实验室工作人员感染和环境污染。

可采用下列步骤进行处理：①穿防护服，戴手套，必要时戴面罩和眼罩；②用布或纸巾覆盖并吸收溢出物；③向纸巾上倾倒适当的消毒剂，并立即覆盖周围区域；④从溢出区域的外围开始，向中心方向进行消毒处理；⑤消毒剂作用足够时间后，收集所处理物质。若含有碎玻璃或其他锐器，则应使用镊子清理，并将污染材料置于密闭、耐扎、耐撕的废弃物处理容器中；⑥再次清洁溢出区域并消毒（根据需要重复2至5步）；⑦对污染的物品进行清理，然后再高压蒸汽灭菌；⑧及时将事件处理情况报告主管部门。

（二）自然灾害等紧急情况

1. 地震的应急处置　在地震带不应建设BSL-3或以上级别实验室。

当国家相关部门发布地震预告后，立即对实验室进行全面消毒，在发布的地震预告时间内实验室严禁开展任何实验活动。

当发生地震，根据实验室被破坏的程度进行风险评估，采取相应的风险控制措施。专业救援人员在进入实验室区域前应接受生物安全培训，并由有经验的实验室人员陪同进入实验区域，根据风险评估结果佩戴个体防护装备。

若在操作感染性材料时，发生强烈地震，工作人员应迅速地将消毒液覆盖感染性物质。如轻微震感，则应将含病原微生物的器皿盖好，放入结实的容器内。

实验室轻微损坏，由实验室人员穿戴与实验室防护等级相匹配的个体防护装备，进入实验室检查，如果没有发现病原微生物泄漏，经确认后可由其他专业人员对水电等其他设施进行检查和处理。如发现病原微生物泄漏，应由实验室人员先对泄漏地点进行消毒处理或终末消毒后，再由其他人员对水电等其他设施进行检查和处理。

当实验室损害较大时，经风险评估，病原微生物泄漏可能较大时，应根据风险评估的结果，人员在加强防护的情况下，进入实验室检查病原微生物泄漏情况，并报告本单位生物安全委员会进行评估，确定处置措施后实施。

当实验室已毁坏，应根据风险评估的结果和制订的措施实施，人员在加强防护的情况下对指定区域进行封锁并消毒处理。对封锁地区内的人员进行医学观察或隔离。在清除废墟后，应再次进行风险评估，并根据风险评估的结果和制订的处置措施对实验室内泄漏的病原微生物进行处理。在处理过程中包装完好的病原微生物根据评估结论送到其他实验室保存或进行销毁。

2. 水灾　当实验室所在地区发生水灾后，在实验室内还未进水前，应根据风险评估的结果，及时将含病原微生物的物品进行妥善处理（保存或销毁），对需要保存的病原微生物应按照相关要求进行处理后转移到指定地点。临时保存时应有相应的管理机制，保证病原微生物样品的生物活性及安全性。停止工作的实验室应进行消毒处理，断水断电。

如由于管道破裂造成的漏水，应及时报告相应部门关闭供水管道阀门，确定漏水部位是否造成病原微生物泄漏。如果没有造成病原微生物泄漏，将地面的积水吸入容器内，加消毒剂处理后排出实验室；如果造成病原微生物泄漏，应及时报告，将地面的积水吸入容器内，根据风险评估的结果及制订的措施进行处理。

3. 火灾 当实验室内人员报告发生火灾时，应立即报告相关专业人员，由相关专业人员确定火灾程度。实验室工作人员应当告知消防人员实验室建筑内和附近所潜在的生物危害。由实验室有经验的工作人员和相关专家根据实验室损害程度对实验室内保存菌（毒）种样品的泄漏情况和实验室的生物危险性进行评估并根据评估结果采取相应的急救措施。培养物和感染物应收集在防漏的盒子内或结实的废物袋内。之后由实验室工作人员和相关专家依据现场情况决定后续处理方式。

4. 停电 当停电时，正在生物安全柜内操作病原微生物时，应立即停止实验，将所有器具盖好，消毒后放置在适合的容器中，待来电后继续实验或销毁。人员应进行适当的消毒后，退出实验室，退出实验室前应对生物安全柜进行消毒处理，并关闭生物安全柜的电源，来电后开启生物安全柜。

当停电时在生物安全柜外进行实验活动时，可根据实验流程选择继续实验或停止实验，并将正在使用中的仪器设备关闭。

三、实验室生物安全事故的管理

生物安全事件/事故发生后，实验室所在单位应立即启动本单位的应急预案，马上开展以下工作：

（一）警戒隔离

立即关闭发生事件/事故的实验室。

1. 事件/事故发生后，根据实际情况，组织生物安全管理人员及相关专业人员进入现场进行风险评估，制订消除生物安全风险方案。

2. 保卫部门迅速组织外围警戒人员，对事件/事故现场进行警戒、封闭和隔离，严格控制人员进出。具体现场地点、范围和要求由实验室生物安全负责人和相关专家报请生物安全委员会和单位应急领导小组确定。生物安全专业人员对外围警戒人员进行防护指导。警戒种类包括"禁止出入""禁入""禁出""采取防护措施后出入"等。当保卫部门无法控制警戒区时，可请公安人员加强警戒隔离。

（二）现场消毒处置

根据事件/事故现场情况划定污染区域，设置控制区；根据事件/事故污染环境特点确定消毒、隔离防护方式；实行封闭式管理。

1. 密闭环境室内空间污染的处理 实验室内空间污染的处理方法应根据风险评估的结果进行。

污染区域较大，病原微生物浓度较高时，为去除实验室内空气污染，可采用过氧化氢或过氧乙酸等对实验室进行消毒，并进行消毒效果验证。

当污染区域较小或病原微生物浓度较低时，如负压实验室（排风经过高效过滤器）可采用通风的方法去除实验室内的污染空气并采用喷雾或气雾的方法对实验室进行消毒，消除污染。

2. 表面污染的处理方法 实验室仪器表面消毒时，应遵循仪器生产商的要求对仪器进行消毒处理。如果采用了可能对仪器造成影响的消毒方式，应在消毒完成后，由专业人员对仪器进行检查、调试和校准。

实验室台面、墙面、地面、门等表面根据病原微生物的特点选取适当的消毒剂对其表面进行消毒，消毒结束后进行清洁处理。

3. 污染废物的处理 所有利器必须装入利器盒内。所有污染物消毒去除污染后，按照医疗废物处置程序交医疗废物集中处置部门处置。按照医疗废物处置程序对医疗废物运送工具进行消毒处理。

4. 运输工具的消毒 运输工具、车辆被污染的表面消毒应采用有效氯含量0.5%～1.0%的消毒液喷洒、擦拭消毒，消毒作用30min；或用0.5%过氧乙酸溶液超低容量喷雾消毒，8～10mL/m³，密闭30min以上。

（三）人员的救护和医学观察

核实在相应潜伏期时间段内进出实验室及密切接触感染者的名单，对有症状人员及时救治。

1. 紧急救治　实验室生物安全事件/事故发生后，根据事件/事故性质、级别及可能造成的危害程度，立即组织开展紧急救治工作，必要时转送卫生主管部门指定的医院，确保受害人员得到及时有效的治疗。

2. 药物预防及紧急预防接种　根据需要，对密切接触者进行集中隔离并开展医学观察，对暴露人员和密切接触者进行药物预防或紧急预防接种。

3. 医学观察人员判定标准

（1）实验室生物安全事件/事故暴露人员：从事直接接触高致病性微生物菌（毒）株及样本工作有关人员，或接触泄漏的菌（毒）株及样本的相关人员。

（2）实验室生物安全事件/事故暴露人员的密切接触者：与实验室生物安全事件/事故暴露人员共同生活、居住、工作或直接接触过实验室生物安全事件/事故暴露人员的分泌物、排泄物和体液的人员。

（3）在没有防护措施的情况下，对可能被高致病性微生物污染的物品进行采样、样本处理、检测等实验室操作或者违反实验室生物安全操作规程的工作人员。

4. 医学观察工作的要求　在事件/事故发生时间段内、相应潜伏期时间段内进出实验室人员进行医学观察，开展流行病学调查。根据密切接触者数量、接触程度等可采取集中医学观察或自我医学观察的措施，必要时进行隔离和预防接种。

观察期限根据病原微生物致病最长潜伏期确定。医学观察期间，应当每日了解观察对象身体健康状况，做好个案登记。出现相应临床症状时及时救治，并应立即报告。

（四）应急处置结束

应急处置结束的指标：①感染人员得到有效治疗；②受污染区域得到有效消毒；③明确丢失的病原微生物样本得到控制；④在最长潜伏期内未出现新感染患者。应急处置工作能否结束需要经专家组评估确认。

（五）信息发布

重大及较大实验室生物安全事件/事故由属地卫生行政部门负责沟通及对外公布。向上级主管部门报告时需要提供实验室布局、设施、设备、实验人员等情况，如怀疑是生物恐怖事件，还应立即向公安局和国家安全部门汇报。

（六）信息报告要求

报告责任单位为事件发生单位。

1. 报告时限和程序　实验室或个人发生生物安全事件后应立即向本单位主要负责人报告，启动相应应急预案，采取有效措施，组织抢救，防止事故扩大，减少人员伤亡和财产损失。

实验室设立单位应按属地化原则在2h内尽快向所在地卫生行政部门和上级主管单位报告。对于事件本身比较敏感或发生在敏感地区、敏感时间，或对可能造成重大社会影响的实验室生物安全事件，实验室设立单位可直接上报省级卫生行政部门。

2. 报告内容

（1）初次报告：报告内容包括单位名称、实验室名称、事件/事故发生地点、发生事件/事故过程、涉及病原体名称、涉及的地域范围、感染和暴露人数、发病患者数、死亡人数、密切接触者人数、发病者主要临床症状与体征、可能原因、已采取的处置措施、初步判定的事件/事故级别、事件/事故的发展趋势、下一步应对措施、报告单位、报告人员及通信方式等。

（2）进程报告：报告事件/事故的处置进程，包括发展与变化、势态评估、控制措施等内容。同时，对初次报告的内容进行补充和修订。重大生物安全事件/事故或生物恐怖事件/事故要按日进行进程报告，特别重大的问题随时报告。

（3）结案报告：事件/事故处置结束后，应报告相关结案信息。在应急领导小组确认事件/事故终止后的2周内，对事件/事故的发生和处理情况进行总结，分析发生原因和重要影响因素，并提出对未来可能发生类似事件/事故防范措施的改进方案。

参考文献

人大常委会, 2020. 中华人民共和国生物安全法. 2020年10月17日第十三届全国人民代表大会常务委员会第二十二次会议通过.

师永霞, 黄吉城, 戴俊, 等. 2019. 病原微生物实验室风险评估. 中国国境卫生检疫杂志, 42(2)147-150.

叶冬青. 2021. 实验室生物安全. 北京：人民卫生出版社.

余新炳. 2015. 实验室生物安全. 北京：高等教育出版社.

郑春龙. 2013. 高校实验室生物安全技术与管理. 杭州：浙江大学出版社.

中华人民共和国国务院. 2018. 病原微生物实验室生物安全管理条例.

中华人民共和国国家技术监督检验检疫总局, 中国国家标准化管理委员会. 2008. 实验室生物安全通用要求 (GB19489-2008). 北京：中国标准出版社.

中华人民共和国建设部, 国家质量监督检验检疫总局, 2011. 生物安全实验室建筑技术规范 (GB 50346-2011). 北京：中国建筑工业出版社.

Kojima K, Booth CM, Summermatter K, et al. 2018. Survey of laboratory-acquired infections around the world in biosafety level 3 and 4 laboratories[J]. Scinece, 360(6386): 260-262.

World Health Organization. 2020. Laboratory biosafety manual[Z]. 4th ed.

思 考 题

1. 简述病原微生物的危险度分类及依据。
2. 简述生物安全实验室分级。
3. 如何根据我国的法律法规和标准开展实验室生物安全风险评估？
4. 简述生物安全柜的基本原理及使用注意事项。
5. 简述个体防护装备的使用注意事项及穿脱顺序。
6. 如何开展实验室生物安全事故现场的消毒灭菌工作？

（南方医科大学　赵　卫　张　宝　朱　利）

第六章　实验室辐射安全

本章要求
1. **掌握**　实验室中辐射安全的基本知识和防护原则；事故应急处理方法。
2. **熟悉**　相关法律法规。
3. **了解**　正确使用辐射防护设备和仪器。

辐射存在于包括人体在内的所有物质中，自然情况下存在的辐射被称为天然辐射，但通常我们无法感知到其存在。与天然辐射相对应的是人工辐射，即在工农业生产环节中产生的辐射。自1895年康德拉·伦琴发现了X射线以来，辐射已被广泛应用于工农医的各个领域中，从事辐射相关研究的科学家就曾因辐射相关研究成果而17次获得诺贝尔奖（截至2023年）。现阶段，辐射已成为人类生活中不可或缺的一部分，无论是高铁、地铁等的安检；化妆品、调味品的消毒；汽车轮胎的改性；实验室研究等，我们每个人每天都在享受辐射给我们带来的便利。辐射能在实验室中广泛运用，主要源于其独特的特性，如穿透性、高灵敏性和非接触性，目前它已在实验室中也扮演着举足轻重的角色，越来越多的实验室开始使用辐射。

辐射的确可以造福人类，但辐射也是一把双刃剑，不恰当的使用辐射或者使用辐射过程中违规操作，辐射将会给人类带来破坏甚至灾难，切尔诺贝利核电站事故和福岛核事故等，均是人为操作失误引起的灾难性事件，因此实验室中使用辐射时，需要严格掌握辐射安全规则，确保安全高效使用辐射。如何恰当地使用辐射，同时最大限度地降低其使用风险和危害呢？本章节将对此进行详细的分析和阐述。

第一节　核物理基础

辐射是发散和传输能量的物理现象，高剂量的辐射作用人体时，会危害人类的健康。人类历史上的辐射事故以及原子弹的袭击中，就因为大剂量射线作用于人类，使人类的疾病谱中增加了一个恐怖的新成员，即放射病。在对环境等的影响方面，辐射会破坏局部植被，改变微生物的分布，造成动物伤亡、物种灭绝等，甚至最终会影响到整个生态系统。总之，只有正确使用和管理辐射，才能让辐射很好地造福我们人类。

一、基本概念

（一）源、辐射源和放射源

1. 源　在狭义的放射医学范畴，是指可通过诸如发射电离辐射或释放放射性物质而引起辐射照射的一切。

2. 辐射源　辐射源是指能发射致电离辐射的装置或物质。

3. 放射源　放射源是指拟用作致电离辐射的任何量的放射性物质。辐射源包含放射源，放射源是辐射源中的一类，例如X线机是能发射电离辐射的装置，是辐射源的一种，但不是放射源；而 ^{60}Co、^{226}Ra、^{3}H 等，则是能发射电离辐射的物质，是放射源，也可称为辐射源。

虽然严格意义上的放射源是辐射源的一种，但在实际使用的过程，经常将辐射源和放射源混用，即将两者等同。

（二）辐射分类

辐射可以理解为物质向外发射的能量或粒子。根据不同的分类依据，辐射有不同的分类方法。只有了解辐射分类方法，才可以帮助我们更好地认识和了解辐射，更好地保护我们的健康和环境的安全。

1. 依据辐射的本质　按照辐射的本质，可将辐射分为电磁辐射和粒子辐射。

电磁辐射是一种能量形式，是由电场和磁场交替变化在空间中传播产生的。电磁辐射没有质量，仅有能量，其本质是电磁波。包括无线电波、微波、红外线、可见光、紫外线、X 射线和 γ 射线等。电视、手机等通信设备利用特定波长的电磁辐射来传递信号，X 线机利用 X 线的穿透性来成像。

粒子辐射是运动着的物质的基本粒子，或由基本粒子构成的原子核，如 α 粒子、β 粒子、质子、中子、负 π 介子以及重离子（如 ^{14}N、^{12}C）等，它们通过消耗自己的动能将能量传递给相互作用的物质，是电离辐射。和电磁辐射不一样，粒子辐射既有能量又有静止质量。

2. 依据辐射的电离能力　按照辐射的电离能力，即是否能引起物质分子电离，可将辐射分为电离辐射和非电离辐射两类。

电离辐射能引起物质分子电离，产生正、负离子对；而非电离辐射不能引起物质分子电离，仅能引起物质分子的振动、转动等。

具体来说，电离辐射是指能够使物质中的原子或离子失去电子，进而产生离子对的辐射。比如常见的 X 射线、紫外线、放射性元素放出的 α、β、γ 等辐射都属于电离辐射。当电离辐射与物质相互作用时，它可改变物质的性质，对生物体而言，通常是有害的。

根据电离辐射是否是直接引起物质分子电离，还是通过和物质作用后形成的次级粒子引起物质分子电离，又可将电离辐射分为直接电离辐射和间接电离辐射。直接电离辐射是指 α 粒子、β 粒子（电子）、质子、负 π 介子等带电粒子。它们在和物质相互作用时，能直接引起物质分子的电离（初级过程）。间接电离辐射是指辐射本身不带电，不能直接引起物质分子电离，但是其和物质相互作用后可释放带电粒子（次级粒子），这些次级粒子会进一步导致物质分子电离（次级过程），这种通过次级辐射引起物质分子电离的辐射被称为间接电离辐射。间接电离辐射通常包括 X 射线、γ 射线和中子等。

非电离辐射是指那些一般不引起物质分子或原子电离，仅能使物质分子或原子的振动、转动或电子能级状态的改变，例如微波、声波等。非电离辐射主要包括了无线电波、微波、红外线和紫外线 A 等，它们在生活、工业、科学和医学等领域也有着广泛的应用。

3. 依据辐射的来源　按照辐射来源，辐射可分为天然辐射和人工辐射。

天然辐射是指自然环境中本来就存在的辐射，包括地球辐射和宇宙辐射。地球辐射是存在地球上的辐射，如包括来自土壤、矿石的辐射；宇宙辐射是指来自宇宙空间透过大气层后作用于地球表面人类的辐射。

人工辐射则是人类生产实践的过程中生产出的辐射，包括医用及工业用辐射装置使用过程中产生的辐射、为工农医各行业生产的放射性物质产生的辐射等。

二、放射性和放射性衰变

19 世纪末，人类发现某些矿石能自发地发出一些看不见、摸不着，但又具有很强穿透能力的未知物质，这些未知物质能使包在黑纸里的胶片感光。后来人类通过大量实验证实：这种未知的物质就天然放射性核素发出的射线。放射性自此被人类发现并逐步被广泛运用。

（一）放射性

人类最初认识的核素，在不发生化学反应时，其性质是稳定的，不会发生核或者能量状态的改变，这样的核素被称为稳定性核素，如 ^{1}H、^{12}C 等。但后来，人类又发现一类核素，它们和稳定性核素不同，它们能自发地发生核的转变，这类核素被命名为放射性核素，其本质特点是具有放射性。

1. 放射性　某些核素，由于其原子核内质子数和中子数的比例不恰当或者过多时，它们能自发地发出射线，而转变成另外一种核素的原子核，这种现象称为放射性。具体来说，放射性是指某些核素自发地放出 α、β 等粒子或释放出 γ 射线，或发生轨道电子俘获之后放出 X 射线，或发生自发裂变的性质。

2. 放射性核素　具有放射性的核素，叫放射性核素，如 ^{32}P 和 ^{60}Co 等。反之，不具备放射性的核素叫稳定性核素。

放射性核素根据获取方式，是自然环境中本来就存在的还是人类工农业生产过程中生产出来的，可将放射性核素分为天然放射性核素和人工放射性核素。自然环境中本来就存在的放射性核素为天然放射性核素，而人类生产出的放射性核素为人工放射性核素。根据天然放射性核素的来源，天然放射性核素可分为宇生放射性核素和原生放射性核素。宇生放射性核素是指由宇宙射线与大气中的原子相互作用而产生的放射性核素。原生放射性核素是从地球形成的时候存在于地球外壳的放射性核素。

（二）核衰变

核衰变是指某些核素的原子核自发地放出 α、β 等粒子而转变成另一种核素的原子核，或是原子核从它的激发态跃迁到基态时，放出 γ 射线的现象（图 6-1）。

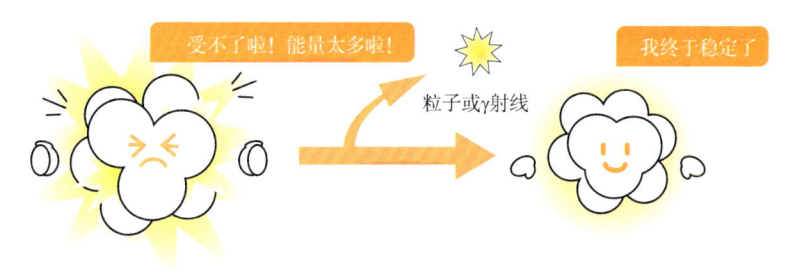

图 6-1　核衰变示意图（自发反应）
核反应母核存在高反应性，在没有外力作用情况下，自发地发出射线

不管是天然放射性核素还是人工放射性核素，其特点是可发生衰变而转变成另一种核素的原子核，通常情况下，人们把衰变前的核称为母核，衰变后的核称为子核。核衰变是一种原子核的转变过程，发生衰变的过程中，放射性核素的原子核（母核）的数量在下降，子核的数量在上升。卢瑟福等科学家对放射性核素的原子核的衰变情况进行了研究和分析，他们发现放射性核素的原子核的衰变遵循指数衰减规律，可采用如下公式计算：

$$N=N_0 e^{-\lambda t}$$

其中：N 为某一时刻剩余的放射性核素；N_0 为初始的放射性核素；e 为自然底数；λ 为衰变常数；t 为经历的时间。

（三）核反应

若原子核结构的改变是由于外来因素（如带电粒子的轰击，吸收中子或高能光子等）引起，而非自发发生，这种现象称为核反应（图 6-2）。根据核反应的方式不同，核反应可以分为核裂变和核聚变。

1. 核裂变　一些重元素的原子核，例如 ^{233}U、^{235}U、^{239}Pu 等，它们在中子的轰击下能分裂成 2～3 个质量较轻的新原子核，同时释放出 2～3 个中子、γ 光子和能量（图 6-3）。核分裂后形成的新原子核叫核裂变碎片，它们可以是原子序数从 30 到 64 的各种元素的同位素，且核裂变碎片一般都具有放射性。在核裂变过程还会释放出大量能量，利用该能量造成杀伤破坏作用的武器叫核武器，利用该能量发电的电厂叫核电厂。有些实验室中，还会利用核裂变释放的中子来生产工农医领域使用的放射性核素。总之，核裂变也已经被广泛运用到国民经济的各个领域。

图 6-2　核反应示意图（外力影响）

母核无外力作用时，一般不会发生核的改变，需要外界因素作用母核时，才会导致母核发生改变

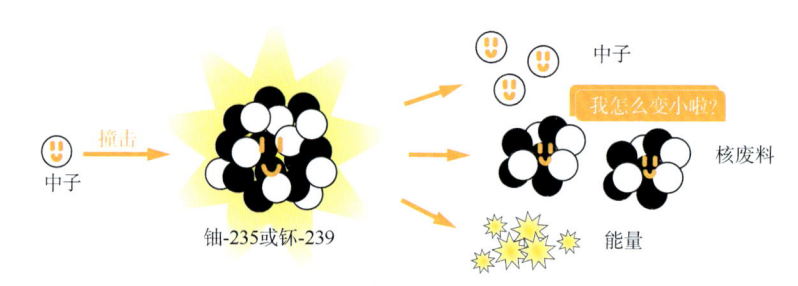

图 6-3　核裂变示意图

2. 核聚变　两个较轻原子核在一定条件下结合成较重原子核的反应称为轻核聚变反应。在这过程中也会放出中子和大量能量（图 6-4）。

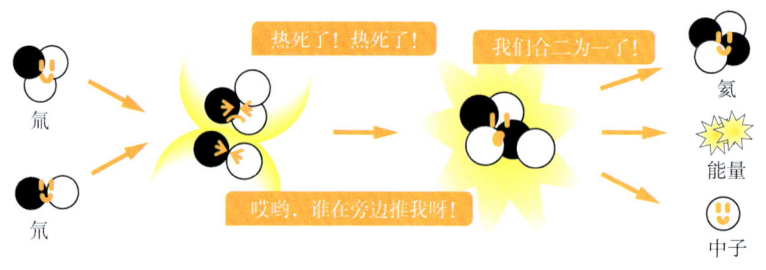

图 6-4　核聚变示意图

由于聚变反应要在极高温度下才能发生，所以这种反应又称为"热核反应"。例如：氘和氚在极高的温度下，聚合成氦核并放出中子和大量能量。值得一提的是：单位质量的热核材料发生核反应释放出的能量要比同等质量的核裂变材料发生核裂变反应释放出的能量大得多。

三、辐射的度量

（一）放射性活度（A）

放射性活度，简称活度，它的 SI 单位是 "s^{-1}"，SI 单位专名是贝可勒尔（Becquerel，简称贝克），符号为 Bq。1Bq=1 次衰变/秒。

暂时与 SI 并用的专用单位名称是居里，符号为 Ci，1Ci=$3.7×10^{10}$Bq。

单位质量或单位体积的放射性物质的放射性活度称为放射性比度，或比放射性（specific radioactivity）。

（二）吸收剂量（D）

吸收剂量是指电离辐射给予单位质量物质的平均能量。用公式表示为：

$$D = \frac{d\varepsilon}{dm}$$

其中：D 为吸收剂量；$d\varepsilon$ 为电离辐射向无限小的空间内释放能量的平均值；dm 为该空间内的物质对应的质量。

吸收剂量的 SI 单位是焦耳/千克（J/kg），SI 单位专名是戈瑞（gray），符号为 Gy。暂时与 SI 并用的专用单位名称是拉德，符号为 rad。1Gy=100rad。

（三）有效剂量（H_E）

相同的吸收剂量未必产生同样程度的生物效应，因为生物效应受到辐射类型、剂量与剂量率大小、照射条件、生物种类和个体生理差异、不同组织器官等因素的影响。为了比较不同类型辐射引起的有害效应，在辐射防护领域中引进了一些系数。这些系数可用于修正辐射损伤大小。当吸收剂量乘以这些修正系数，即可得到一个可用于比较不同类型辐射、不同照射方式等不同参数情况下生物效应的严重程度或发生概率大小的量。在这个修正过程中，分别出现过当量剂量、剂量当量等概念，目前辐射防护领域使用的是有效剂量的概念。

有效剂量是将各个组织器官的受照剂量分别等同到全身均匀受照后的剂量，并对等同的剂量进行求和，有效剂量可直接用于比较不同人员受照剂量的大小。

有效剂量的 SI 单位是焦耳/千克（J/kg），SI 单位专名是希沃特（Sievert），符号 Sv。

第二节　实验室相关辐射

广义的辐射是指发散和传输能量的物理现象，从狭义上来说，辐射通常是指粒子辐射、X 射线、γ 射线等，不包括微波等电磁辐射，本节提及的"辐射相关的实验室"是指利用狭义辐射的实验室。

一、辐射源分类

由于不同辐射源产生射线的方式和射线的种类不同，因此在工农业领域中的应用也各不相同。如何合理利用辐射源并做好辐射防护，首先是要清晰地认识辐射源的性质，进而才能根据辐射源的性质来合理应用辐射源和避免辐射源对人体、环境以及社会的潜在危害。

（一）放射源分类

如第一节所述，放射源是指拟用作致电离辐射的任何量的放射性物质。放射源根据不同的分类依据，也有不同的分类方法。根据正常使用情况下是否会向外界释放放射性物质分为开放源和封闭源；根据辐射危害大小可分成Ⅰ类～Ⅴ类放射源。

1. 根据正常使用情况下，是否会向外界释放放射性物质的分类　根据放射源在正常使用过程中是否会向外界释放放射性物质，放射源分为密封放射源（简称密封源）和非密封放射源（简称非密封源，或开放源）。

（1）密封放射源：是指永久地密封在一层或几层包壳内，并（或）与某种材料（覆盖层）紧密结合的放射性物质。密封源的包壳或覆盖层应具有足够的强度，使密封源在设计使用条件下和正常磨损的情况下，以及在预期事件条件下，都能保持包壳和（或）覆盖层的密闭性，不会有放射性物质泄漏出来。

（2）非密封放射源（开放源）：是指能满足使用要求，不需密封制作的一类放射源；另外不能满足密封源定义中所述条件的辐射源也被称为非密封源（开放源）。这一类放射源在使用的过程中，有可能向外界释放放射性物质，继而有可能污染工作场表面或环境介质，所以在此环境中工作的实验室人员可能通过吸入、食入、表面沾染等方式导致放射性核素进入体内（主要是吸入的方式），引起内照射危险。从事非密封源（开放源）工作的放射性工作人员称为开放型放射性工作人员。

2. 根据放射源的危害大小的程度分类　我国对放射源实行分类、分级管理。原环境保护部根据国务院第449号令《放射性同位素与射线装置安全和防护条例》的规定，制订根据放射源对人体健康和环境的潜在危害程度的分类方法，即《放射源分类办法》。该分类方法是在参照国际原子能机构（IAEA）的《放射源分类》基础上制订的。《放射源分类办法》中将放射源从高到低分为Ⅰ类、Ⅱ类、Ⅲ类、Ⅳ类、Ⅴ类源。Ⅴ类源的下限活度值为该种核素的豁免活度。

Ⅰ类放射源为极高危险源：没有防护情况下，接触这类源几分钟到1小时就可致人死亡。

Ⅱ类放射源为高危险源：没有防护情况下，接触这类源几小时至几天可致人死亡。

Ⅲ类放射源为危险源：没有防护情况下，接触这类源几小时就可对人造成永久性损伤，接触几天至几周也可致人死亡。

Ⅳ类放射源为低危险源：基本不会对人造成永久性损伤，但对长时间、近距离接触这些放射源的人可能造成可恢复的临时性损伤。

Ⅴ类放射源为极低危险源：不会对人造成永久性损伤。

（二）辐照装置分类

辐照装置是一种可用于实验室中的能产生辐射的装置，它是可以生产不同类型的辐射（如电子、X射线、中子等）的设备。实验室中常用的辐照装置主要包括电子加速器、X射线装置、同位素辐射源器、中子辐照源器、线性加速器以及其他特殊辐照装置。因研究目的不同，使用的装置也不相同，这些装置可用于材料改性、食品辐照、医疗放射治疗等领域。

实验室辐照装置的分类应参照国家射线装置管理办法，其主要原则是根据射线装置对人体健康和环境的潜在危害程度，从高到低将射线装置分为Ⅰ类、Ⅱ类、Ⅲ类。

Ⅰ类射线装置：事故时短时间照射可以使受到照射的人员产生严重放射损伤，其安全与防护要求高。

Ⅱ类射线装置：事故时可以使受到照射的人员产生较严重放射损伤，其安全与防护要求较高。

Ⅲ类射线装置：事故时一般不会使受到照射的人员产生放射损伤，其安全与防护要求相对简单。

（三）照射方式分类

1. 外照射和内照射

（1）外照射：是指射线在人体之外，射线从体外对人体进行的照射，这类照射包括各类辐照装置的照射和放射性核素在体外对人体进行的照射。在医疗领域使用的X线机、加速器等对人体的照射就是外照射。

（2）内照射：放射性物质通过各种途径进入机体内后，放射性物质在体内发出射线对人体进行照射。放射性核素进入人体的途径可以包括通过呼吸道、消化道和皮肤黏膜。在工作场所中，对于工作人员来说，通过呼吸道进入是最常见的方式；消化道通常是指通过饮食或者咽痰等方式摄入；完整的皮肤黏膜一般很少吸收放射性核素，通常仅吸收一些挥发性物质或者脂溶性放射性核素，但如果皮肤黏膜有破损，某些放射性核素从伤口进入的速度和量会大大增加。

外照射发生时，人员一旦远离放射源或辐照装置，将不再会受到放射源或辐照装置的照射的作用，机体后续的生物效应均为该次照射的后续生化反应。而发生内照射时，放射性核素已进入到人体内，只有等放射性核素通过自身衰变和生物代谢（呼吸道、消化道和泌尿道、汗液等的排除）使体内的放射性核素完全廓清（即放射性核素完全从体内排除的过程）之后，放射性核素对人体的照射才会停止，因此内照射是持续照射，也正因为此，内照射导致的远期效应要比外照射复杂得多。

2. 局部照射和全身照射

（1）局部照射，是指射线仅照射身体某一部位或某几个部位。由于人体不同部位的组织器官不同，对辐射的敏感性不一样，一般身体各部位的辐射敏感性顺序依次为腹部＞胸部＞头部＞四肢。局部照射时，人体效应也可能会出现全身反应，这与受照剂量的大小、受照面积和照射部位相关。一般而言，照射剂量越大，越容易出现全身反应，如大面积胸腹部局部照射可发生全身效应，甚至急性放射病。

（2）全身照射，是指全身均处于辐射场中，即身体各部位均匀地或非均匀地受到照射。全身照射往往对人体的危害较大，如照射剂量较小时，可出现小剂量效应，而急性、较大剂量照射（＞1Gy）时，可发展为急性放射病。此外，在慢性照射情况下，也可能导致慢性放射病。

二、辐射实验室分类

这里描述辐射实验室的分类，不是实验室功能用途上的分类，而是从辐射防护角度考虑，将实验室进行分类。

（一）使用辐照装置的实验室

这类实验室包括使用小动物CT、实验用X线机、X射线检测系统、工业用直线加速器、工业用回旋加速器等的实验室，这类实验室中辐照类型通常仅为外照射，因此在安全方面，仅需要考虑外照射的防护。

（二）使用放射源的实验室

这类实验室根据使用的是开放源还是密封源，可以分为两类，一类是使用密封源的实验室，如带放射源探伤机、测厚仪、密度仪、料位计、核子秤等实验室；一类是使用开放源的实验室，如放射免疫实验室、小动物PET实验室、使用液闪计数的实验室等。

使用密封源的实验室，一般来说也通常只需要考虑外照射防护，但是如果密封源的包壳破裂时，需要考虑表面污染等的防护；使用开放源的实验室，在考虑外照射防护的基础上，还需要同时考虑内照射防护、表面污染的处理等。

三、辐射工作场所分区

不同辐射工作场所对环境和人员的影响不一样，因此人们将辐射工作场所进行了分区，最初曾经将辐射工作场所分为控制区、监督区和非限制区，但《电离辐射防护与辐射源安全基本标准》（GB 18871—2002）中根据实际工作的需求，把辐射工作场所分区进行了修订，即删除了非监督区，仅分为控制区和监督区。

将辐射工作场所进行分区后，针对不同的区域采取不同的管理方式，这将有利于规范辐射防护管理和最大限度减少职业人员的受照。

（一）控制区

所谓控制区，是指辐射工作场所中需要和可能需要采取专门防护手段或安全措施的区域。设置控制区的目的是控制正常工作条件下的正常照射或防止污染扩散并预防潜在照射或限制潜在照射的范围。

对于放射性实验室，进行放射性操作的实验室内部通常被设定为控制区。如果实验室范围比较大，且照射方式和剂量或污染水平在不同的局部变化较大时，各区域需实施不同的专门防护手段或安全措施，此时则可根据需要在控制区内再进一步细分，划分出不同的子区以方便管理。实验室管理者在划分控制区时，应注意做到以下两点。

1. 划出控制区边界 如果可以，应采用实体边界（如砖墙等）划分控制区；采用实体边界不现实时也可采用其他适当的手段；例如将辐射源带到野外进行相关实验时，需根据辐射源的大小，以辐射源为中心，划出相应的控制区，控制区边界的划分要根据相关国家标准设置，同时最好能在控制区的边界拉上警戒线。

2. 采取适当的辐射防护措施 在控制区的出入口及其他适当位置处设立醒目的、符合标准要求的电离辐射警告标志并给出相应的辐射水平和污染水平的指示。根据实际工作的需要，可在控制区的入口处提供防护衣具（如防护手套、围脖、防护衣等），监测设备（固定式辐射监测仪等）和个人衣物储存柜；按需要在控制区的出口处提供冲洗或淋浴设备、放置被污染防护衣具的储存柜、皮肤和工作服的表面污染检测仪等。

制订职业防护与安全措施，包括适用于控制区的规则与程序；运用行政管理程序（如进入控制区的工作许可证制度）和实体屏蔽（包括门锁和连锁装置）限制进出控制区，限制的严格程度应与预计的照射水平和可能性相适应；定期审查控制区的实际状况，以确定是否有必要改变该控制区的防护手段、安全措施或边界。

（二）监督区

监督区，是指未被定义为控制区，通常不需要采取专门防护手段或安全措施，但需要经常对职业照射条件进行监督和评价的区域。对于放射性实验室来说，监督区通常是毗邻实验室的相关区域，比如卫生通过间（缓冲间），周围房间或过道等。实验室管理者在划定监督区时，应做到：

（1）根据本实验室操作射线的特点，明确本实验室具体监督区的范围。
（2）可在监督区入口处的适当地点设立监督区的标志。
（3）虽然在监督区无须采取特殊的辐射防护手段，但应定期审查该区的条件，以确定是否需要采取防护措施和作出安全规定或是否需要更改监督区的边界。

第三节　实验室辐射防护概述

辐射能在实验室使用，有些是利用其穿透力，有些是利用其超高的灵敏度，有些又是利用其非接触性等特性，但不管使用哪种特性，辐射在实验室的使用都可以且必须具有不可替代性，否则必须用非放射性的方法代替放射性方法。

辐射是把双刃剑，当用则万金不惜，但不恰当地使用将会给使用者带来危害，因此既要充分发挥好辐射相关实验室的功能，又要充分做好辐射相关实验室的放射卫生防护工作，最大限度地保护实验操作者的安全。

一、电离辐射警示标识和警告标志

由于辐射工作场所存在辐射危害，无关人员应避免接近辐射相关工作场所，《电离辐射防护与辐射源安全基本标准》（GB 18871—2002）规定在控制区出入口应设置电离辐射警告标志。如图 6-5 和图 6-6 所示。

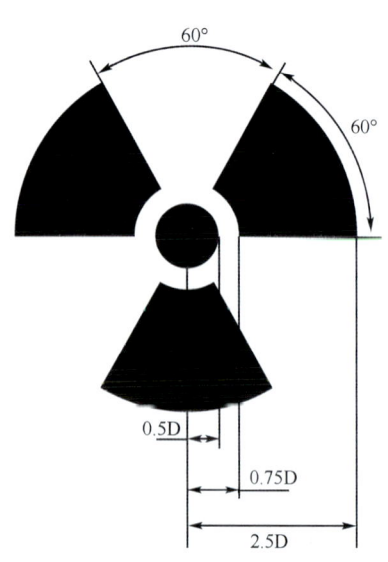

图 6-5　电离辐射警示标识

图 6-6　电离辐射警告标志

警告标志的含义是使人们注意可能发生的危险。其背景为黄色，正三角形边框及电离辐射标志图形均为黑色，"当心电离辐射"为黑色粗体字。正三角形外边 a_1=0.034L，内边 a_2=0.700 a_1，L 为观察距离。

二、辐射相关实验室工作人员的健康检查

放射工作人员是指受聘用全日、兼职或临时从事放射工作的任何人员。在辐射相关实验室工作的人员，是放射工作人员的一种，必须按放射工作人员进行管理，包括进行职业健康监护、适应性评价等。

为保证辐射相关实验室实验工作人员上岗前及在岗期间都能适任其将要承担或所承担的实验工作，必须进行相关医学检查及评价。其主要工作包括职业健康检查和职业健康监护档案管理等。

（一）放射工作人员职业健康检查

放射工作人员职业健康检查是为评价放射工作人员健康状况而进行的医学检查，包括上岗前、在岗期间、离岗时、应急照射和事故照射后的职业健康检查。

辐射相关实验室工作的人员，在上岗前，必须进行上岗前职业健康检查，符合放射工作人员健康要求的，方可参加进入实验工作；辐射相关实验室的工作单位不得安排未经上岗前职业健康检查或者不符合放射工作人员健康要求的人员从事辐射相关实验。上岗前的检查是为了确保该人员具备从事放射工作的健康条件，也为从业后的职业健康监护提供一个对照。

在岗期间的体检，是为了确保该工作人员是否具备继续从事辐射相关实验室工作的健康条件。在岗体检须按照卫生行政部门的有关规定执行，一般两次检查的间隔不得超过 2 年，必要时，可适当增加检查次数；在岗期间因需要而暂时到外单位从事放射工作，应按在岗期间的要求接受职业健康检查。

离岗体检，是为了明确实验工作人员在离岗时是否发生了不可接受的辐射损伤。辐射相关实验室的工作人员无论何种原因脱离放射工作时，实验室管理者应及时安排离岗人员进行离岗体检，评价离岗时工作人员的健康状况；如最后一次在岗期间职业健康检查在离岗前三个月内，可视为离岗时检查，但应按离岗检查项目补充未检查的项目；离岗 3 个月内更换从事放射工作的单位时，上一单位的离岗检查可视为下一个工作单位的上岗前体检，在同一单位更换岗位，仍从事放射工作者按在岗期间职业健康检查处理，并记录在放射工作人员职业健康监护档案中；放射工作人员脱离放射工作 2 年及以上者重新从事放射工作，按上岗前职业健康检查处理。

放射工作人员职业健康检查的项目要按照国家卫生行政部门的有关规定执行，填写《放射工作人员职业健康检查表》，由职业健康检查机构通知放射工作单位，辐射工作单位要及时告知放射工作人员本人。上岗体检和离岗体检的项目一致，和在岗体检相比，除去一致的项目，差别在于：上岗体检和离岗体检需要检查外周血淋巴细胞染色体畸变率、心电图、腹部 B 超；而在岗体检需要检查外周血淋巴细胞微核率。

应急照射或事故照射的健康检查，对受到应急照射或事故照射的放射工作人员，放射工作单位应及时组织他们进行健康检查并进行必要的医学处理。应急体检的必检项目包括应急/事故照射史、医学史、职业史调查；详细的内科、外科、眼科、皮肤科、神经科检查；血常规和白细胞分类（连续取样）；尿常规；外周血淋巴细胞染色体畸变分析；外周血淋巴细胞微核试验；胸部 X 线摄影（在留取细胞遗传学检查所需血样后）；心电图。

（二）放射工作人员职业健康检查的适任性评价

根据职业健康体检的性质，职业健康检查的适任性评价也不一致。

依据上岗前职业健康检查结果，由主检医师对受检者提出下列之一的适任性意见：①可从事放射工作；②一定限制条件下可从事放射工作（例如：不可从事需采取呼吸防护措施的放射工作，

不可从事涉及非密封源操作的放射工作）；③不宜从事放射工作。凡是确定为不宜从事放射工作的人员，不能进入辐射相关实验室进行辐射操作活动。

在岗期间检查结果中如出现异常，可与上岗前进行对照、比较，以便判断放射工作人员对其工作的适任性，对需要复查和医学观察的放射工作人员，应及时予以安排，并指导放射工作人员采取适当的防护措施。依据在岗期间职业健康检查结果，由主检医师对受检者提出下列之一的适任性意见：①可继续原放射工作；②在一定限制条件下可从事放射工作（例如，不可从事需采取呼吸防护措施的放射工作，不可从事涉及非密封源操作的放射工作）；③暂时脱离放射工作；④不宜继续原放射工作。对于暂时脱离放射工作的人员，经复查符合放射工作人员健康要求，需主检医师提出可返回原放射工作岗位的建议后方可回到辐射相关实验室从事辐射相关工作。凡不宜继续原放射工作的，辐射相关实验室的管理者应立即安排其脱离辐射实验室。

离岗时职业健康检查的适应性意见可包括：①可以离岗；②转相关医疗机构进一步检查。如果需要转相关医疗机构进一步检查，辐射相关实验室的管理者应积极配合，不得以任何理由拒绝或拖延。

（三）放射工作人员职业健康监护档案管理

从事职业健康检查的医疗卫生机构应自体检工作结束之日起的30个工作日内，向用人单位出具职业健康检查报告，并对报告内容负责。

辐射相关实验室收到报告后，除需要将体检结果对放射工作人员进行告知义务外，还应为工作人员建立并终生保存其职业健康监护档案。职业健康监护档案需专人负责管理；但同时也需采取有效措施维护放射工作人员的职业健康隐私权和保密权。

放射工作人员有权查阅、复印本人的职业健康监护档案。放射工作单位应如实、无偿提供，并在所提供的复印件上盖章。

三、辐射监测

为了控制射线对人体的照射和估计射线对人体的影响，常常需要对辐射场的空间和接受照射的个人和群体进行辐射监测。

（一）个人剂量监测

最理想状态是：所有受到职业照射的人员均应进行个人监测。

在控制区工作的所有工作人员，或有时进入控制区工作并可能受到显著职业照射的工作人员，或其职业照射剂量可能大于5mSv/a的工作人员，应进行个人剂量监测。在进行个人剂量监测不可实现或不可行的情况下，经审管部门认可后，可根据工作场所监测的结果和受照地点和时间的资料对工作人员的职业受照剂量做出评价。对在监督区或只偶尔进入控制区工作的工作人员，如果预计其职业照射剂量在1～5mSv/a之间时，则应尽可能进行个人剂量监测。如受照剂量始终不可能大于1mSv/a的放射性工作人员，一般可不进行个人剂量监测。

个人剂量监测分为外照射个人剂量监测和内照射个人剂量监测，辐射相关实验室要根据所从事辐射工作的类型选择个人剂量监测的方法。

1. 个人剂量监测的方法　外照射个人剂量监测通常是在工作人员左胸前佩戴个人剂量计的监测方法，因为对于比较均匀的辐射场，当辐射主要来自前方时，左胸前剂量可以代表全身受照情况，但是当辐射主要来自人体背面时，剂量计应佩戴在背部中间位置。当身体某一局部位置可能受到较大剂量照射时，还应在该部位佩戴个人剂量计，比如手部操作比较多，可以配指环式个人剂量检测仪。当工作人员直接暴露在辐射场中时，可在铅衣外和铅衣内分别佩戴个人剂量计，然后分别检测铅衣外和铅衣内的剂量。

内照射个人剂量监测可通过体外直接扫描的方式推算体内放射性核素的沉积量，也可通过生物样品分析体内放射性核素的沉积量。

2. 个人剂量监测分类和监测周期　一般来说，个人剂量监测可以分为常规监测、任务相关监测和特殊监测。常规监测的监测周期应综合考虑放射工作人员的工作性质、所受剂量的大小、剂量变化程度及剂量计的性能等诸多因素。常规监测周期一般为1个月，最长不应超过3个月；任务相关监测和特殊监测应根据辐射监测实践的需要进行。如实验室引进了新的设备或实验操作，此时需要了解新情况下的受照剂量时，就应该进行任务相关监测。如实验室发生辐射事故时，此时需进行应急监测等特殊监测。

个人剂量监测的结果：个人剂量监测技术服务机构应在1个月内出具检测/检验报告。

3. 个人剂量限值

（1）实验室工作人员作为放射性从业人员，其剂量限值应该符合GB 18871—2002对于职业照射的控制，人员的受照剂量不能超过下述限值：

1）由审管部门决定的连续5年的年平均有效剂量（但不可作任何追溯平均），20mSv。

2）任何一年中的有效剂量，50mSv。

3）眼晶体的年当量剂量，150mSv。

4）四肢（手和足）或皮肤的年当量剂量，500mSv。

（2）对于年龄为16～18岁接受涉及辐射照射就业培训的学徒工和年龄为16～18岁在学习过程中需要使用放射源的学生，应控制其职业照射使之不超过下述限值：

1）年有效剂量，6mSv。

2）眼晶体的年当量剂量，50mSv。

3）四肢（手和足）或皮肤的年当量剂量，150mSv。

（二）场所监测

场所监测的主要目的在于确认实验室工作环境的安全程度，及时发现安全问题和安全隐患；鉴定操作程序及辐射防护大纲的效能是否符合规定要求（辐射防护大纲是实验室管理者制订）；估计个人剂量可能的上限，为制订个人剂量监测计划提供依据；为辐射防护管理提供依据。场所辐射监测的主要内容包括外照射剂量监测、空气污染监测、表面污染监测、污染源监测、本底调查等内容。

对使用辐照装置的实验室，使用前应进行场所的周围剂量当量率的验收检测，符合相关国家标准，并得到监管部门的许可后方可进行辐射相关实验室的操作。辐射相关实验室的常规监测一般为一年一次，应委托有资质的单位进行检测。

对使用开放源的实验室，除了需要进行场所外周围剂量当量率的监测外，还需要进行空气污染和表面污染的监测。监测空气污染时，取样器应设在能合理代表工作情况的位置，并摆在呼吸带的高度，立位取1.5m，坐位取1.0m的高度。表面污染测量时，若是测量α放射性物质污染，探头离污染表面的距离不得超过0.5cm，探头在污染表面上移动的速度与所使用仪器的要求一致；若是β放射性物质污染时，探头离污染表面的距离为2.5～5.0cm为宜，移动速度应与所用仪器的响应时间匹配。局部皮肤表面污染监测，应由大约100cm^{2}面积以上的测量均值确定，并以此作为剂量当量评价依据。

（三）排放物监测

操作开放源的辐射相关实验室，必然会产生放射性三废（废气、废液和固体废物），放射性三废必须按照相关规定的要求进行辐射监测，达到排放标准的方可向环境排放，否则不予排放。

第四节　实验室辐射防护细则

一、辐射防护三项基本原则

为了实现放射防护的目的，国际辐射防护委员会（ICRP）提出放射防护基本原则是放射实践的正当化原则、放射防护的最优化原则和个人剂量与危险度限制。

（一）放射实践的正当化原则

任何伴有电离辐射的实践活动，从活动中所获得的利益（包括经济的以及各种有形、无形的利益）必须大于所付出的代价（包括基本生产代价、辐射防护代价以及弥补辐射所致损害的代价等），获得的利益大于付出代价的辐射实践活动才被认为是正当的，是可以进行的。反之，则不应进行这种实践活动。

（二）放射防护的最优化

任何电离辐射的实践活动，应当避免不必要的照射。任何必要的照射，在考虑了经济、技术和社会等因素的基础上，应保持在可以合理达到的最低水平（ALARA），这称为放射防护的最优化原则，也称为 ALARA 原则。在谋求最优化防护效果时，应以最小的防护代价，获取最佳的防护效果，而不是无限地追求降低受照剂量。

（三）个人剂量与危险度限制

所有实践活动带来的个人受照剂量必须遵守国家有关审管部门所规定的剂量限值，在潜在照射情况下，应低于危险度限值。制定个人剂量与危险度限制的目的在于防止确定性效应，并将随机性效应的发生限制在可以接受的水平。

上述 3 项基本原则是不可分割的放射卫生防护体系，其中 ALARA 原则是最基本的原则，其目的在于确保个人所受的当量剂量不超过标准所规定的相应限值。正当化原则是最优化的前提，没有正当化，就没有最优化。个人剂量及危险度限制是最优化过程的约束条件。

二、辐射相关实验室的外照射防护基本措施

外照射防护的 3 个基本措施是：时间防护、距离防护和屏蔽防护。辐射相关实验室的外照射防护也是从这三方面着手。

（一）时间防护——缩短实验操作的时间

人体在辐射场内接受的当量剂量，可以近似地按式（6-1）计算：

$$H = \dot{X}t \tag{6-1}$$

式（6-1）中：H—当量剂量，$\dot{X}$—照射量率，t—受照时间。

在辐射场中操作的时间越长，受照剂量就会越大，由此带来的辐射危害也就越大。为此，应避免一切在辐射场内的不必要逗留。即使实验需要，也尽可能缩短在辐射场的逗留时间。

减少在辐射场中的停留，对于辐射相关操作来说，第一，需严格把握一个原则，即：任何实验操作者，在尚未完全熟悉操作步骤时，禁止进行任何操作设备的行为。第二，对于新的操作程序来讲，实验操作人员应当首先在模拟放射源上进行多次模拟操作，只有当对操作步骤了熟于心时，才可进行正式操作。第三，当必须在有可能超过剂量限值的辐射场内进行实验操作时，可通过轮流、替换等方法来控制某个人的受照射时间。但具体如何轮流、总共需要多少人，需要根据每次操作的具体要求来确定，不能无限增加受照人员，因为增加受照人员，势必会增加集体剂量当量。

（二）距离防护——增大与辐射源之间的距离

照射剂量率 $\dot{X}$ 随离开辐射源距离的增大而降低。理论状态下，当放射源为点状源时，人体受到照射的剂量率与距离的平方成反比，称为平方反比定律：

$$I_1 \cdot D_1^2 = I_2 \cdot D_2^2 \tag{6-2}$$

式（6-2）中，I_1 和 I_2 分别为 1、2 处放射源的剂量率，D_1 和 D_2 分别为 1、2 两处距放射源的直线距离。就是说，距离增加 1 倍，剂量率则降低到原来的四分之一，由此可见，增加距离会起到比较好的防护效果。

辐射相关的实验，可通过以下方式来增加人和辐射源之间的距离：第一，可采取隔室操作的方式，即辐射源和人处于不同的房间，拉大人和源之间的距离。第二，当由于客观条件的限制，无法做到隔室操作时，可采用各种远距离操作器械，例如用长杆操作，来使实验操作者与辐射源之间有足够的距离。

（三）屏蔽防护——人与放射源之间设置合适的防护屏障

在有些实验操作过程中，即使尽最大可能地缩短了实验操作时间和增大实验者与辐射源的距离，仍然不能给实验操作者提供很好的防护时，可采用合适的屏障防护来达到良好的防护效果。

实验室工作人员在具体的实验操作过程中，要根据辐射源种类来选取相应的辐射屏蔽材料。X、γ 射线的屏蔽材料常采用高原子序数的铅或经济实用的混凝土等材料，实验操作者可穿戴铅衣、铅帽等防护用品（防护甲状腺或性腺需要 0.5mm Pb 的防护用品，见图 6-7）；如果是 β 辐射，应考虑 β 辐射可和高原子序数的物质发生韧致辐射作用。所谓韧致辐射，指的是电子（β 辐射）等轻带电粒子在与高原子序数物质相互作用时，会受到高原子序数物质的库伦静电场作用，电子的一部分能量传递给相互作用的物质，电子本身则改变运动速度或运动方向继续向前运动，吸收了电子能量的被照射物质无法保留其能量，则会将吸收的这部分能量转变 X 射线而发射出来。所以不能仅用高原子序数的铅对 β 辐射进行屏蔽防护，而是应使用双层结构的屏蔽材料进行防护。其中，靠近辐射源的那层需为低原子序数的铝或有机玻璃，而靠近实验操作者的那层用铅；中子则需采用原子序数较低而含氢较多的物质，如水、石蜡等，因为低原子序数的物质具有很好的吸收和慢化中子的能力。

图 6-7　辐射防护用品

三、辐射相关实验室的内照射防护基本措施

辐射相关实验室的内照射来自于非密封源。非密封源的特点就是易扩散，因此操作非密封源时可能会导致工作场所表面污染或环境介质污染，也会导致内照射的产生。内照射的防护包括对非密封源的包容、对工作场所的表面去污、工作场所的通风换气、避免或减少实验人员体内外放射污染等多种措施。

（一）辐射防护一般原则

在操作开放型放射性物质的实验室中，也必须遵循辐射防护三项基本原则，即辐射实践的正当性、辐射防护的最优化和个人剂量当量限值。

操作开放型放射性物质的工作场所，在选址、实验室分级、场所内分区、布局、辐射屏蔽，以及放射性"三废"处理、辐射监测设备等方面必须按相关规定部署，同时需进行环境评价和职业卫生评价。如已经通过环评和卫生评价的单位，操作放射性核素种类、数量、操作方式以及防护设施和设备的要求超出原设计的范围，应重新进行评价，并经主管部门审查批准后方可进行。操作开放型放射性物质的单位，在获得许可后的日常工作中，需按规定进行定期的评价，确保各项防护措施处于良好的运行状态，实现辐射防护最优化。

辐射相关实验室应具备有效的防护措施，使各类从业人员受到的照射保持在合理且尽可能低的水平。

（二）对开放型放射性实验室的建筑防护要求

放射性实验室的设计需考虑三个要素：安全、经济和便利，且应以安全为第一要素。

1. 建筑物要求 由于开放型实验室的特殊情况，GB18871—2002对开放型放射性实验室建筑的主要防护措施提出了要求，应按规定进行建设。

开放型放射性实验室存在活性区和非活性区，且在活性区和非活性区之间，还应该有缓冲地带，即卫生通过间。凡是有可能进行放射性操作的区域为活性区，如分装室、储源室、实验区、废物储存间、活性区内的走廊等，完全不存在放射性操作的为非活性区，如工作人员办公室等。活性区，根据操作放射核素的量的多少、毒性程度、操作方式等，又进一步分为高活性区和低活性区。

在进行辐射相关实验室建设设计时，首要的原则是活性区和非活性区分开设置，活性区应该是由低活性区向高活性区设置，不可混杂。

放射性实验室的活性区，要确保充分净化，墙壁、天花板、门窗都必须平滑易清洗，不应留有易于储积尘埃的角、缝等；墙壁、地面等所用材料应易清洗，不渗漏，地面和墙面之间最好无缝衔接，墙壁最好有保护涂层。

2. 开放型放射性实验室家具要求 实验室的工作台面的清洁无污染对保证辐射相关实验室安全具有重大意义。实验室工作台面应采用防酸、防碱、防火和易清洗的材料。薄钢板前面与左右要带有边缘，并使实验室工作台面有一定的倾斜度，因为只有有了高出的边缘和一定倾斜度，才会使溅出的液体尽量不溅出实验室工作台面，且只能向操作者相反方向排出。操作过程中，用于存放放射性溶液的容器应由不易破裂的材料制成。如因试剂需要，必须采用易破裂的容器，则可在容器外面应增加一个可容纳该容器的不易破裂的套桶。

操作放射性核素的实验台和通风橱的远端的前部和左右两端可安装环形倾泻池，排水沟应与桌子应形成一个整体。

实验室的桌子和地板之间必须有一定的距离，其目的是便于从桌子下面洗涤或用吸尘器吸出桌子下面可能蓄积的放射性灰尘。

对于把手的要求：辐射相关实验室的柜子和实验室工作台要尽量少用把手和抽屉。各类把手，建议应使用易净化的材料制造，水龙头可采用感应水龙头。

辐射相关的实验室的洗涤池可用不锈钢或不易渗透的瓷器等材料。

辐射相关实验室还必须根据工作需要，配备针对不同场合下使用的淋洗设备，包括全身喷淋设备或局部（眼部、皮肤）喷淋设备等。

辐射相关实验室需根据实验室操作核素的情况，必要时配各种检测设备，如辐射巡测仪、表面污染检测仪、个人剂量报警仪等。

辐射相关实验室要根据所操作的放射性物质特点配备适当的医学防护用品（如铅衣、铅帽等）和供事故情况下使用的急救药品。

3. 开放型放射性实验室通风要求 辐射相关实验室一般需要有三套通风系统，第1套为非活性区的通风系统，第2套为活性区的通风系统，第3套为通风橱的通风系统，三套通风系统需互相独立，且活性区和通风橱的通风系统应根据通风管道的布设情况在相应的位置设置止回阀和活性炭过滤装置。

在设置实验室活性区的通风走向时，气流走向应该是从低活性区向高活性区的走向，且需负压通风。

通风橱，应设置在避免影响空气气流的地方，不能设置在强空气气流处。实验室内如果有两个通风橱，最好设立两套独立通风。如条件不允许设置两套通风而只能设立一套通风时，应保证通风橱的通风马达由一个开关控制，不能分别在两个通风橱内设立开关。通风橱不使用时橱窗应随时关闭。如果一橱通风而另一橱不通风，则不通风的那一个通风橱的橱窗一定要关好，以避免未通风的橱内的受沾污空气传布至室内。通风橱的鼓风马达设立在本建筑物的屋顶，排风出气口应高本建筑物屋脊，以免沾污空气回流入室内（规模较大的放射性工作单位，应根据操作性质和特点，将通风系统合理组合，严防污染气体的倒流）。通风橱马达内的和通风橱间的压力应小于大气压，只有这样，才能确保即使排风管道漏气，也不会导致含有放射性污染的气体逸出到环境中。为避免马达被放射物质沾污，通风橱的马达应选用离心式的马达，并将马达装在管道之外，不能采用装在管道内的轴流式的马达。

4. 放射性核素的毒性和工作场所分级

（1）放射性核素的毒性：一般来说，根据放射性核素可能会导致空气污染程度等指标，可将放射性核素分为4组，分别是极毒组核素、高毒组核素、中毒组核素和低毒组核素。实验室使用的放射性核素通常为低毒或中毒组核素，极少使用极毒组和高毒组的核素。一般情况下，实验室可能使用的，极毒组核素有：^{210}Po、^{226}Ra、^{228}Ra、^{228}Th、^{230}Th、^{231}Pa、^{232}U、^{237}Np、$^{238～242,244}$Pu 等；高毒组核素有：^{22}Na、^{60}Co、^{90}Sr、^{106}Ru、$^{126～129,131}$I、^{144}Ce、^{210}Pb、^{210}Bi、^{223,224}Ra、^{234,235,238}U 等；中毒组核素有：^{24}Na、^{32}P、^{42}K、^{48}V、^{63,65}Ni、^{99}Mo、^{97}Tc、^{185,191,193}Os、^{190,192,194}Ir 等；低毒组核素有：^{3}H、^{7}Be、^{14}C、^{18}F、^{31}Si、^{64}Cu、^{59}Ni、^{99}Tc、^{113}In^m、^{131}Xe^m、^{200}Tl 等。

（2）工作场所分级：不同实验室操作非密封源的量不同，操作放射性核素的毒性也不尽相同，所以不能单独使用放射性核素的量或放射性核素的毒性来评价实验室的危险程度，因此，人们引入最大等效日操作量这个概念来分析不同实验室的级别（表6-1）。

最大等效日操作量是实际操作的某个放射性核素的量与该核素毒性组别修正因子（表6-2）相乘后除以操作方式有关的修正因子（表6-3）所得商，并对实验室操作的不同的核素进行求和。根据非密封源的日等效最大操作量可将工作场所分为甲、乙、丙三级。

表6-1 非密封源工作场所分级表

场所级别	日等效最大操作量（Bq）
甲级	$>4\times10^9$
乙级	$2\times10^7 \sim 4\times10^9$
丙级	豁免活度值到 2×10^7

表6-2 放射性核素的毒性组别修正因子

核素毒性组别	毒性组别修正因子	核素毒性组别	毒性组别修正因子
极毒组核素	10	中毒组核素	0.1
高毒组核素	1	低毒组核素	0.01

表6-3 操作方式与放射源状态的修正因子

操作方式	放射源状态			
	表面污染水平低的固体	液体溶液、悬浮液	表面有污染的固体	气体、蒸汽、粉末、压力高的液体、固体
源的贮存	1000	100	10	1
很简单的操作	100	10	1	0.1
简单操作	10	1	0.1	0.01
特别危险的操作	1	0.1	0.01	0.001

在辐射相关实验室建设前，应充分考虑实验室的分区管理，设置好人员在实验室内工作时的行经路线和以及放射性物质在实验室中的传递路线，当实验室建成后，不管是工作人员还是放射性核素，都应根据预设的路线进行，尽量不交叉和不回流，且在实验室建成后不得随意变更人员和放射性核素的行经路线，对这种路线设置的目的是为防止交叉污染。辐射相关实验室禁止存放食物或加热食物。

工作人员离开放射性工作场所时，需进行表面污染检测。甲级或乙级实验室，离开活性区之前可进行淋洗。个人防护用品及工作服不得带到非活性区，通常放置在卫生通过间内。防护用品，也需经常性检测其是否有污染，如有污染，则必须进行去污。当个人防护用品及工作服需要去污时，去污操作必须在专设的有放射性操作条件的洗衣房或洗衣池内洗涤。

（三）对操作的要求

1. 严格按照规则进行相关操作　任何辐射相关实验室，必需制定本实验室的操作程序和安全规程，需就实验操作程序和安全规程对实验室全部工作人员进行经常性培训和考核，尤其是新上岗的人员。任何人员，只有考核合格后，方可进行相关操作。

工作人员由非活性区进入活性区工作时，需先经过卫生通过间。在甲级工作场所的卫生通过间，工作人员需脱下生活着装，更换并穿戴好工作服和鞋子，穿戴好防护用品，并佩戴个人剂量计后可进入活性区。而当工作人员由活性区进入非活性区时，需在卫生通过间除去口罩、手套等一次性用品，并置于特殊的收集容器内；接着可脱去鞋子并检测鞋子的放射性沾染的情况，有沾染的需要放置在暂存箱，无沾染无需特殊处理；工作人员换下工作服，交还个人剂量计后，可进入淋洗间进行淋洗，淋洗完毕后，需对人员进行表面沾染的检测，确保无沾染或沾染在控制范围内后，工作人员方可离开卫生通过间。

任何工作人员，在进行放射性操作前，都需详细了解放射性核素的毒性，按要求佩戴必要的个人防护用品，不得无防护的情况直接接触放射性物质，包括放射性废物。这是因为无论是从技术方面考虑，还是从经济方面考虑，在操作非密封源过程中期望完全包容放射性核素是做不到的。因此，需要采取辅助防护措施加以补充，即工作人员需按实验操作放射性核素的情况穿戴防护用品。为避免放射性核素从消化道进入人体，在放射性核素操作时绝对禁止以口吸取液体的操作方式；同时，在放射工作场所内严禁进行任何进食、饮水活动，包括吸烟等。实验室如达到乙级放射性实验室，放射性操作应该在通风橱内进行，在实验台或者通风橱操作时，可在距离试验台边缘或者通风橱橱口一定的距离设置操作边界，要求操作人员的一切操作在操作边界内进行。如果有容易造成污染的实验步骤，应在易去污的工作台或搪瓷盘上进行，工作台和搪瓷盘上应铺有易于吸水的材料。吸取液体时，可用合适的负压吸液器械；加热或加压操作时，要配置防止过热或压力过大的保护措施或设施。

2. 非密闭源的包容　非密封源的包容是为了防止非密封源扩散或转移到其他地方的措施或实体结构。因为有了包容的存在，即使在事故情况，都能有效防止或减少非密封源的外泄。根据包容的情况，可将包容分为全包容和半包容，手套箱就是全包容设备，而通风橱则属于半包容设备，具体选用全包容还是半包容的设备，根据操作放射源活度大小、毒性程度大小、理化状态等因素决定。

3. 空白实验　在放射实验中，空白实验，有时候也称为冷实验，通常是指按照正式实验的实验步骤，但在加放射性核素时用等量的非放射性试剂代替的实验。

放射性实验要求准确、仔细，稍有疏忽或考虑不周就匆忙进行正式实验，既容易导致实验失败，又会造成放射性核素和其他实验用品的浪费，还会增加放射性废物产量，提高实验室辐射本底水平，使实验者受到不必要的照射，所以实验室工作人员在没有熟悉操作步骤前应先进行模拟实验，即空白实验。通过空白实验，还可使实验操作者熟悉实验步骤，锻炼实验者的操作手法，增强实验者的信心，从而使后续正式实验所需的时间缩短，达到辐射防护要求的减少接触时间的辐射防护作用。

4. 操作过程中常见的失误及防护对策 操作过程中常见的失误包括操作过程中放射性物质外溢或洒落在地面、桌面等情况,当发生这类情况时,千万不要惊慌,需要沉着冷静,可按下述程序进行处理。

(1) 少许液体或固体粉末洒落的处理措施:当少许放射性溶液溢出、洒落、溅出的话,先快速用吸水性强的吸水纸将溢出、洒落和溅出的液体吸干净。如果是固体的粉末状放射性物质掉落,可将抹布、吸水纸或丁棉球用水打湿后将该固体粉末粘干净;然后更换一块新抹布、新吸水纸或者新棉球并蘸取适量去污剂对物体表面进行去污。去污操作时,由污染的外缘向中心逐步清洗,即由外向内清洗,绝对禁止由内向外清洗。因为一般情况下,污染的最里面污染程度最强,由内向外清洗的操作会导致避免污染面积扩大。使用过的吸水纸等物品,因沾染了放射性,需按固体放射性废物处理。

(2) 污染面积相对较大时的处理措施:当污染面积较大,并可能对其他人员产生影响时,应立即告知现场的其他工作人员(未受任何污染的人员),组织他们快速撤离,然后初步划定受污染的范围,并将事情发生的情况迅速报告单位负责人和放射防护兼职管理人员。

如果现场人员有皮肤、伤口或眼睛部位的沾染,应立即到实验室喷淋设备下用大量的水进行冲洗,冲洗结束后需用沾染检测仪检测清洗效果,如果清洗效果不行,可后续用去污剂进一步处理。这些处理结束后,根据实际情况在必要时进行相应医学处理。

如果工作人员衣物、鞋子等受到污染,应立即脱下受污染的衣物或鞋子,并放置在双层塑料袋内等待去污。

如物体表面有污染,则进行表面去污。

当上述工作处理完毕后,可陆续恢复工作,并分析本次放射性污染的原因,总结经验教训,提出改进措施,形成书面报告。

(3) 减少人体对放射性核素的吸收:放射性核素通过各种途径进入人体后,应尽快采取一切可能的措施阻止放射性核素在人体的进一步吸收,并加速进入体内的放射性核素的排除。概括来说,减少体内放射性核素的量应针对放射性核素的进入途径、放射性核素进入组织和淋巴液、放射性核素沉积在组织器官3个环节进行。其中前两个环节经历的时间短,但作用大,效果好;一旦放射性核素固定在组织器官,放射性污染就比较难以处理。

1) 针对进入途径:放射性核素的进入途径包括消化道、呼吸道和皮肤黏膜伤口等。当放射性核素从消化道进入,且摄入放射性核素在的4h之内,可采用催吐、洗胃的方式减少放射性核素的吸收,催吐可采用压舌板刺激咽部,洗胃可采用2%～4%的盐水或弱碱性溶液,禁止使用能提高放射性核素溶解度的药物。如放射性核素摄入超过4h,则无须洗胃,可适当给予缓泻剂、吸附沉淀剂,以及特异性阻吸收剂。

当放射核素是通过呼吸道进入时,可用棉签清洗鼻腔,向鼻部喷血管收缩剂,并用大量生理盐水冲洗鼻腔。如吸入的放射性核素已进入肺部,在放射性核素从肺部廓清前,必要时可进行洗肺,但洗肺必须在专业人员指导下进行,两侧肺部要分开洗,分开的两次之间要间隔数天。

当放射性核素从皮肤黏膜或伤口进入时,首先用生理盐水或3%～5%的肥皂水擦洗伤口周围的皮肤,并由外向内逐步清洗,单纯清洗无法达到效果时,则需要扩创。清洗完毕后,需要进行皮肤沾染检测,符合要求后,方可停止清洗。

2) 针对进入组织和淋巴液的放射性核素:当放射性核素已经由进入途径到达血液和淋巴液时,合理的处理方法是提高放射性核素的在血液中的溶解度,使其容易从血液和淋巴液排除,即采用一些络合剂,如乙二胺四乙酸(EDTA),二硫代苯二甲酸(DTPA)等。

3) 针对沉积在组织器官的放射性核素:如果放射性核素已经沉积在组织器官中,此时排除放射性核素就比较困难。一般情况下,可采取一些影响机体代谢的疗法。例如沉积在骨骼的放射性核素,可影响钙的代谢,例如低钙饮食等,使骨的中放射性核素随着钙的溶解而转移到血液中,然后再用促排的方式，增加钙和放射性核素的排除，待达到促排的效果后，应补充钙等的摄入。

（四）放射性物质的管理

1. 实验用放射性物质的管理　辐射相关实验室必须安排专（兼）职人员负责放射性物质的管理，建立本实验室健全的放射性物质的保管、领用、注销登记和定期检查制度。

辐射相关实验室购买放射性物质的数量一般不要超过三个月的用量，放射性物质的进出必须建立放射性核素进出台账，加强放射性物品的库房管理，实验室要有防止放射性物质丢失被盗的措施。一般来说放射性物质的领用和存放实行双人双管，即两人同时在场时才可领用或存放放射性核素，领用后清晰登记原有量，拿取量，剩余量等。实验室要建立放射性物质领用和定期清点制度，确保账物相符。领用放射源，按规定登记并做到用后注销。

在各级放射性工作场所贮存的放射性物质量一般不得超过一个季度的用量，应及时将不使用的放射性物质放回专用贮存场所并妥善保管。放射性物质的存放必须有专门的场所，不得将放射性物质与易燃、易爆及其他危险物品混同放置。放射性物质贮存场所须备有可靠的防火、防盗等安全防范措施。

存放放射性物质的装置，除应具有较好的防护性能，确保可围蔽放射性物质的射线外，还必须容易开启和关闭。实验室管理者须建立容器泄漏检查制度，进行经常的泄漏检查。放射性物质的存放容器外需有明确的标签，标签上至少应该注明放射性核素的名称、理化状态、活度、进货时间和存放时间、存放人及其联系方式等。

在实验室内转移分装后的非密封源，转移的距离不能太远，同时应将放射源置于铺有吸水纸的搪瓷盘中，连同该托盘一起转移或传送开放源，转移过程中要注意防止盛源放射玻璃容器滑脱、翻倒或碰碎。

2. 实验室放射性废物的管理　但凡使用放射性核素的单位，或多或少地会产生放射性废物，放射性废物是指含有放射性核素或被放射性核素污染，其活度、比活度或浓度大于国家审管部门规定的清洁解控水平的、预计不会再次被利用的任何物理形态的废弃物，包括放射废气、放射性废液和固体放射性废物，即放射性三废。放射性废物应该妥善收集和贮存。

清洁解控水平是指由国家审管部门规定的，以放射性浓度、放射性比活度和/或总活度表示的一组值，当辐射源强度等于或低于这些数值时，可解除放射性废物的管制，即按非放射性废物处理，这种放射性低于清洁解控水平的放射性废物被称为豁免废物。

辐射相关实验室在放射性废物处理方面，首先是实验室管理者应按照国家有关规定的要求，制定"放射性三废"处理（包括综合治理和利用）措施，排放、运输和贮存措施等，并报主管部门审查批准。各实验室根据本实验室使用的放射性核素的情况，确定是否需要设置三级衰变池和废物储存容器；放射性废物处理的设施和措施要和实验室的主体工程做到"三同时"，即同时设计、同时施工和同时竣工验收。

实验室应有专人负责放射性废物的收集、处理和处置；应将收集、处理和处置的情况分别加以记录，建立档案并长期保存。放射性废物的管理要以安全为目的，以处置为核心。依据辐射防护三原则，要遵循"减少产生，分类收集；净化浓缩，减容固化；严格包装，安全运输；就地暂存，集中处置；控制排放，加强监测"的"四十字"方针。

收集和贮存放射性废物的原则是：及时分类收集、防止流失。在实验室具体操作方面，应掌握一个原则，即采取一切必要的措施，尽可能减少放射性废物的产量，例如采用废物产生量少的实验方案；能回收利用的废物，应尽可能地回收利用；非放射性废物和放射性废物应分开收集等。已经收集到放射性废物，如是豁免废物，则可按普通废物管理。如达不到清洁解控水平以下，不管是固体放射性废物，还是液体放射性废物，应该根据半衰期和放射性废物的状态分开收集，如是短半衰期的放射性废物，存放10个半衰期后也可按普通废物处理，如是长半衰期的放射性废物，可按规定进行回收，在回收机构回收前，妥善保管好放射性废物，避免其对人员和环境的污染。

放射性废物的排放，需符合下述所有条件，并已获得审管部门的批准：①排放不超过审管部门认可的排放限值，包括排放总量限值和浓度限值。②有适当的流量和浓度监控设备，排放是受控的。③含放射性物质的废液是采用槽式排放的。④排放所致的公众照射符合 GB 18871—2002 所规定的剂量限制要求。⑤确保排放的控制最优化。

放射性废液向环境（普通下水道）排放，必须符合有关规定的要求。经审管部门确认是满足下列条件的低放废液，可直接排入流量大于 10 倍排放流量的普通下水道，并应对每次排放做好记录：①每月排放的总活度不超过 10 ALI_{min}（ALI 的英文全称为 annual limit on intake，即年摄入量限值；ALI_{min} 是相应于职业照射的食入和吸入 ALI 值中的较小者）；②每一次排放的活度不超过 1 ALI_{min}，并且每次排放后用不少于 3 倍排放量的水进行冲洗。

对于实验室放射性废气或气溶胶的排放系统，要经常性检查其净化过滤装置的有效性。由放射性气体或气溶胶的排放造成的公众生活环境中的气载放射性核素的年平均浓度应符合当地有关标准或法规规定的公众成员导出空气浓度值。

第五节　实验室表面污染的防治

实验室中操作放射性核素时，即使非常仔细，表面污染也是容易发生的，因此表面去污对辐射相关实验室来说就显得非常重要。

一、表面污染的概念和分类及表面污染控制水平

（一）表面污染的概念和分类

非密封源操作过程中，使工作场所的地面、墙面、设备、体表、工作服等表面受到的不同程度、不同面积的放射性污染被称为表面污染。表面污染根据污染物和表面结合的牢固程度，可分为松散型污染和固定型污染。

1. 松散型污染　放射性污染刚发生时，放射性物质和物体表面结合一般比较松散，表面污染容易转移到其他清洁物体的表面，这种和物体表面呈松散结合的物理附着状态，且在污染物和表面之间存在界面的污染，叫非固定性污染，即松散型污染。这类污染易于去除。

2. 固定型污染　放射性污染物在物体表面的沾染时间较长，当通过渗入的方式进入物体的内部或者发生离子交换从而和物体表面牢固结合时，这类污染物将难以转移，这样的污染被称为固定型污染，不易去除。

固定型污染根据污染固定的程度，又可分为弱固定型污染和牢固型污染。弱固定型污染，是指那些污染物与物体表面发生化学吸附或离子交换，和物体表面不存在界面的污染。牢固型污染是指污染物在物体表面停留时间较长，污染物逐渐渗透到物体表面下方，并可能进一步往内部扩散（比如腐蚀性的液体腐蚀了表面向内部扩散）的污染。

（二）表面污染的控制水平

工作场所表面污染控制水平如表 6-4 所示。表中所示的污染控制水平是指松散型污染和固定型污染的总和。表面污染常按一定面积上的污染平均值计算，对于皮肤和工作服，通常取 100cm^2，地面取 1000cm^2。

手、皮肤、内衣、工作服除沾染时，应尽可能清洗到本底水平，其他表面污染水平超过表 6-4 中所示数值时，需要进行去污。当 β 射线的能量小于 0.3MeV 时，其表面污染控制水平可放宽到表 6-4 中所示数值的 5 倍。对于 ^{227}Ac、^{210}Pb、^{228}Ra 等 β 放射性物质污染时，按 α 放射性物质表面污染控制水平执行。氚和氚化水的表面污染控制水平，可为表 6-4 所列数值的 10 倍。设备、墙壁、地面去污后，仍然有较高的放射性污染，即超过表中所示数值时，该污染应视为固定型污染，此时应报审管部门或审管部门授权的部门，经审管部门或审管部门授权的部门检查同意后，可适当

放宽控制水平,但仍不得超过表6-4中所示数值的5倍。工作场所的某些设备与用品,经去污使其污染水平降低到由表6-4中所列设备的控制区数值的1/50以下时,经辐射防护部门测量许可后,可当作普通物件使用。

表6-4　工作场所的放射性表面污染控制水平　　（单位：Bq/cm^2）

表面类型		α放射性物质 极毒性	α放射性物质 其他	β放射性物质
工作台、设备、墙壁、地面	控制区*	4	$4×10$	$4×10$
	监督区	$4×10^{-1}$	4	4
工作服、手套、工作鞋	控制区	$4×10^{-1}$	$4×10^{-1}$	4
	监督区			
手、皮肤、内衣、工作袜		$4×10^{-2}$	$4×10^{-2}$	$4×10^{-1}$

* 该区内的高污染子区除外

二、表面去污的概念和表面去污剂

如工作场所放射性核素表面污染量超过表面污染控制水平时,应进行表面去污。

表面去污是指采用合适的方法消除物体表面的放射性污染物,这个表面可能是设备、墙壁、地面、桌面、皮肤、衣物等物体的表面。

表面去污的效果往往取决于污染物和表面结合的状态,因此一旦发现表面污染,应立即采取去污措施。同样的去污措施,去污时间越早,去污效果将越好。

（一）表面去污剂

用于去除表面放射性污染的试剂称为表面去污剂。表面去污剂的种类很多,最常见、最普遍的是水,一般情况下,只需要用清水多次清洗就可达到清洗效果,如清水清洗不能达到清洗效果时,才需要采用其他去污剂。除水之外,去污剂有氧化剂、碱性试剂、无机酸及其盐类、有机酸及其盐类、表面活性剂、络合剂、有机溶剂和吸附剂等。

1. 氧化剂　饱和高锰酸钾溶液是常用的氧化剂。由于其对皮肤无刺激作用,可作为皮肤去污剂,同时由于其氧化性,也能达到杀菌作用,常作为皮肤去污消毒剂。饱和高锰酸钾溶液有时也可用作不锈钢表面的钚污染的去污剂。

仪器表面去污还可通过单独或联合使用氧化剂（如过氧化氢、次氯酸钠、草酸、枸橼酸）等试剂进行去污。

2. 碱性试剂　碳酸钠和碳酸氢钠可去除棉织物上的铀污染。磷酸三钠可用于油漆表面的去污,对去除铀也有特效。氢氧化钠和酒石酸钠同时使用,可对不锈钢上污染的裂变产物发挥较好的去污作用。

3. 无机酸及其盐类　无机酸及其盐类是通过增加物体表面污染的放射性核素的溶解度或者通过无机酸对金属表面发生腐蚀作用,来达到表面去污的效果的。硝酸是最常见的去污剂之一,几乎对所有的放射性核素都有去污效果。盐酸、磷酸及硫酸的去污效果比硝酸差。

氟化铵酸性盐对玻璃、不锈钢、搪瓷及塑料等物品的腐蚀性较弱,可用于这些物体表面的去污。无机酸因其对皮肤具有腐蚀性,因此不应用于皮肤去污。

4. 有机酸及其盐类　枸橼酸、酒石酸、草酸等有机酸及其盐类的去污效果源于其络合性能,它们能与金属离子形成络合离子的化合物,进而增加污染物的溶解度并达到去污效果。它们对物体表面没有明显的腐蚀作用,可用于不耐有机酸腐蚀的物体表面去污。

5. 表面活性剂　表面活性剂是通过其能降低溶液或溶剂的表面张力,增加水的浸透溶解作用,使已经分散在水中的粉尘、油垢的稳定性提高,防止它们凝聚或沉淀。表面活性剂还能产生泡沫,通过泡沫带走粉尘和油垢。

肥皂是在日常生活中常用的去污剂，属于阴离子表面活性剂，对 ^{32}P、^{131}I 的去污效果较好。肥皂的缺点在于肥皂需要在碱性条件下使用，易与硬水中的碱土金属及放射性核素生成沉淀。

磺酸型阴离子表面活性剂，是指在水中电离后生成起表面活性作用的阴离子为磺酸根的表面活性剂，其代表为烷基磺酸钠、烷基苯磺酸钠、丁二酸二辛酯磺酸钠。磺酸型阴离子表面活性剂在水中的溶解度较大，和放射性物质不易生成沉淀，而且在酸性溶液中稳定，不易水解，可作为良好的表面去污剂。

多羟基化合物与环氧乙烷缩合非离子型表面活性剂也可用于放射性去污。

6. 络合剂　络合剂是可提供电子配位基，能与金属离子形成络合离子的化合物。当络合剂和物体表面的放射性核素作用时，可和放射性核素形成稳定的可溶性络合物，从而使放射性核素从物体表面脱离，达到表面去污的作用。

常用的络合剂有乙二胺四乙酸（EDTA）和二乙基三胺五乙酸（DTPA）的钙钠盐或者锌盐。

表面活性剂和其他去污剂联用时，往往会使它们的去污效果增强。例如在肥皂或合成洗涤剂中加入少量络合剂，就会使去污效果极大增强。

7. 吸附剂　淀粉、氧化钛、高岭土、木屑等吸附剂具有吸附放射性核素的作用。将表面活性剂加入适量络合剂和一些吸附剂制成膏状或糊状物，可用作表面去污。

8. 有机溶剂　有机溶剂（如二甲苯）可使油漆溶解，可作为油漆表面的去污剂。有机溶剂对皮肤会有刺激作用，不能作为皮肤的去污剂。

（二）不同表面的去污

1. 皮肤表面的去污　皮肤表面一旦污染，应尽快去污，因为随着时间的增加，去污效果会降低且会有部分放射性核素通过皮肤被转移到体内。皮肤表面去污的注意事项是：第一不能采用对皮肤有刺激性的去污剂，第二也不宜采用反反复复清洗的方式，每次清洗时，皮肤去污的次数一般不超过 2～3 次。

当皮肤表面的污染水平不高时，用普通肥皂清洗可去除大部分非固定型污染。当皮肤表面污染水平较高，尤其是在固定型污染的情况下，单纯使用肥皂的去污效果往往不理想，此时需根据污染放射性核素的情况采用专用去污剂进行去污。EDTA 肥皂、合成洗涤剂能用作清洗钍及其化合物、钛盐等引起的表面污染。皮肤表面污染是镭盐时，依次用饱和高锰酸钾、亚硫酸氢钠清洗。络合剂、白陶土、淀粉、烷基磺酸钠和小苏打配成的混合物对裂变产物污染的皮肤有较好的去污效果。

皮肤去污时，宜用软毛刷和温水，不能用硬毛刷和热水，因为硬毛刷易破坏皮肤，热水易使局部皮肤充血，两者都可加重局部皮肤对放射性核素的吸收。清洗时，先清洗手部的污染，然后清洗其他部位的皮肤污染。清洗手部的污染时，一般先清洗污染相对最小的手背，其次刷洗指间和掌面，最后清洗甲床部位，全部刷洗一遍后，用温水冲洗后再重复上述清洗方式 1～2 次。手部清洗结束后，要用表面污染检测仪检测手部的去污效果，达到标准要求，可停止清洗，如尚不符合要求，需进一步清洗。

2. 物体表面的去污　物体表面如果是粉尘或灰状的放射性污染，可用吸尘器吸尘或湿抹布收集，其中污染量小时用湿抹布收集，污染量大时用吸尘器收集，且在处理的过程中，要注意避免污染扩散。如果表面污染物是液体，液体量少时用吸水性强的吸水纸、干抹布、木屑等收集，液体量大时用真空吸引器收集或撒上干木屑吸掉后，再用水和去污剂处理物体表面。如果是固定型污染，需要用专门的去污剂清洗。

水、肥皂、合成洗涤剂等均可用于实验室器械的表面去污。

（1）仪器设备的表面去污

常用配方：①煤油接触剂 200mL，水 800mL；②煤油接触剂 200mL、草酸 10g、氯化钠 50g，加水 800mL；③合成洗涤粉 3g、盐酸 40g、六偏磷酸钠 4g，加水 1L。如果用上述配方的去污剂去污效果较差时，当材料耐酸，可继续用高锰酸钾40g、硫酸5g，加水1L配制成溶液先处理，再用含草酸和煤油接触剂的混合液清洗；如材料不耐酸，则可用碱性溶液做进一步清洗。被放射性发光涂料污染的物体表面，可用二甲苯等有机溶剂局部清洗，再用1%稀硝酸刷洗。

（2）物体表面去污的方法：用蘸有去污剂的抹布、刷子、棉球等进行擦拭去污，对多孔性或易于湿润的表面（水泥、水磨石、无油漆的木器、陶瓷、砖等），去污剂不应在表面长时间停留。

表面去污处理后，可用水擦洗干净，最后用表面污染检测仪检查表面污染情况，符合要求则可停止去污。去污用过的抹布、棉球等，应作为固体放射性废物处理。

（3）几种常见的表面去污

橡胶制品：一般清洗时可用肥皂、合成洗涤剂清洗，进一步清洗时可用稀硝酸进行刷洗和冲洗。

玻璃制品：一般清洗时可用肥皂、合成洗涤剂清洗，进一步清洗可先浸于3%盐酸或10%柠檬酸溶液中1h，然后取出用清水冲洗。若去污还不满意，则再浸重铬酸钾硫酸饱和溶液中15min，取出后用清水冲洗。

金属器具：先用清水、肥皂、合成洗涤剂洗涤，如不能去污，再用相应去污剂处理。不锈钢，用加热的2mol/L稀硝酸浸泡后刷洗；也可先置于10%的枸橼酸溶液中浸泡1h，用水冲洗后再置于稀硝酸中浸泡2h，再用水冲洗；铝，用1% HNO_3 或 Na_3PO_4 擦洗；铜和铅，先用稀盐酸洗，再用弱碱溶液中和浸洗，最后全部用清水清洗。如果是对贵重设备进行表面去污，可用枸橼酸、草酸、三聚磷酸钠或六偏磷酸钠溶液清洗。

未涂油漆的木质办公用品：简单吸取表面污染液体后，刨去其表层。

混凝土和砖：盐酸和枸橼酸的混合液多次清洗。

瓷砖：3%的枸橼酸溶液擦洗；10%的盐酸、EDTA、硫酸钠溶液擦洗。

塑料：用煤油等有机溶剂溶解枸橼酸铵后刷洗；如果用酸类、四氯化碳清洗，则应用稀释液清洗。

油漆：可用下述任何一种方法。温水、合成洗涤剂对局部进行擦洗；3%的枸橼酸或者草酸刷洗；1%的磷酸钠溶液刷洗；二甲苯等有机溶剂擦洗。

第六节　辐射相关实验室易发事故及应对措施

人类在探索和使用射线的最初阶段，使用辐射的研究部门和医疗部门，时常会有辐射相关事故的发生。随着人类对放射卫生防护认知水平的提高和管理的完善，辐射事故的发生有明显下降的趋势。但由于种种原因，至今辐射事故还时有发生。因此完善实验室管理措施、规范放射源使用仍然是辐射相关实验室非常重要的工作。

一、辐射事故概述

（一）辐射事故的分类

按照不同的分类依据，辐射事故有不同的分类方法。按照辐射事故导致的照射是外照射还是内照射，将辐射事故分为外照射事故和内照射事故。

1. 外照射事故　外照射事故往往是因为工作失误、机械装置失灵、放射源丢失等原因造成的。近年来，这类事故呈现上升趋势。

> **视窗6-1　探伤机导致的放射性皮炎**
> 2023年初，某市某区的健康管理局就对某公司进行了警告，并开出了一张七万五千元的罚单，原因是该公司在使用便携式X射线机对某批次缺陷产品进行探伤时存在违规操作，导致操作工作人员徐某右手食指远端指节出现红肿溃烂、压痛等症状，患指桡侧及指腹皮肤延甲周形成溃疡面，该患者经某省职业病防治院诊断为职业性放射性皮炎。

2. 内照射事故 内照射事故发生的原因可能是：操作挥发性物质的过程中环境污染浓度太高导致摄入超过允许剂量的放射性核素；操作时，由于操作者的技术原因或操作失误等导致皮肤出现伤口，进而从伤口进入较多的放射性物质的事故；实验室放射性核素管理不善，导致放射性核素被不法分子获取，并用于投毒等事件。

（二）辐射事故的分级

辐射事故的分级，主要是看事故后果的严重程度。不同的辐射源项，其他条件一致时，发生事故后的潜在严重程度不一样，所以我们首先必须知道辐射源项的分类方法。辐射源项的分类已在本章节的第二节进行描述。

2005年8月31日国务院第104次常务会议通过、2005年12月1日起施行的《放射性同位素与射线装置安全和防护条例》（449号令）中明确了辐射事故的分级方法。

449号令第四十条规定：根据辐射事故的性质、严重程度、可控性和影响范围等因素，从重到轻将辐射事故分为特别重大辐射事故、重大辐射事故、较大辐射事故和一般辐射事故四个等级。

特别重大辐射事故，是指Ⅰ类、Ⅱ类放射源丢失、被盗、失控造成大范围严重辐射污染后果，或者放射性同位素和射线装置失控导致3人以上（含3人）急性死亡。

重大辐射事故，是指Ⅰ类、Ⅱ类放射源丢失、被盗、失控，或者放射性同位素和射线装置失控导致2人以下（含2人）急性死亡或者10人以上（含10人）急性重度放射病、局部器官残疾。

较大辐射事故，是指Ⅲ类放射源丢失、被盗、失控，或者放射性同位素和射线装置失控导致9人以下（含9人）急性重度放射病、局部器官残疾。

一般辐射事故，是指Ⅳ类、Ⅴ类放射源丢失、被盗、失控，或者放射性同位素和射线装置失控导致人员受到超过年剂量限值的照射。

近几十年来，我国发生的辐射事故中尚无特别重大的辐射事故。就发生率来说，一般辐射事故所占的比例最大，其发生率占所有事故的80%以上，其次依次为较大辐射事故和重大辐射事故。

二、辐射事故的基本特点

一般来说，辐射事故的涉及人群不会很大，尤其是辐射相关实验室的辐射事故。这些事故往往局限在辐射相关实验室的工作人员之间。但如是由于屏蔽体的屏蔽效能降低或者失效，将有可能导致和辐射实验室相邻科室的人员受照；若是辐射源丢失、被盗或者辐射源被带出辐射实验室时，事故中受照人群可能会进一步扩大。

一般来说，辐射事故具有以下特点：

（一）辐射事故中占最大比例的是辐射源丢失和被盗事故

据统计，我国2004年到2013年发生的辐射事故中，放射源丢失、被盗事故占所有事故的百分比为77%。由于平时疏于对放射源的管理，致使在放射源丢失的初期很容易被忽视。

在放射源丢失导致的事故方面，我们应关注"孤儿源"。2004年国际原子能机构（IAEA）《放射源安全与保安行为准则》中对孤儿源定义为：孤儿源是指那些从未接受过监管部门管制的放射源，或者由于被遗弃、丢失、错放、被盗和非法转移而导致没有置于监管部门管制的放射源。孤儿源的存在是放射源监管的重大安全隐患，并可能引起严重的辐射事故。2000年的国际辐射防护会议上就特别提到了放射源的管理，尤其是"孤儿源"的管理。

由于这些孤儿源未受监管或未置于监管部门的管理之下，很容易发生丢失和被盗事件。在我国，就有人将曾经在实验室使用但成为"孤儿源"的放射源偷盗并卖给废品收购站，废品收购站的工作人员由于好奇心驱使将放射源取出，并置于手上观察一段时间后才扔掉。这个事故过程中导致了废品收购站工作人员手部受到了较大剂量的射线照射，并导致路过废品收购站的路人也受到了一定剂量的射线照射。

表 6-5　2004～2013 年辐射事故类型分布表

事故性质	事故例数	特点
射源丢失与被盗事故	190 起	常发生于小型密封源使用单位，多为Ⅳ类或Ⅴ类放射源
放射源失控事故	37 起	常发生于放射性测井中的放射源卡井或掉井事故
防护屏障失效或明显减弱事故	7 起	/
无主源事故	3 起	通常是孤儿源被送到废品收购站的事故

（二）事故发生的突发性和不明性

辐射事故的突发性和不明性主要是由于辐射事故往往在人们不知不觉中发生，而且当同类的一个或多个患者出现时，由于缺乏专业知识，也往往无法引起实验室管理者足够的重视，致使危害不断扩大而造成更多的人员受照。例如，广东省的一起辐射事故是由于单位改变辐照装置的投照方向，且未向监管部门报备，在屏蔽防护措施未做任何改进的情况下直接继续使用该设备。改造后的设备操作的过程中导致位于楼上的非放射工作人员受到一定剂量的射线照射。另外一起事故，由于经营者不懂得辐射伤害，在购买探伤设备时，仅购买了主机，但未购买必不可少的配件（辐射防护罩）。经营者购得设备后立即组织人员工作，工作数天后，其中数名工作人员因身体不适而主动离岗，但有两名工作人员坚持下来，一段时间后，这两名工作人员手部开始发红、破溃，出现了皮肤放射性损伤的表现。

（三）可能会造成较大的社会影响

我国 2004 年到 2013 年辐射事故调查数据显示，较大和重大事故虽然所占比例较小，仅占 11%，但这些事故中引起了人员超剂量受照，甚至造成了人员的严重损伤或死亡。在一些丢源事故的初期，由于未确定放射源的去处，在放射源未被找回前，公众往往会比较恐慌，因此在一些辐射事故中，心理方面造成的压力可能比辐射的实际危害要大得多。近些年来，辐射事故的心理干预也逐渐被认为是必须和非常重要的。除此之外，加强对公众的正面宣传教育，使公众了解放射源用途的同时了解放射源的危害，这也是有效手段之一。

视窗 6-2　　　　　　　　　新"杞人忧天"

杞人忧天这个成语古人用来形容担心不必要担心的事情，但是 21 世纪初，在杞人忧天发源地，即现在的河南省开封市杞县，发生了一件"杞人忧天"的大逃亡事件，该大逃亡事件就是源于一起辐射事故。河南省开封市杞县利民辐照厂是利用 ^{60}Co 辐照物品的工厂。某天，在操作过程中发生了卡源事故，利民辐照厂立即向环保部门报告了事故，环保部门也进行积极的处理，如采用"机器人降源处置方案"。但是由于不断有领导和专家出入该厂，当地老百姓开始注意该厂，并且很多老百姓都感到不安。紧接着有人在网上发布谣言，造谣说杞县发生了核泄漏事件，并指出杞县 50 公里内都会被炸得粉碎；当机器人进入该厂后，彻底引爆了这座县城老百姓的恐慌，当地老百姓开始往外逃，仅仅是四个小时，杞县的 105 万人口几乎全部从杞县跑光。后经开封市政府通过手机短信，滚动播发通告，告知市民打开开封电视台频道，获知事件真相等方式，事态才开始逐步缓和，老百姓开始返回家乡。仅仅是 4 小时，老百姓就自发逃离并导致一座城被撤空的新版"杞人忧天"事件，充分说明了辐射事故的社会影响非常大。

三、辐射事故的处理

辐射事故绝大多数是由人为因素造成的人为事故，即是由于防护观念的缺乏导致的，因此最大限度地减少这类事故的发生，最应该做的是预防辐射事故的发生。

（一）辐射事故的预防

1. 树立辐射实验室所在单位领导是辐射安全第一责任人的意识 辐射实验室安全的第一责任人是辐射实验室所在单位的主管人员，但是主管们往往对他们是第一责任人的认知不够，甚至没有认知。调查以往的辐射相关实验室发生的辐射事故，有操作人员的问题，但更多是事故单位管理层面的问题，大部分事故的直接原因都体现了发生辐射事故的单位存在辐射安全意识薄弱、安全管理不善、核安全文化缺失等深层次的问题。因此对所在单位的主管进行相关的放射卫生健康教育，使其明确其在辐射实验室安全方面所应该承担的责任，树立第一责任人的意识，是预防辐射事故中非常重要的一环。

2. 加强实验室管理人员和工作人员的辐射防护培训，提高防护观念 在加强安全培训的过程中，应该为人员提供更具针对性的课程和实践练习，帮助他们更好地掌握安全知识和技能，还可邀请专家和资深员工来分享他们的经验和教训，以帮助其他人员更好地理解和应对安全问题。

除了加强安全培训外，还应该加强安全管理和监督工作。需要制定和执行详细的安全操作规程和流程，确保所有操作人员都按照标准的安全要求进行操作。实验室需要定期进行安全检查和维护，及时发现和处理安全隐患，确保设备和设施的安全运行。此外，还需要建立一套完备的安全管理制度，包括安全培训、安全检查、事故处理等方面，确保安全管理工作能够得到有效的实施和落实。

3. 及时制定应急预案并进行相关演习 应急预案是指为了迅速、有序而有效地展开应急行动，降低损失，针对可能发生的突发事件，在风险分析和评估的基础上，预先制定的有关计划或方案。辐射相关实验室必须根据本实验室的特点，分析可能出现的各种故障和意外事故，并据此建立本实验室的辐射事故应急预案。

（1）建立应急预案的意义：包括以下几个方面，减少决策的时间和决策的压力；可减轻人们的心理紧张；也能合理配置资源，减少资源破坏，使资源在需要的时候迅速投入使用；根据应急预案来处理事故，能促使应对反应和恢复行为更为科学合理。

（2）应急预案的启动、执行和终止：当事故发生后，相关责任人应迅速报告本单位的应急领导小组负责人，由负责人决定是否启动应急预案，并根据事故的情况向上一级行政主管部门报告，负责人进一步组织人员按应急预案和事故特点进行处理。当事故隐患或相关危险因素消除后，应终止应急预案。事故结束后，应对事故原因进行分析，并写出分析报告。

（3）应急演习：在实际工作中，不管是否发生事故，辐射相关实验室都应该建立本单位的定期应急演习制度，因为通过应急演习，第一可验证应急预案的有效性，发现实验室应急预案的缺陷以便及时纠正；第二通过应急演习，也便于发现本单位在实际工作中存在的问题；第三通过应急演习，可提高工作人员对事故的应急能力，使工作人员在真正的事故面前，做到快速有效应对，最大限度地降低辐射事故的危害后果；第四通过应急演习，也有利于锻炼处理事故的各部门之间的协调和沟通。

（二）实验室辐射事故的处理

1. 对事故现场进行辐射监测 事故发生后，应立即进行辐射检测，了解污染的范围和污染的严重程度，以此来确定该事故的应对措施。

实验室辐射事故，一般污染会局限在实验室范围内，但有时也会出现被实验室工作者带出室外的情况，例如，踩到洒落地面的放射性物质，该放射性物质将会随着工作人员离开放射工作场所而将放射性物质带到实验室以外的区域。如是这种情况，就必须详细了解该工作人员在该事故过程中的详细的行进路径，对其所有到过的所有地方都应该进行一次全面的检测。

在外照射事故时，辐射检测就是利用辐射巡测仪通过巡测的方式找到屏蔽效价降低的地方或者辐射超标的地方。在有可能引起内照射的情况下，需要检测空气污染浓度，表面污染情况等。

> **视窗 6-3　　　　　　　　　来自于脚底的放射性污染**
>
> 　　某医疗机构按照惯例在对本单位 CT 机房进行机房屏蔽效果年度检测时发现：CT 机房在 CT 尚未开机的情况下，机房内、外均有较高的辐射剂量。因是未开机情况就出现了较高辐射剂量，因此监管人员判断，此高剂量不是来自于设备，而是来自于环境。进一步结合该机房以往的防护检测结果，即往年未有高剂量检出的情况，监管人员排除了装修材料的因素，并明确是在两次年度检测期间，有放射性物质被带入该区域。最后经过详细的排查发现了此次事故发生的经过：一名核医学科的医生在处理患者时，患者突发呕吐，该医生不小心踩到了患者的带有放射性呕吐物，且未进行放射性沾染检测就离开核医学工作场所。因此放射性就被该医生带出了核医学科，其走过的路径上则到处被污染了放射性，这些场所就包含了该医院的 CT 室。试想一下，如果不是医生到过 CT 室，且 CT 室正好要进行辐射防护年度监测，该污染就不会被发现，那就会引起更多的人受照射。

2. 人员受照剂量的估计

（1）外照射剂量的估计：如果事故很快被发现，可按照以下时间节点对人员外照射剂量加以估计：事故短时间内，如 0~6h 内，详细地收集辐射事故相关资料，包括收集受照人员佩戴的个人剂量计并向知情者了解事故发生的经过；收集现场所有受照人员的血液样本等。事故发生一段时间后，如 7~71h 内，此时可将初期得到的剂量进行剂量修正；进行事故过程的模拟并计算出物理剂量；分析前期收集的血液样本并得到受照人员的生物学剂量。事故后 72h 后，得出明确的物理剂量和生物剂量，包括局部剂量和全身剂量，并最终确定是否有放射损伤以及放射损伤所处的阶段。

如果事故发生一段时间后才被发现，上述时间点可不必再关注，但也需要模拟事故过程得出物理剂量；也需采集生物样本分析生物剂量。

（2）内照射剂量的估计：询问事故发生过程，收集生物样品，初步判断摄入量。体内污染的检测可通过直接测量法和间接测量法进行测量。体外直接测量法主要是针对摄入穿透力相对较强，能透射到体外的放射性核素，该测量采用全身计数器进行。间接测量法则是检测生物样品（血、尿、粪、呼出气、唾液等）的放射性并根据相关公式推导体内污染的量，如是通过吸入进入体内的放射性核素，可通过空气污染浓度，以及人员在该环境中的停留时间计算体内污染量。

3. 对人员采取的措施

发生事故时，应立即做好警戒，避免无关人员误入。

如是辐射装置导致的外照射事故，则立即切断电源，有序撤离人员；如是使用放射源的装置出现事故，则应立即使放射源回到屏蔽容器中（如在穿着辐射防护服的情况下，用长柄镊子将放射源放回源室或储存罐中）；如是可能导致人体内污染的事故，则寻找释放放射性物质的位置，并切断其继续释放，同时所有在场的实验室工作人员必须测量每人表面污染的情况，表面污染超标时，需洗消并经测量符合要求后方可到离开。洗消也需要根据具体情况，包括全身洗消和局部洗消。

人员的医学处埋：根据放射损伤的情况，对人员进行相应的医学救治。有部分人员甚至需要进行长期或终身医学观察。

人员的心理建设：做好心理疏导，尽量避免人员发生创伤后应激综合征。

参考文献

国务院，2005.《放射性同位素与射线装置安全和防护条例》[Z].
刘芬菊，周平坤，2023. 医学放射生物学基础 [M]. 北京：人民卫生出版社.
刘晓冬，涂彧，陈大伟，2023. 放射卫生与放射医学 [M]. 北京：高等教育出版社.
全国人民代表大会常务委员会，2018.《中华人民共和国职业病防治法》[Z].

中华人民共和国国家卫生和计划生育委员会,2015.医学放射工作人员放射防护培训规范(GBZ/T 149—2015)[S].北京:中国标准出版社.

中华人民共和国国家卫生和计划生育委员会,2016.职业性内照射个人监测规范(GBZ 129—2016)[S].北京:中国标准出版社.

中华人民共和国国家卫生健康委员会,2019.职业性外照射个人监测规范(GBZ 128—2019)[S].北京:中国标准出版社.

中华人民共和国国家卫生健康委员会,2020.放射诊断放射防护要求(GBZ130—2020)[S].北京:中国标准出版社.

中华人民共和国国家质量监督检验检疫总局,2002.电离辐射防护与辐射源安全基本标准(GB 18871—2002)[S].北京:中国标准出版社.

中华人民共和国卫生部,2006.核与放射事故干预及处理原则(GBZ 113—2006)[S].北京:中国标准出版社.

周美娟,万成松,丁振华,2012.核辐射与核污染—公众防护与应对[M].北京:人民卫生出版社.

邹飞,万成松,2010.核化生恐怖医学应对处置[M].北京:人民卫生出版社.

思 考 题

1. 请解释以下概念：放射源、辐射源、控制区、监督区、电离辐射、非电离辐射、密封源、非密封源、松散污染、固定污染、放射性废物、清洁解控水平、豁免废物、应急预案。

2. 请说明辐照装置有哪些分类？

3. 辐射相关实验室工作人员的健康检查包括哪些内容？

4. 放射性工作场所如何分级的？

5. 如何进行表面去污，如皮肤表面？

（南方医科大学　周美娟）

第七章　实验室机电安全

本章要求
1. **掌握**　实验室机电设备主要危险特性和伤害类型。
2. **熟悉**　各类机电设备的安全操作规程与防护措施。
3. **了解**　机电设备伤害事故的应急处置方法。

机电设备作为机械与电子相结合的领域，涵盖创新的机械结构和电子控制系统，旨在创造智能化、高效能的解决方案。无论是日常生活还是高等院校的科研活动，机电设备都占据着重要地位。在日常生活中，我们随处可见家用电器、交通工具和智能设备等机电设备，而在高等院校的实验室中，线切割机、数控机床、自动化生产线等机电设备也扮演着关键角色。这些机电设备为科技发展注入了活力，提供了创新的平台。然而，机电设备的应用也不乏风险，在使用过程中，安全问题常常成为关注焦点。过去的事故中，像设备故障或操作不当导致的人员伤害等，都表明了机电设备具有潜在的安全风险。本章我们将系统探讨高校实验室机电设备的安全问题，审视安全问题的根源，分析造成事故的原因，并提出防护与管理的策略。

第一节　机械设备的危害与防护

机械设备在生活中的应用极为广泛，我们的衣食住行都离不开机械的直接或间接参与，它们为人类社会的生产提供了巨大动力。正确使用机械设备为我们带来便利，违规操作则会引发一系列的悲剧。在高校机械实践过程中，师生需要接触形形色色的机械设备，若不对机械安全加以管理监督，其后果不堪设想。本节将从机械设备的安全基础知识、一般防护要求和典型机械设备的危害和防护，以及应急处置措施等方面介绍机械设备安全。

一、机械安全基础知识

（一）机械设备危险部位

机械设备的组成通常包括驱动装置、传动装置、工作装置、变速装置、防护装置、制动装置、润滑冷却系统等部分，其中外露传动部分和往复运动零部件等都可能对人体造成机械伤害。易发生机械伤害的主要危险部位包括各种旋转、单向滑动、接近、通过类型部件等，以及运动部件与运动部件、运动部件与固定部件的咬合处。

（二）机械伤害的类型

机械伤害是指机械设备运动（静止）部件、工具、加工件直接与人体接触导致的伤害（图7-1），包括：①卷入伤害，即衣物、头发等被机械设备的皮带轮、齿轮、丝杆绞入；②碰撞，即旋转部件、未正常固定的零部件、飞出的工件砸中人员；③挤压、冲击，即移动工作台、滑块、锻锤等设备对人员造成伤害；④剪切，即剪板机的刀口或其他锋利部件对人体造成伤害；⑤砸伤，即高处的零部件、吊运的物体坠落对人员造成伤害；⑥刺伤、扎伤，即锋利、尖锐物体对人员造成伤害；⑦烫伤，即人员被高温零部件或工件所伤害。

（三）机械伤害原因

机械伤害事故致因通常包含人、物、环境以及管理四个方面的过失或缺陷。

图 7-1　常见机械伤害类型

1. 人员的不安全行为　操作人员麻痹大意、忽视安全，违反安全操作规程进行作业。

2. 物品的不安全状态　机械设备的防护、保险、信号装置缺失或存在缺陷，设备、工具的设计、制造、安装或维修环节存在缺漏。

3. 环境的不安全因素　作业场所狭窄，物品、材料堆放不规范，环境温度、湿度、照度等条件不合格，交通线路配置存在隐患，地面湿滑，有冰雪、油或其他易滑物覆盖。

4. 实验室安全管理的缺失　实验室对安全工作疏于重视，缺少机械伤害警示标志（图 7-2），缺乏安全监管机制，缺少安全宣传教育，导致操作人员安全意识淡薄。

图 7-2　机械伤害警示标志

> **视窗 7-1　某石头加工厂机械伤害死亡事故**
>
> 事故经过：2018 年 7 月，某市某石头加工厂发生机械伤害事故，造成 1 人死亡。晚班带班卢某带领工人兰某、王某等上班。晚上约 22 时，工作中发现铁块掉入磨机，王某停机后，大家协助找出铁块。卢某确认后，宣布可以重新启动机器。但在开机前，王某通过对讲机多次确认输送机上是否有人，未收到回应后按下了开机按钮。不幸的是，几秒后听到对讲机传来喊声，发现兰某已被输送机带到磨机内。他被紧急救出送医，但于 8 月 1 日凌晨 0 时 46 分不幸去世。
>
> 事故原因：在启动机器前未确保输送机上没有工人。
>
> 安全警示：
>
> （1）在操作机器前，确保通过通信设备（如对讲机）进行明确的人员沟通，确认工作区域的人员已全部撤离。
>
> （2）建立明确的机器启动程序，包括多次确认工作区域是否安全，以及采取必要的措施以防止意外启动。
>
> （3）加强带班和操作人员对机器操作和安全程序的认识。

二、机械安全防护一般要求

为实现实验室环境的本质安全，保护实验人员远离各种难以合理消除的危险，各高校实验室应采取必要的安全防护措施，防止机械伤害事故，包括各种间距、限制、开口等的设置方式。

安全防护的实施应优先遵循隔离原则，其次是停止原则。隔离原则是指当通过物理隔离使人体或人体部位在空间上与危险区域隔绝；停止原则是指人体或人体部位进入危险区域前，设备的安全防护装置将会触发，消除危险因素。

对于实验室中的机械设备，可采用以下一般性的安全防护方法：最小间距防护、最大间隙防护、安全开口防护和安全位置防护。

（一）最小间距防护法

最小间距防护法仅用于消除或减少挤压的风险。在使用最小间距防护方法时，适用以下要求。

1. 最小间距是位移面之间的最短距离。
2. 人体各部分之间的最小间距应处于规定范围。
3. 当人体多个部位被挤压的危险同时存在时，应以人体最大部位的尺寸来确定最小间距。

（二）最大间隙防护法

必须使用最大距离来防止指尖接触到危险区。使用最大间隙防护法时，有以下要求。

1. 最大间隙是相邻表面之间的最大距离。
2. 最大间隙不应超过 4mm。

（三）安全开口防护法

当一个待加工的部件被认为是安全保护装置的一部分时，所有的开口必须防止人员进入已确定的危险点。在使用安全开口保护方法时，适用以下要求。

1. 一旦工件就位，其余的开口必须足够小，以防止操作者身体的任何部分进入危险区。
2. 如果因为工件失位而进入危险区，必须采取措施，防止在工件失位时启动机器。这种措施必须达到风险评估中规定的风险水平。

（四）安全位置防护法

安全位置防护法是采用特定公式计算以确定设备的最小安全距离，作为设备布局的参考，采用安全位置保护法的要求如下。

1. 为防止无意接近危险区的行为，必须使危险区有足够的高度和/或足够的距离。
2. 如果危险区位置已明确，则必须通过封闭、隔离等手段限制接近危险区的行为。

制定安全防护方案的过程中，除了采用以上安全防护方法，可能还需要采用其他安全防护装置、补充保护措施等，实施流程可参考图 7-3。

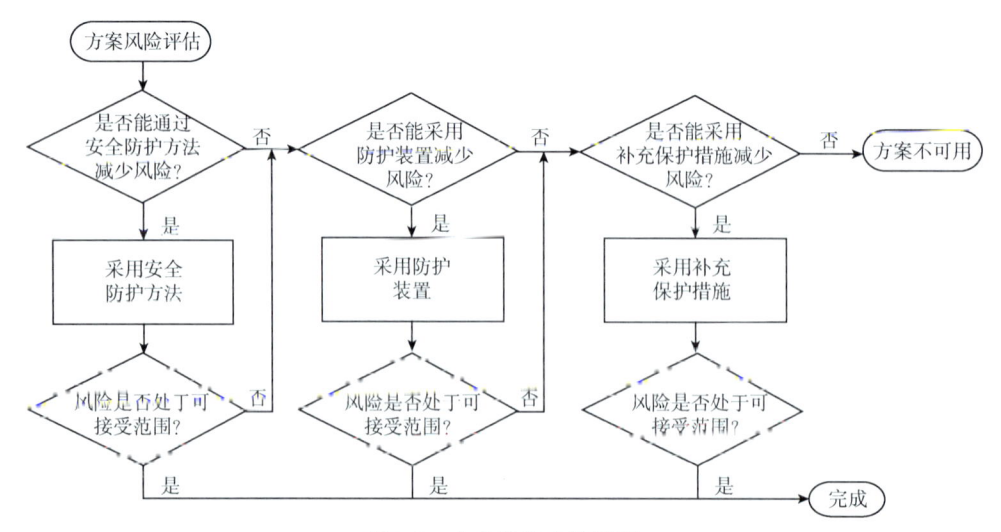

图 7-3　安全防护实施流程

三、典型机械设备危险特性及防护措施

(一)压力机械的危险特性和防护

1. 危险特性 压力机械是指对金属或非金属材料进行冷加工使其在模具间成形的机器。该种设备采用机械方式来完成主传动到模具间的能量传递。

在操作过程中,有多种能够引发机械伤害事故的危险因素,包括:①操作错误,长时间进行机械重复的工作,操作人员神经易疲劳,容易出现错误操作;②配合失误,在操作需要多人配合使用的设备时,沟通、配合失误,造成错误操作;③设备故障。

2. 防护措施 操作压力机械前,应注意以下事项:①禁止酒后操作压力机械;②须按规定穿戴好服装、安全帽(图7-4)、防滑防砸伤工作鞋(图7-5),不得穿戴凉鞋、高跟鞋等违规衣物;③多人操作时,应事先确定专人负责指挥;④操作前,检查防护装置、离合器制动装置、各开关及按钮;⑤清理工作台上的一切不必要物件,避免物件掉落到脚踏开关上而意外启动设备引发事故;⑥设备空转预热。

图7-4 安全帽

图7-5 防滑防砸伤工作鞋

操作压力机械过程中,如需装卸工件,若是手动操作小型压力机,操作者应将脚离开脚踏开关,使用辅助工具取放工件,严禁用手或其他部位取放工件;若是手动操作大中型压力机,要采用双手按钮,手需要进入冲模内取放工件时,必须待机床滑块上行到上死点。

对设备进行例行检修、故障排查或调整冲模时,须使用安全栓;设备启动开关处应设置警示牌,并使用醒目的颜色、字体,必要时应安排专人监护开关。

(二)剪板机危险特性和防护

1. 危险特性 剪板机(图7-6)由墙板、工作台和运动的上横梁组成,下刀片固定在工作台上,上刀片固定在上横梁,上刀口做往复运动以进行剪切,能将金属板料按生产需要剪切成不同规格。

各个规格剪板机所能剪切坯料的最大厚度和宽度,以及相应坯料的强度极限值均有界限,所剪切坯料参数超过限定值可能发生意外。剪板机的刀口非常锋利,使用过程中若操作不当,可能发生剪切手指等严重事故。

2. 防护措施 操作剪板机前,应注意以下事项:①对电气设备、安全防护装置、润滑系统等部分进行检查,确保各部分安全可靠;②需要多人操作时,必须确定一人统一指挥;③选

图7-6 剪板机

择适当的防护装置保护暴露于危险区域的人员；④必须有足够的供装卸材料、工件和废料的工作区域。

在操作剪板机过程中，要精神集中，送料、取料时要使用专用工具，手指与刀口保持安全距离，并远离压紧装置；剪切过程中禁止加润滑油或调整机床；禁止无料剪切或同时剪切两种不同规格、不同材质的板料；剪切的板料表面须平整；应小心剪切后的板料、毛料上带有的毛刺，防止被刮伤。

（三）车削加工危险特性和防护

1. 危险特性 车削是一种用车刀对旋转工件进行切削的机械加工方式，一般用于加工具有回转表面的工件，如轴、盘等。车削加工过程中主要的危险来源是飞溅的碎屑和高速旋转的工件（图 7-7）。

2. 防护措施 操作人员开始工作前，应按规定进行着装，严禁佩戴手套操作车床；确保机床具有足够的结构稳定性，防止其翻倒、跌落；使用防护罩对车床危险区域进行保护；确保夹持装置能够夹紧工件，防止工件飞出；使用断屑器、挡板等装置防护飞屑伤害。

图 7-7 切削过程产生的切屑

操作机床过程中，禁止把工件、夹具或其他附件置于车床身上和主轴变速箱上；切勿用手清理带状切屑；需要手工测量工件时，应先停止运行车床，同时将刀具移至安全位置。

（四）铣削加工危险特性和防护

1. 危险特性 铣削加工是一种用铣刀加工工件的机械加工方式，采用高速旋转的铣刀对固定的工件进行切削，可以进行各种复杂回转体外形的加工。铣削车床（图 7-8）在铣削加工过程中主要的不安全因素来自高速旋转的铣刀及铣削中产生的振动和飞屑。

2. 防护措施 操作人员开始工作前，应按规定进行着装，严禁佩戴手套操作车床；确保机床外形结构稳定；确保夹持装置能够将工件垫平、卡牢；在机床上安装防护罩和减震装置。

操作机床过程中，应控制进刀速度，使铣刀缓慢地向工件靠近，切勿出现冲击现象，防止损坏刀具刃口；需要调整工件、更换刀具或清理铣刀上的切屑时，应先停车后进行操作。

图 7-8 铣削车床

（五）钻削加工危险特性和防护

1. 危险特性 钻削加工是一种用钻头或扩孔钻加工工件的机械加工方式，其中刀具与工件作相对轴向运动，用于加工模具零件孔，钻床见图 7-9。在钻削加工过程中，主要的危险来自高速旋转的主轴、钻头、钻夹和切削形成的螺旋状切屑，可能发生卷入或工件、切屑飞出伤人等事故。

2. 防护措施 操作钻削机床前，应按规定着装，严禁佩戴手套、披头散发；设置防护网于钻头、主轴四周；在运动部件处设置安全锁紧装置；确保工件已夹紧，防止操作过程中工件飞出；工作台或运行部件上不要放置工件或其他工具，避免其落下伤人。

| 台式钻床 |  摇臂钻床 |  立式钻床 |

图 7-9　实验室钻床

操作过程中，严禁在摇臂钻床的横臂回转范围内站立或堆放物品；要经常抬起钻头清理切屑，防止钻头被切屑卡住。

（六）刨削加工危险特性和防护

1. 危险特性　刨削加工是用直线往复运动的刨刀对工件进行加工的机械加工方式，主要用于零件的外形加工。在刨削加工中，主要的危险因素来自往复运动的刨刀、工件和飞屑，可能发生挤压、工件或切屑飞出伤人事故。

2. 防护措施　刨削加工前，应设置限位开关、液压缓冲器或刀具切削缓冲器等防护装置；确保刀具、工件完夹牢固；调整好工作台与横梁的位置，防止开机后工件撞上滑轨或横梁。

刨削过程中，工作台上严禁站人；如果需要更换刀具、装卸或测量工件时，应先停止机床。

（七）磨削加工危险特性和防护

1. 危险特性　磨削加工是一种采用磨具以较高线速度对工件表面进行加工的机械加工方式，可用于加工金属和非金属材料，能够达到较高尺寸精度和表面粗糙度要求。在磨削加工过程中，主要危险因素来自高速旋转的磨具、旋转砂轮的破碎及磁力吸盘。

2. 防护措施　进行磨削加工前，应在砂轮和工件之间留出适当的间隙；严禁佩戴手套进行操作；在磨床上安装防护罩；砂轮在安装使用前应采用目测检查、音响检查、标记核对等方式进行检查；在安装砂轮、砂轮主轴、衬垫和砂轮卡盘时，接触面和压紧面应保持清洁无异物。

磨削加工过程中，如需装卸、测量、调整工件或清洁机床，应先停止运转机床；加工刚开始时应放慢进刀速率，防止砂轮崩裂；在寒冷环境下工作，应使用防冻磨削液。

停机前，应先停供磨削液，然后将砂轮继续旋转，以甩净磨削液；定期对磨削机械的除尘装置进行检查和维修，以保持其除尘能力。

四、机械伤害应急处置措施

为预防或减轻机械伤害事故带来的危害，各实验室发生机械伤害事故时，应当迅速确定事故发生位置、人员伤亡情况、事故波及范围、设备损坏程度等状况，及时救助受伤人员，急救人员尽快赶往事发地点，现场人员予以配合。

（一）休克、昏迷

人员发生休克、昏迷时，应让休克者处于平卧位，腿略微抬起，垫高颈部并抬起下颌以保持其呼吸道畅通。如果休克者属于心源性休克，并伴有心衰、气急、无法平躺，则应将其置于半卧位，注意保暖并保持环境安静，立即呼叫120送医。

（二）骨折

发生人员骨折事故时，应先就地取材以固定断骨，如木棍、树枝、木板、硬纸板等，固定骨折处的上下关节，防止其发生不正常移动。发生脊柱或颈部骨折的情况下，应将伤员留在原地，等待配有医疗设备的医务人员到场将其移走。如需将伤员从地面抬起并运送时，必须多个人同时缓慢发力托起伤员；运送过程中，应使用木板或坚固的材料，可垫棉被，但不能使用柔软的布质担架或绳床。颈部骨折的伤员的头部必须放正，两侧使用沙袋固定头部，不可使头部随意晃动。

（三）出血

人员发生出血时，应快速采取止血措施。在轻微伤口少量出血的情况下，先用生理盐水对伤口进行冲洗消毒，然后用无菌纱布覆盖，再用绷带扎紧；严重出血时，应使用压迫带来止血。该方法广泛适用于头部、颈部和四肢动脉出血的情况下的临时止血，可以用手指或手掌对比伤口更靠近心脏的动脉（止血点）进行按压。

（四）肢体切断

肢体（手指）截断后，有时会因出血或疼痛而立即发生休克，因此该情况下应先设法止血，避免受害者休克。进行急救时，注意以下六点。

1. 让受害者躺下，用纱布或干净的布，放在断肢的伤口上，然后用绷带固定。若无绷带，可以用围巾等代替。

2. 如果一只手臂被切断，应使用绷带把断臂挂在胸前并固定好；如果一条腿被折断，就把它与另一条腿绑在一起。

3. 照顾好受害者后，尽量恢复被切断的肢体。如果被切断的肢体还在机器里，千万不要强行取出肢体，以免增加受伤的机会。正确的方法应该是拆卸后再从机器取出。

4. 取出断肢（指）后，应立即用无菌纱布或一块干净的布包好，然后放入塑料袋或橡胶袋中，关闭袋口。应将装有断肢的袋子放在合适的容器中，如保温桶，放置冰块进行冷冻，并迅速将断肢与伤者一起送往医院进行移植。

5. 如果断肢上有皮肤或其他筋腱附着，不应切断，先对其进行包扎，随后立即送往医院进行治疗。

6. 严禁在断肢的断端使用任何种类的药物（包括消毒剂），更不能用牙膏、炉灰等物品试图止血。

第二节　激光的危害与防护

在实验室中，激光技术被广泛应用于各种领域，从生物医学到物理学，从化学到材料科学，几乎无所不包。在生物医学研究中，激光技术被用于细胞成像，借助流式细胞仪、激光诱导荧光技术，研究单个细胞的结构和功能，荧光标记的分子和激光显微镜相结合，可追踪细胞内的生化过程；在分子生物学中，激光还用于基因测序，通过激发特定标记的核酸碱基，快速测序DNA；在光谱学和化学分析中，激光被用于分析样品的成分和结构，如气相分子吸收光谱仪和激光拉曼光谱仪；在物理学研究中，激光可用于激发特定光谱，如：荷兰ASML的EUV光刻机的核心是使用二氧化碳激光器发射激光，使"锡"瞬间加热等离子化，并释放出极紫外光；在材料研究中，激光被用于激光表面改性、激光3D成像等。尽管激光技术为科学研究提供了重要的工具，但必须始终注意激光的潜在危险性。不正确的操作可能导致眼睛和皮肤损伤，甚至危及生命。因此，实验人员必须采取正确的防护措施，遵循实验室安全规程，以确保激光技术的安全应用。

一、激光的基础知识

（一）激光等级的分类

根据终端用户在工作中使用的波长、输出功率和激光特性，激光系统可分为4类，这种分类也可以被认为是激光系统的危险分类。该分类从一级开始，有4个类别，激光系统的分类级别越高，代表其危险性越大。激光系统上通常会用罗马数字表示激光系统分类等级，同时会有警告标志（图7-10）和波长、总输出功率、激光分类等信息。

图7-10 激光警告标志

1. 一级激光（小于0.5mW） 一级激光本身是安全的，在正常使用条件下一级激光不会对健康造成危害，设置其警告标志是为了防止人员在工作中进入激光辐射区域。

2. 二级激光（0.5mW至1mW） 二级激光是低功率的可见激光器。使用者可以通过眨眼来保护自己不受强光的影响，但长时间的直视会造成危害，二级激光需要配有警告标志。

3. 三级激光（1mW至500mW） 三级激光系统需要警告标志，有时还需要危险标志。如果只是短暂看到，使用者能够受到人眼撤光反应的保护。三级激光系统在直接看到或看到二次光束时，会造成伤害。如果从无光表面反射，这一系列通常不会造成伤害。虽然它们对人眼有害，但造成火灾和皮肤烧伤的风险较低。建议在使用这一系列的激光器时，要注意保护眼睛。

4. 四级激光（大于500mW） 四级激光对皮肤和眼睛都是有害的。直接反射、二次反射和漫反射都会造成伤害。所有四级激光系统都应带有危险警示符号。四级激光对激光器工作范围内或附近的材料也有损害，可能点燃可燃材料。使用这些激光时需要注意保护眼睛。

（二）激光的危害

激光的光热效应、声学和光化学效应都可能对人体产生危害。生物组织对激光能量的吸收会导致温度突然升高，即所谓的热效应。热效应造成的损害程度取决于照射时间、激光的波长、能量密度、照射面积和组织的类型。声学效应是由激光的冲击波在组织中传播引起的，导致局部组织蒸发，最终造成不可逆的组织损伤。激光还具有光化学效应，引起细胞内化学物质的变化，从而导致组织损伤。

1. 对人眼的伤害 可见光和近红外（400～1400nm）激光都会损害视网膜。由于激光辐射集中通过角膜、晶状体和其他折射介质，到达视网膜的激光辐射量约为到达角膜的10万倍。波长在315～400nm的光主要被晶状体所吸收，造成晶状体的光化学或热损伤，从而破坏晶状体不同组织层之间的精确连接。这会引起散射面积的增加，导致白内障的形成。暴露在紫外线下会加速晶状体老化，并可能使晶状体失去调节或者聚焦功能，导致老花眼。波长在1.4～100μm的红外辐射能被眼睛表面吸收，导致角膜的热损伤。波长在100～315nm的紫外辐射也会损伤角膜，过度的紫外暴露会导致光角膜炎、昼盲、红眼、流泪等症状。

2. 对皮肤的伤害 可见光（400～780nm）和红外线（780～1400nm）光谱范围的激光照射皮肤，会引起各种生物效应，程度从轻微红斑到严重出血。用非常短的脉冲和高的峰值功率对表面吸收较强的表面进行照射，一般会导致组织的灰白色碳化，没有红斑。非常强烈的辐射可能导致皮肤色素沉着、溃疡、瘢痕和内脏器官的损害，尽管还没有显著证据能够证明激光辐射的潜在或累积效应，然而目前的一些研究表明，在某些条件下，小面积的人体组织可能对重复的局部辐射敏感，从而改变发生反应的辐射阈值。生物阈值研究表明，在1500～2600nm的波长范围内，皮肤损伤的风险与眼睛损伤的风险相似。对于10秒以内的照射，该光谱区域的MPE（最大允许照射量）随着波长的增加而增加。

3. 电击 使用激光时最常见的电伤害是电击，高电压激光系统存在致命的危险。

4. 化学危害 激光系统中含有的一些物质具有毒性，如染料、准分子等，对人体有害，且激光引起的化学反应会产生有害的粒子和气体。

5. 火灾危害 燃料激光器中使用的溶剂是高度可燃的。高压脉冲和灯管闪烁会产生火花，引起火灾，在激光过程中直接接触激光，以及偶然接触到激光器反射的连续红外光，会点燃可燃材料，造成火灾。

（三）激光安全标准

1. 一级标准 无需制定安全标准。

2. 二级标准 除非基于特殊目的并且照射强度和持续时间处于允许的范围内，否则严禁人眼直接对着激光光源。

3. 三级标准 三级激光器必须由具备足够经验的人员操作；严禁直接将激光器对准人的眼睛；应设置警示灯或警报器用于指示激光器的工作状态；光路应尽可能封闭；当存在可能对人眼造成威胁的直射、镜面反射光的情况下，必须始终对眼睛进行相应的保护；光路应设置在远高于或远低于人眼的高度，确保当人坐着或站着观察时不会直视光路；严禁用光学仪器直接观察激光；防止无关人员介入。

4. 四级标准 为三级激光系统列出的所有标准都同样适用于四级激光器；四级激光器应在局部隔离且可控的操作区域内使用；尽可能选择远程监测装置；为在控制区工作的所有人员提供适当的眼部防护；室外使用的高功率激光装置，必须确保所需区域的适当高度和截面范围不受阻碍；支座应尽可能采用漫反射的阻燃材料。

二、激光危害防护

（一）个人防护

1. 安全环境 激光的安全防范措施取决于激光的使用环境。对于在室内外的受控环境中使用的三级和四级激光束，激光安全预防措施都必须适用。三级激光必须由受过训练的专业人员使用，而且必须控制激光束，使其不在危险区域外传播；对于潜在的危险激光束必须设置光束防护罩、光束挡板（图7-11）阻挡；必须提供适当的维修设施；必须在光束内或附近使用漫反射挡光材料（图7-12）。在使用四级激光器的工作场所，需要采取额外的保护措施。用于关闭激光器或减少激光辐射量的有效装置有：①防止过载操作的自锁联动装置。②要求操作人员按规定配备个人防护用品。③表明激光器正在工作的醒目标志或声音信号。

图7-11　光束挡板

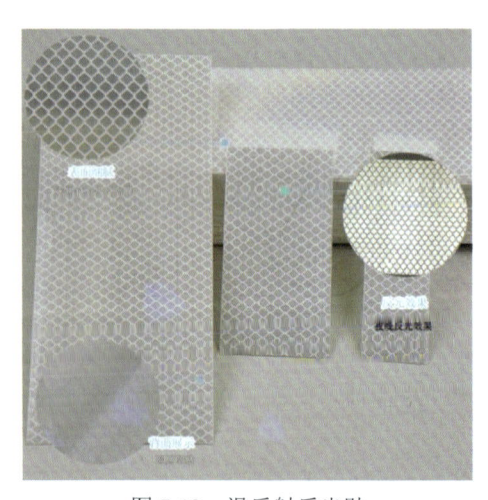

图7-12　漫反射反光贴

2. 眼部防护　激光对眼睛的损伤是激光产品可能的最大潜在危险。不同波长的激光可以对眼睛的不同部位造成不同程度的伤害。不同类型的护目镜（图7-13）可以抵御不同波长的激光。激光的波长和相应的光密度（optical density，缩写OD）是选择护目镜进行激光防护时的两个重要因素。因此，应在护目镜上标明OD和具体波长的信息，以便于根据具体的激光波长和功率选择合适的护目镜。不能仅仅依靠护目镜进行眼部防护，即使戴上护目镜也不能直接在光路中进行观察，需要依靠其他防护措施。在使用高功率的激光产品时，唯一的选择是使用能直接阻挡激光眩光的设备，来防止激光直接照射人体。

3. 保护皮肤　暴露在250～380nm波长范围内的激光中，尤其在280～315nm的紫外到蓝光波长范围内，可能会引起皮肤烧伤、皮肤癌和皮肤加速老化。暴露在280～400nm波长范围内的激光中，皮肤中色素会加速沉积，310～600nm波长范围内的激光可引起皮肤的光敏反应，700～1000nm波长范围内的激光可引起皮肤烧伤或皮肤角质化。

图7-13　激光防护目镜

良好的皮肤保护措施包括穿具备阻燃性能的长袖衣服（激光防护服见图7-14），在受控的激光区域安装由阻燃材料制成并在表面涂有黑色或蓝色硅材料的幕帘和防护罩，用于吸收紫外线辐射和阻挡红外线。

图7-14　激光防护服

（二）激光安全的管理要求

1. 激光指示器安全标记　激光器（图7-15）的分类主要是根据它们对人眼和皮肤的潜在危险程度以及辐射参数来确定的。激光器按危险程度从低到高分为1类、1M类、2类、2M类、3R类、3B类和4类。每个激光指示器产品都应根据标识规定进行标记。标识应足够耐用，能够永久固定，书写清晰，处于醒目位置，在使用过程中清晰可见。标识的位置应使未暴露于超过1级AEL的激光辐射的人员能够看到。标识的边缘和符号应为黄底黑字，1类激光标识可以选择其他颜色组合。

几类激光指示器的警告和说明标记如下。

（1）1类激光指示器应配备警告标签和声明，标识内容包括：1类激光指示器；激光辐射；勿直视光束或指向他人（图7-16）。

图7-15　激光器

（2）1M类激光指示器应配备警告标签和声明，标识内容包括：1M类激光指示器；激光辐射；勿直视光束或指向他人；勿使用光学仪器直接观看光束（图7-17）。

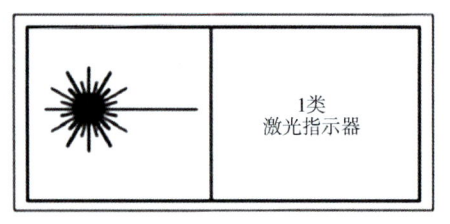

图7-16　1类激光指示器标识　　　　　　　图7-17　1M类激光指示器标识

（3）2类激光指示器应配备警告标签和声明，标识内容包括：2类激光指示器；激光辐射；勿直视光束或指向他人（图7-18）。

（4）2M类激光指示器应配备警告标签和声明，标识内容包括：2M类激光指示器；激光辐射；勿直视光束或指向他人；勿使用光学仪器直接观看光束（图7-19）。

图7-18　2类激光指示器标识　　　　　　　图7-19　2M类激光指示器标识

2. 一般性安全规定　高功率激光器应设互锁装置等安全措施，并定期进行安全检查；张贴醒目、清晰的警示标志；在实验室设置不透光挡板，以防止激光意外传播到其他空间；激光器必须由经过培训的专业人员操作，操作期间无关人员禁止入内；操作人员应按规定着装，佩戴护目镜（图7-13）并穿着激光防护服（图7-14）；实验环境必须光线充足，使瞳孔收敛，能够减少意外发生时的伤害；操作人员上岗前，必须接受眼部检查，并至少每年进行一次复查；任何情况下都禁止长时间直视激光光源，包括佩戴了激光护目镜时；检查激光器故障，必须先确保激光器处于断电状态；使用激光设备时，身上不能佩戴任何反光物品，如手表、戒指、手镯等，防止激光光束意外折射造成伤害；除激光毁伤试验外，激光光路上严禁放置易燃、易爆物品及黑色的纸张、布、皮革等燃点低的物质。

（三）应急处置

若实验人员暴露在激光束中，必须快速脱离照射，还要保持安静，适当休息，保护眼睛免受光线影响。如果出现出血状况，可使用维生素、能量制剂治疗，必要时可使用糖皮质激素，也可使用中药进行活血化瘀，减轻肿胀。

第三节　粉尘危害与安全管理

粉尘是实验室中一种常见的潜在危险因素，可能源自各种实验和工作过程，包括化学合成、样品制备、研磨、切割、燃烧和粉末处理等。这些粉尘可以包括化学物质、颗粒物质、细菌、病毒和其他微粒，对实验人员的健康和安全构成威胁。在实验室中，粉尘的应用范围非常广泛，例如，化学实验中可能产生化学试剂的粉末状固体，材料实验进行材料抛光和加工，能源研究中进行燃烧实验等。因此，粉尘安全在实验室环境中是一个重要的考虑因素，以确保实验人员的健康和实验室的安全。

一、粉尘的基础知识

（一）粉尘的来源

工业生产过程中产生的粉尘的主要来源（图7-20）有：①固体材料的加工或研磨，如研磨、切割、钻孔、爆破、破碎、铣削、农林产品加工等。②空气中蒸汽的凝结或加热时物质的氧化产生的粉尘颗粒，如金属熔化、焊接、铸造过程等。③有机物质不完全燃烧产生的微粒，如木材、石油、煤炭等燃烧产生的烟尘微粒。④粉尘源还包括翻砂、筛选、包装、搬运等作业产生的残留物，以及因振动或空气流动、沉积的粉尘发生运动而重新飘入空气中的二次粉尘。

（二）粉尘的分类

按照粉尘的性质可分为：①无机粉尘，包括矿物粉尘，如砂、煤；金属粉尘，如铁、锡、铅及其化合物；人工无机粉尘，如金刚砂、水泥、玻璃纤维。②有机粉尘，包括植物性粉尘，如木材、烟草、面粉；动物性粉尘，如兽皮、角质碎屑、毛发；人工有机粉尘，如炸药、有机染料、塑料、化学纤维；③混合性粉尘，上述多种粉尘的混合物，如面粉和研磨粉尘的混合物等。在职业健康和安全工作中，在初步确定某种粉尘对人类的危害机制和程度时，往往会考虑该粉尘的特性。

图 7-20　粉尘的来源

按照粉尘颗粒的大小可分为：①粉尘，指直径大于 10μm 的粉尘颗粒，在静止的空气中加速沉降，不发生扩散。②尘雾，指直径在 0.1μm 至 10μm 的粉尘颗粒，在静止的空气中匀速沉降，不容易发生扩散。③烟尘，指直径 0.001μm 至 0.1μm 的尘埃粒子，由于其大小接近空气分子，受到空气分子的冲击而发生布朗无规则运动，即无规则运动，在静止的空气中几乎完全悬浮或非常缓慢地发生曲折沉降。如前所述，不同大小的粉尘颗粒在空气中的悬浮时间不同，这方面特性会直接影响到操作人员的接尘时间，因此应根据空气中粉尘的状况和特性，采取相应的治理方法。

（三）粉尘对人体的伤害

1. 粉尘中毒　不同类型的粉尘会对身体造成不同的伤害。当人体吸入了可溶性粉尘，这些粉尘会通过血液系统进入体内，引起中毒，情况严重时还会危及生命。可通过佩戴防尘面罩（图 7-21）进行预防。

2. 损伤眼角膜　较硬的粉尘进入眼睛后会损害眼角膜和结膜组织，容易造成角膜混浊等症状，严重时会引发结膜炎。操作人员应注意远离该类型粉尘，可通过佩戴护目镜（图 7-22）进行预防。

3. 引发尘肺病　人体吸入大量的粉尘之后，易引发尘肺病，出现该病症主要是由于长期暴露在粉尘环境中，导致人体肺弥漫性间质纤维发生了改变。作为一种较常见的职业病（常见尘肺病见图 7-23），尘肺病对人体健康具有很大危害，工作于粉尘环境中的人员应佩戴好口罩等防护用具。

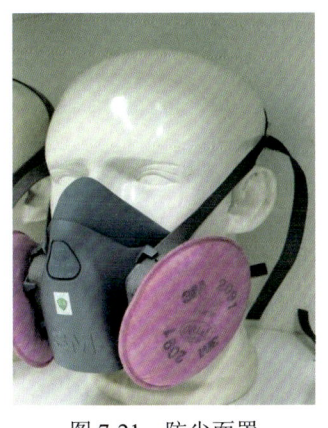

图 7-21　防尘面罩　　　　图 7-22　防尘护目镜　　　　图 7-23　常见尘肺病

4. 影响皮肤健康 粉尘与皮肤接触后同样会对皮肤健康产生不利影响，包括粉尘堵塞毛孔，或是引发皮肤干燥等健康问题。

二、粉尘爆炸

（一）粉尘爆炸的特点

1. 粉尘爆炸起爆能量大，范围从数十兆焦耳至数百兆焦耳。

2. 与气体相比，粉尘燃烧缓慢且持续时间长，能量含量高，爆炸造成的破坏和烧伤程度也更大。其主要原因是粉尘中的碳和氢含量高，即可燃物含量高。粉尘爆炸温度通常可达2000～3000℃以上，最大爆炸压力范围为345～690kPa，产生的能量比气体爆炸高出数倍。

3. 粉尘爆炸从粉尘接触明火到爆炸，要经过加热融化、解离、蒸发等复杂过程，所需的时间称为感应期，粉尘爆炸的感应期通常比气体爆炸的感应期长，可达几十秒，因此在爆炸发生前更容易发现其爆炸迹象。

4. 粉尘爆炸可在建筑物的其他部位再次引起粉尘爆炸。第一次爆炸会导致沉积粉尘被扬起，使粉尘浓度高于第一次粉尘爆炸的浓度，加之爆炸中心空气的热膨胀，在短时间内产生负压，会有新鲜空气返回爆炸中心，与被扬起的粉尘混合形成爆炸性粉尘，随即发生二次爆炸，其破坏力往往高于第一次爆炸。

5. 粉尘爆炸时间短，而且往往燃烧不完全，因此燃烧产物中往往含有大量一氧化碳，可导致人员一氧化碳中毒。

视窗 7-2　　　　　　　某大学实验室爆燃事故

事故经过：2021年10月，某大学材料实验室发生了爆燃事故，引发火情，造成明显的爆炸声和浓烟，导致2人死亡，9人受伤，其中有学生和教师。爆炸点位于实验楼的三楼，有两次明显的爆炸事件，后面的爆炸可能是二次爆炸。目击者描述爆炸现场有大规模的浓烟和蘑菇云，许多学生被迫撤离，救护车和消防车赶到现场进行救援。

事故原因：在爆燃事件中，初步推测爆炸可能与材料实验室内的金属粉末有关，疑似涉及铝镁金属合金粉末，且可能存在镁粉和铝粉。其中镁粉易燃，高温时遇水可发生化学反应，放出氢气，导致更大规模的爆炸。事发实验室可能没有正确使用灭火器材，一些人试图用水灭火，但金属粉末爆炸不能用水扑灭，应该使用合适的灭火器。

安全警示：

（1）对于金属粉尘，特别是易燃的金属粉尘，必须采取防范措施。不可低估金属粉尘的爆炸危险性，确保实验室或工作场所内的金属粉尘得到妥善处理和存放；

（2）金属粉尘爆炸不应用水进行灭火，应采用适当的灭火器材，如干沙或干粉灭火器，以防止进一步的爆炸；

（3）实验人员应接受安全教育和培训，了解实验室或工作场所内的化学危险物质，并熟悉灭火器材的使用方法。不得单独从事易燃、易爆、高压、有毒、有害等危险性实验。

（二）粉尘发生爆炸的条件

1. 粉尘本身必须是可燃的 可燃性粉尘包括有机粉尘和无机粉尘。有机粉尘受热后会分解，释放出可燃气体并留下可燃炭；而无机粉尘（如金属粉末）不会受热分解产生气体，但可以融化并汽化成可燃蒸气，某些金属颗粒能够进行气固两相燃烧。

2. 粉尘颗粒应具有合适的尺寸和分布状态 干粉尘的粒径大小决定了粉尘能否在空气中悬浮。大的颗粒通常难以悬浮，即使悬浮在空气中也会较快沉降；而粒径小的粉尘颗粒，扩散作用则大于重力作用，粉尘易形成爆炸层云，若在颗粒周围有足够的助燃气体，则能够发生燃烧。如果粉尘颗粒的浓度太低，燃烧放热太少，燃烧难以持续，则不会爆炸；如果浓度太高，混合物中氧气被大量消耗导致氧气浓度过低，也不会发生爆炸。

3. 点火源 粉尘发生爆炸的必要条件之一是具备点火源，包括电弧、火焰、火花和机械冲击等。表 7-1 为空气中粉尘爆炸极限表。

表 7-1 空气中粉尘爆炸极限表

粉尘种类	粉尘名称	爆炸下极限/(g·m³)	起火点/℃	粉尘名称	爆炸下极限/(g·m³)	起火点/℃
金属	钼	35	645	铁	120	316
	锑	420	416	钒	220	500
	锌	500	680	硅铁合金	425	860
	锆	40	常温	镁	20	520
	硅	160	775	镁铝合金	50	535
	钛	45	460	锰	210	450
热固性塑料	绝缘胶木	30	460	酚甲酰胺	25	500
	环氧树脂	20	540	酚糠醛	25	520
热塑性塑料	缩乙醛	35	400	聚乙烯	20	410
	醇酸	155	500	聚对苯二甲酸乙酯	40	500
	乙基纤维素	20	340	聚氯乙烯	—	660
	合成橡胶	30	320	聚乙酸乙烯酯	40	550
	醋酸纤维素	35	420	聚苯乙烯	20	490
	四氟乙烯	—	670	聚丙烯	20	420
	尼龙	30	500	聚乙烯醇	35	520
	丙酸纤维素	25	460	甲基纤维素	30	360
	聚丙烯酰胺	40	410	木质素	65	510
	聚丙烯腈	25	500	松香	55	440
塑料一次性原料	乙二酸	35	550	多聚甲醛	40	410
	酪蛋白	45	520	对羧基苯甲醛	20	380
	对苯二酸	50	680			
塑料填充剂	软木	35	470	棉花絮凝物	50	470
	纤维素絮凝剂	55	420	木屑	40	430
农产品及其他	玉米及淀粉	45	470	砂糖	19	410
	大豆	40	560	煤炭（沥青）	35	610
	小麦	60	470	肥皂	45	430
	花生壳	85	570			

（三）粉尘爆炸预防措施

防止粉尘爆炸的主要策略包括防止粉尘与空气形成可爆炸混合物，并消除点火源。存在受热表面的设备、管道和器具通常会成为潜在的点火源，因此设备表面不宜过热。在任何情况下，设备表面温度应始终低于粉尘层的点火温度。此外，在装有搅拌装置的粉碎机、破碎机、风管等设备中，可燃粉尘可能被火花点燃，因此这些设备中潜在的点火源部分，必须采用不产生火花的材料制造。另外，可以采取以下措施预防粉尘爆炸。

1. 及时清理粉尘，防止粉尘沉积。

2. 加强管理，消除粉尘爆炸的点火源。根据之前的分析，粉尘爆炸可能由多种点火源引起，应根据工作环境中可能出现的点火源类型来采取相应的措施，针对性预防。

3. 防止设备中的粉尘发生爆炸。部分作业中，设备中可能出现爆炸性粉尘和气体混合物，此种情况下唯一可靠的方法是向设备内充入惰性气体，降低系统中的氧含量，使火焰无法扩散以防止爆炸。

（四）粉尘爆炸的火灾危险性

粉尘爆炸的火灾危险主要取决于粉尘的燃烧特性和工作特性。可燃粉尘具有燃烧和爆炸两种特性。粉尘的可燃性主要受干燥度和粒径的影响，干燥度越高，粒径越小，燃烧爆炸危险性越大。粉尘的自燃不仅取决于粉尘的厚度、气流和风的方向、气温，还取决于粉尘颗粒的细度、结构和细孔的内外表面等因素。不同的混合物也会对粉尘自燃产生很大影响。

三、实验室粉尘安全管理

高校实验室的实验活动常常会涉及粉尘，为防范粉尘火灾爆炸，高校实验室应采取以下粉尘安全管理措施。

（一）建筑物的结构与布局

进行粉尘试验的实验室必须满足一般的防爆要求，远离办公室或人群密集区，尽可能处于相对开放的环境中，并有适当的警示标志和标识（图7-24）。存在粉尘爆炸风险的建筑物，应设置符合规范的泄爆区域，且该建筑宜为单层框架结构建筑，其屋顶宜用轻质结构；存在粉尘爆炸风险的工艺设备，应尽量设置在露天场所，若设置在厂房内部，则应放置在较高位置，并靠近外墙。

粉尘爆炸危险场所须设有安全疏散通道，其位置、宽度应符合建筑防火规范；实验室的门窗框架应采用金属材料，安全门向外开启；安全疏散通道不得堆放杂物，必须保持通畅，有明显的禁止烟火标志（图7-25），并配备应急照明装置和明显的疏散指示标志。

图7-24　防尘标志　　　　图7 25　禁火标志

（二）防爆措施

实验室中与粉尘直接接触的设备或装置，必须设有接地装置，并定期进行清洁和维护，同时其最大允许表面温度必须低于相关粉尘的最低点火温度。根据粉尘特性配备相适应的灭火装置，禁止使用干粉、泡沫和水基灭火器。在储存和使用大量粉状物质的场所，必须选用防爆电气设备、防爆灯具、防爆电气开关（图7-26）和镀锌线路，

图7-26　防爆电气开关

达到整体防爆要求。

高压集尘器中禁止使用金属粉尘，如铝和镁粉尘；对于使用高压集尘器的其他可燃粉尘收集系统，必须采取安全措施以避免点火源。如果粉尘输送管道含有点火源，例如连接到木工磨床的粉尘输送管道、纺织梳理机的粉尘输送管道等，必须安装火花检测和火花预防装置。

如果需要在产生大量粉尘的试验场地进行动火作业，必须得到所属学院及学校主管部门的批准，必须在对安全作业条件进行评估后才能进行动火作业。实验过程中，要确保实验室粉尘浓度保持在爆炸下限以下，使用加湿喷雾装置将实验区湿度保持在65%以上。

（三）存放与除尘

与粉尘有关的实验区应配备通风和除尘设备。除尘器应符合防静电安全要求，配备有阻爆、隔爆、泄爆装置，同时应使用具有防爆功能或不产生火花的工具；除尘系统的导电部分必须安全接地，接地电阻小于100Ω，管道连接法兰应采用跨接法。另外，除尘系统应在工艺系统运转之前开启，如果工艺系统关闭，除尘系统应至少再运行10min，关闭后需将所有粉尘从箱体和集尘器中取出并清理。

铝、镁等金属粉尘的湿式集尘系统应当配备与研磨抛光设备联锁的液位、流速监测装置，工作区和除尘器壳体必须有良好的通风，以防止氢气的积聚，并及时、规范地清除粉尘沉积物。该类型粉尘如需临时存放，应建立相对独立的临时存放区，远离工作现场和其他人群密集区，并采取必要的防火防爆措施，如防水防潮、通风和氢气监测等。含水镁合金废屑应当优先采用机械压块处理方式，镁合金粉尘应当优先采用大量水浸泡方式暂存。

自燃性粉末在储存前必须冷却到正常的储存温度，并在存放期间持续监测粉体的温度，如果发现温度升高或有气体逸出，应及时采取措施冷却粉体。在收集、处理和储存自燃金属粉体的过程中，应采取必要的防水防潮措施。

（四）个体防护

从事粉尘相关实验的高等院校应向粉尘相关实验室人员提供符合《个体防护装备配备规范 第1部分：总则》（GB 39800.1—2020）标准的劳动防护用品，例如防尘防电弧光头盔（图7-27），一体式护耳安全帽（图7-28），高等级正压呼吸送风器（图7-29）；并指导和监督实验室人员按照使用规则穿戴和使用。进入产生粉尘的实验区，必须穿防静电棉服，戴防尘口罩和护耳，禁止穿化学纤维材料制成的衣服。如果实验会产生有毒气体，必须安装呼吸保护设备，以确保操作者的安全。

图 7-27 防尘防电弧光头盔

图 7-28 一体式护耳安全帽

图 7-29 高等级正压呼吸送风器

（五）安全教育

对进行粉尘爆炸实验的院校，应对涉及粉尘爆炸实验、设备、安全管理等方面的相关实验人员进行专项安全培训和教育以及粉尘防爆安全知识宣传，使其认识到工作场所的爆炸危险性，掌握粉尘爆炸事故的预防和应急处理措施；未经过培训和教育的人员不得上岗作业。同时，应如实记录对学生和工作人员的培训和教育时间、内容、考核情况等。

参 考 文 献

国家标准局, 1986. 剪切机械安全规程 (GB 6077—1985)[S]. 北京：中国质量标准出版传媒有限公司.
国家市场监督管理总局, 等, 2009. 磨削机械安全规程 (GB 4674—2009)[S]. 北京：中国质检出版社.
国家市场监督管理总局, 等, 2020. 个体防护装备配备规范第 1 部分：总则 (GB 39800.1—2020)[S]. 北京：中国质检出版社.
国家市场监督管理总局, 等, 2020. 激光指示器产品光辐射安全要求 (GB/T 39118—2020)[S]. 北京：中国质检出版社.
国家市场监督管理总局, 等, 2021. 机械安全 // 安全防护的实施准则 (GB/T 30574—2021)[S]. 北京：中国质检出版社.
中华人民共和国国家质量监督检验检疫总局, 等, 2005. 金属切削机床 // 安全防护通用技术条件 (GB 15760—2004)[S]. 北京：中国标准出版社.
中华人民共和国国家质量监督检验检疫总局, 等, 2011. 压力机用安全防护装置技术要求 (GB/T 5091—2011)[S]. 北京：中国质检出版社.
中华人民共和国国家质量监督检验检疫总局, 等, 2012. 剪板机 // 安全技术要求 (GB 28240—2012)[S]. 北京：中国质检出版社.
中华人民共和国国家质量监督检验检疫总局, 等, 2013. 冲压车间安全生产通则 (GB 8176—2012)[S]. 北京：中国质检出版社.

思 考 题

1. 压力机操作人员使用设备前，应做哪些准备？
2. 穿着宽松衣物、披头散发、穿戴手套使用车削机床易引发何种事故？
3. 本章中哪些类别的设备不可佩戴手套操作？它们有什么共同点？
4. 粉尘包含哪些种类？
5. 实验室机械设备可能造成哪些机械伤害？在实验室中，使用剪刀、切割器具、机械切割设备时可能发生的伤害类型是什么？
6. 实验人员受到肢体切断伤害后，应采取哪些措施进行急救？
7. 在实验室中使用激光时，可以采取哪些措施进行激光危害防护？
8. 在实验室中如何有效管理和控制粉尘的安全？

（华南理工大学　肖　舒　刘　哲）

第八章　实验室特种设备与常规冷热设备安全

本章要求

1. **掌握**　实验室特种设备及冷热设备的安全使用与管理。
2. **熟悉**　特种设备及常规冷热设备的分类及工作原理。
3. **了解**　各类实验室特种设备及常规冷热设备的常见危险及事故。

在实验室的常规运作中，特种设备与冷热设备扮演着不可替代的重要角色，包括起重设备、专用机动车辆、压力容器、制冷设备和加热设备等。

起重设备，如电梯和起重机，为实验室提供必要的物品装卸功能。电梯通常用于垂直运输，起重机用于吊装大型实验装备或进行精密定位。专用机动车辆，如叉车，用于运输重型实验设备或材料。特种设备的装卸与搬运功能为实验提供了灵活性和便捷性。压力容器和压力管道一般用于承载高压气体或液体。制冷设备，如低温槽和冰箱，用于实验中的温度控制和样品保存。加热设备，如加热浴锅和烘箱，用于样品加热和反应控制。常规冷热设备广泛应用于生物学、化学和材料科学等领域，为实验条件的稳定性和可控性提供保障。

本章将深入介绍实验室特种设备的基础知识，包括其工作原理、操作规程和安全措施，并对典型设备进行详细介绍，旨在帮助实验室工作人员更好地理解和掌握这些设备的使用和维护，以确保特种设备及常规冷热设备的安全运行。

第一节　起重类设备使用安全

实验室中起重类设备扮演着至关重要的角色，它们旨在实现物品的提升、搬运和定位，从而为科学研究、实验操作以及设备维护提供支持。在实验室环境中，常见的起重类设备包括实验室起重机、电动葫芦、试验机械臂以及升降台。这些设备在实验室中的用途多种多样，包括设备安装、样品搬运、定位调整、材料测试、实验操作等，为研究人员提供了便捷而高效的工作手段，有助于实验工作顺利进行。

一、起重类设备的基础知识

（一）起重机械

实验室起重设备可以分为简易型（如千斤顶、手拉葫芦、手摇卷扬机、单梁、吊架等，见图 8-1、图 8-2）、电动型（如电动葫芦、电动桥架型起重机、门式起重机、旋臂式起重机等，见图 8-3），以及升降机型（如电梯、液压升降台等，见图 8-4）。按功能和结构特点，起重机械可分为轻小型起重设备（如千斤顶、滑车、起重葫芦、卷扬机），起重机（如桥架型起重机、臂架型起重机、缆索型起重机），升降机（如升船机、施工升降机、举升机等），工作平台（如桅杆爬升式、移动式），机械式停车设备（如垂直循环类、多层循环类、平面移动类等）5 类。

图 8-1　SLQD 爪式液压千斤顶

图 8-2　手拉葫芦　　　　图 8-3　电动单梁桥架型起重机　　　　图 8-4　液压升降台

（二）起重机械的界定条件

起重机械，是指用于垂直升降重物或者将重物垂直升降后作水平运动的机电设备，包括：①额定起重量不低于 0.5t 的升降机；②最大抬升高度大于或等于 2m，且额定起重量大于或等于 3t 的起重机，或额定起重力矩大于或等于 40t·m 的塔式起重机；③层数不少于 2 层的机械式停车设备。

（三）起重机械的结构及工作原理

起重机械组成结构包括驱动装置、工作机构、取物装置、金属结构和操纵控制系统。

1. 驱动装置　驱动装置是用于驱动操作机构的动力装置。常见的驱动装置有电力驱动、内燃机驱动和人力驱动。现代起重机主要采用电力驱动的形式，绝大多数在有限范围内使用的有轨起重机、升降机等设备，驱动形式都是电力驱动。长臂移动式起重机（如汽车起重机、轮胎式起重机和履带式起重机）主要由内燃机驱动。一些轻型起重设备可由人力驱动，人力也可作为一些设备的辅助、储备和应急动力。

2. 工作机构　起重机械的工作机构包括：起升机构（实现物料的垂直升降）、运行机构（实现物料的水平移动）、变幅机构（实现对起重机作业时运动幅度的调整）和旋转机构（让臂架能够做以起重机的垂直轴线为中心的回转运动），即起重机的四大机构。

3. 取物装置　取物装置是将物料与起重机联系起来进行物料吊运的装置，通常采用吊、抓、吸、夹、托等方式。取物装置的基本安全要求是防止吊物坠落，保证作业人员的人身安全，确保吊物不受损伤。

4. 金属结构　金属结构是一种钢结构，其主要组成部分是轧制的金属型钢（如角钢、槽钢、工字钢、钢管等）和钢板，各部分按照规定的装配规则用焊接、铆接、螺栓等方法连接，以承载起重机的自重和载荷。金属结构是起重机的重要组成部分，它将起重机的机械和电气设备结合成一个有机的整体，构成了起重机的整体框架。

5. 控制操纵系统　控制操纵系统包括电气和液压系统，能够对起重机的各个机构和整机运动进行操纵，以完成各种起重作业。控制操纵系统的组成通常包含各种操纵器、显示器和相关线路。

二、起重类设备的安全隐患及常见事故

（一）起重机械存在的隐患

使用起重机械中的不安全行为，如起重设备超期服役、长期失修；起重设备的支架受力角度

不对；连接件固定不牢固或者强度不够；物体超过额定起重重量等行为都存在一定的安全隐患。根据起重机安全评估规范的总体要求，经过安全技术档案审查、现场检查、资料收集和测试，结合剩余使用寿命理论评估结果，将机械的整体安全等级分为：合格、基本合格、降级使用、不合格。起重机械的拆解规则应遵循可持续、安全、低碳、环保、循坏利用等原则，由具备相应资质的单位进行拆解、压扁等处置，拆除机械的所有功能。

（二）起重机械事故

1. 重物坠落 重物坠落可能是由多种因素引起的，包括吊具或吊装容器损坏（图 8-5）、吊装物件固定不牢固、电磁吸盘失去动力、制动器失灵、钢丝绳断裂等多种情况。

2. 起重机失稳倾翻 起重机失稳有两种情况：一种是出于操作不当（如超载、吊臂旋转过快）、支撑物不足或地基下陷等，增加了倾覆力矩，造成起重机倾覆；另一种是由于坡度或风荷载，造成起重机沿着路面或钢轨滑动，导致起重机脱轨而倾覆。

3. 挤压 起重机轨道两侧没有按规定预留足够的安全间隙，或起重机与建筑结构之间预留距离不足，金属结构旋转时对人员造成挤压伤害；运行机构故障或制动器失灵造成起重机滑移，对人员造成碾轧伤害。

4. 高处坠落 进行离地高度超 2 米的起重机安装、拆卸、检查、维护或其他操作时，人员意外从高处坠落而受到伤害。

图 8-5　吊具损坏导致重物坠落

5. 触电 起重机在架空线路附近作业，起吊物体或设备的任何部分离高压输电线太近，发生电磁感应而带电或直接接触带电物体，都可能引发触电伤害。

6. 其他伤害 其他伤害包括起重机运动部件接触人体导致的窒息、挤压、夹伤等伤害；液压起重机的液压部件中高压液体意外飞溅造成的伤害；飞出的设备零部件或起吊物造成的撞击伤害；装卸高温液态金属、易燃、易爆、有毒、有腐蚀性等危险品时，因高空坠落或包装物破损、捆绑不牢固而导致的伤害。

三、实验室起重类设备的安全使用与管理

（一）设备安全管理

实验室起重类设备安全管理须遵循以下规程：

1. 委托有资质的单位进行定期检验 定期检验证书必须放置在特种设备的醒目位置，不得使用未经检验或检验不合格的设备。定期检验必须包括：技术文件和资料（随附文件、检验与维修文件等），金属结构（变形、裂纹、腐蚀等），机构（起升机构、运行机构、回转机构等），关键部件（起重滑轮、滚筒、滑轮等），控制系统（电控系统、液压系统等），安全保护（联锁保护、电气保护）等内容。

2. 正确选用吊具并定期检修，发现问题及时更换。

3. 制定完整安全操作规程，配备必要防护措施。

4. 在整个区域的醒目位置放置警示牌；置于室内的起重设备应在其运行轨道上做好相应标记，防止人员进入危险区域。

（二）人员安全操作要求

属于"特种设备目录"范围的起重机械，应取得特种设备使用登记证书；操作人员须取得特种设备作业人员证，持证上岗，并每4年复审一次；使用单位需配备持有特种设备管理员证的安全管理员。

操作人员应在接通电源或启动设备之前检查所有控制器装置，确保它们处于零位或空档，且现场所有人员必须在危险区域之外。操作起重机械时，操作人员不得进行任何其他分散注意力的活动，如果感到体力不支或精神疲惫时，不得操作起重机械；操作过程中必须接受起重机械作业指挥信号的指示，如果不需要信号员的指挥，则操作人员对起重作业负责；在任何时候操作人员都必须服从任何人发出的停止信号；夜间操作起重机时，应确保作业现场有足够的光照。

当离开无人看守的起重机时，操作人员应将吊装物体放置在地面，开启运行机构制动器保险装置，随后将吊具移动至规定位置，同时将控制系统所有装置调至空档；视情况将电源切断或脱开主离合器，如果使用发动机驱动，应将发动机熄火。在露天场所工作的起重机械，当起重机处于非工作状态，或有超过工作状态极限风速的大风警报时，应采用固定装置将起重机固定，防止起重机移动。

如果发生断电或启动设备时发出警报，在指定管理人员取消警报之前，操作人员不得接通电路或启动设备。正确做法是：先启用制动器或采用其他保险装置，然后切断所有电源，或将离合器置于空档，可视情况借助制动器将悬吊载荷放至地面。

第二节 压力容器使用安全

压力容器作为特种设备的一种，在实验室中广泛应用。通常用于创建高压、高温或特定气氛条件下的实验环境，以满足科学研究、化学合成、材料测试以及许多其他应用需要。在实验室中，常见的压力容器包括高压灭菌锅、压力储罐、气瓶、反应釜等。高压灭菌锅用于灭菌实验室用具和培养基，压力储罐用于化学品储存和输送，气瓶用于储存各种气体，空压机用于提供实验室空气和气源。高压反应釜在有机合成和材料研究中起到关键作用，能够模拟高压条件下的反应过程。水热釜则常用于无机合成领域，用于制备晶体、纳米材料等。压力容器的安全使用至关重要，操作不当或故障可能导致严重事故。因此，在实验室中使用压力容器时，必须严格遵循操作规程、定期检测和维护。

一、压力容器的基础知识

（一）压力容器的定义

压力容器指在压力作用下盛装流体介质的密闭容器，包括：①盛装气体、液化气体的最高工作压力大于或等于0.1MPa（表压），盛装液体最高工作温度高于或等于标准沸点，容积大于或等于30L且内直径大于或等于150mm的固定式容器和移动式容器；②盛装公称工作压力大于或等于0.2MPa（表压），且压力与容积的乘积大于或等于1.0MPa·L的气体、液化气体、和标准沸点低于或等于60℃液体的气瓶；③氧舱等盛装气体或者液体并承载一定压力的密闭设备。

（二）压力容器的分类

1. 按承压方式分类

（1）外压容器：正常操作时，其外部压力高于内部压力的容器。当外压容器的内压力（绝对压力）小于环境大气压时又称为真空容器。

（2）内压容器：正常操作时，其内部压力高于外部压力的容器。按设计压力值（p）的大小，内压容器又可分为四个压力等级：①低压容器：$0.1\text{MPa} \leqslant p < 1.6\text{MPa}$；②中压容器：$1.6\text{MPa} \leqslant p < 10.0\text{MPa}$；③高压容器：$10\text{MPa} \leqslant p < 100\text{MPa}$；④超高压容器：$p \geqslant 100\text{MPa}$。

2. 按功能分类
（1）反应容器：主要功能是为介质的物理、化学反应提供场所。
（2）换热容器：主要功能是作为介质热量交换的场所。
（3）分离容器：主要用于完成介质的流体压力平衡缓冲和气体净化分离。
（4）储存容器：主要用于储存和盛装气体、液体、液化气体等介质。

3. 按安装方式分类
（1）固定式压力容器：固定安装，使用地点、工艺条件和操作人员相对固定的压力容器。
（2）移动式压力容器：具有特殊结构和使用安全要求的压力容器，不仅在使用过程中承受内外压力载荷，而且在搬运过程中承受内部介质晃动引起的冲击力，以及在运输过程中承受外部撞击和振动载荷。

（三）压力容器安全附件及其作用

压力容器的安全附件主要包括安全阀、爆破片、压力表、液位计、温度计、紧急切断装置和快开式压力容器的安全联锁装置等。

1. 安全阀　一种自动泄压阀。如果容器中的压力超过某一设定值，安全泄压阀无需借助任何外力便可以自动打开，迅速释放容器中的多余压力，确保容器中的压力处于安全范围。当压力回落到设定值时，安全阀能够自动关闭，防止容器中介质进一步泄漏，使容器内的压力始终处于允许的限度，能有效防止因超压而造成的事故。常见的安全阀有弹簧式（图8-6）、杠杆式（图8-7）、脉冲式（图8-8）三种。安全阀的检验周期主要取决于容器介质、工作环境，若容器中介质为有毒、易燃、易爆等介质，则安全阀应至少每年一检。检验内容主要包括外观检查、解体检查和性能校验，解体检验各零部件是否完好无破损、腐蚀，检验整定压力是否处于要求范围内，密封性能是否合格。

图8-6　弹簧式安全阀　　　图8-7　杠杆式安全阀　　　图8-8　脉冲式安全阀

2. 爆破片　一旦压力容器内发生超压，爆破片（图8-9）就会破裂以降低压力，其基本功能与安全阀相同，不同之处在于它不能实现自动开启和关闭，只能在压力或介质被释放后更换新的爆破片。爆破片安全装置的材料必须具有良好的耐腐蚀性、均匀稳定的力学性能和热稳定性，并满足受保护的施压装置的基本安全要求。

3. 压力表 一种用于监测压力设备工作压力的仪器（图8-10）。压力表可以记录压力传感器的中间工作状态，一定程度上也能够反映容器中介质的储存量。压力表的精度直接关系到压力容器的安全，压力表精确度等级分为1.0级、1.6级、2.5级、4.0级。压力表的压力部分一般使用至测量上限的3/4。通常压力表的校验周期为半年至两年，主要取决于使用频率、工作环境、仪表精度等。

4. 液位计 用于测量液化气体或物料的液位、流量、填充量、进料量等数据的一种仪表，主要作用是监测介质的储存量，静压式液位计见图8-11。

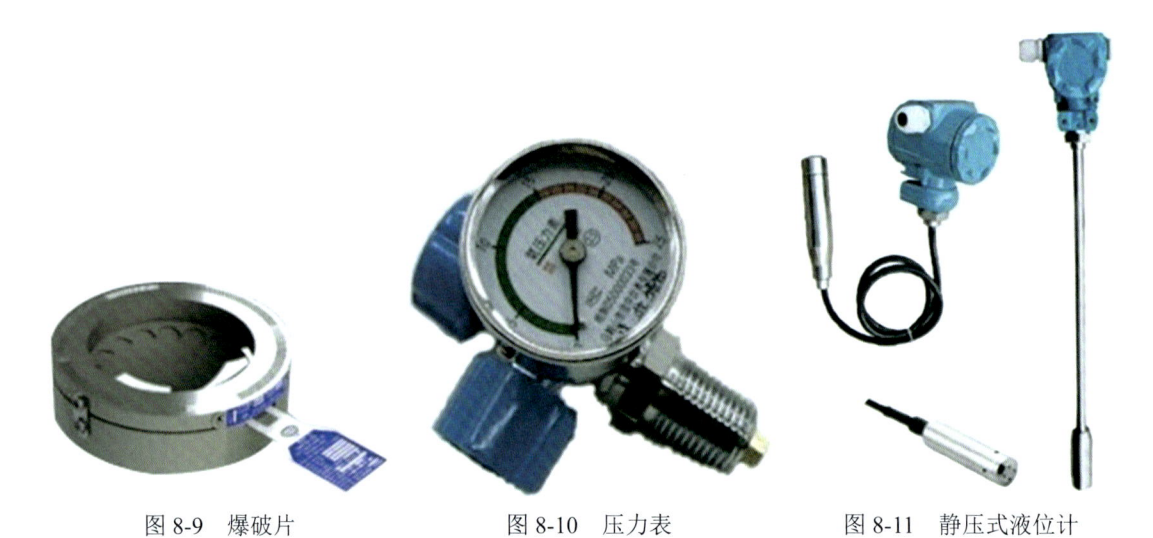

图8-9　爆破片　　　　　　图8-10　压力表　　　　　　图8-11　静压式液位计

5. 温度计 一种用于监测压力容器工作温度的仪表，同时能够记录压力容器的中间工作状态。

二、压力容器常见的危险隐患及事故类型

（一）设备常见危险

常见设备缺陷包括设备的强度、刚度不足，稳定性差；装置之间及设施本身密封性不足；缺少检查平台，脚手架支撑不足或不规范，保护不到位，防护距离不足，防护材料不正确等。该类型的设备缺陷主要造成的事故类型有坠落、烫伤、中毒、窒息等。

（二）高低温物质、粉尘、易燃易爆物质、有毒物质及腐蚀性物质危险

该类型危险因素包括高温蒸汽、热水运行设备、运输管道、高温炉膛、锅炉烟气、高温炉渣等；煤尘、煤灰、灰渣、烟尘、石灰等。这些物质可能造成的事故类型主要有：烧伤、烫伤、冻伤、爆炸、爆燃、损伤人员视力、呼吸道和皮肤损伤等。

（三）环境因素危险

环境因素危险包括室内空间狭小，工作环境差；通风条件差，通风方式不正确，通风量不足；光照条件不足。这些危害造成的主要事故是身体伤害、缺氧、窒息等。

（四）人为因素危害

人为因素包括对人员体力、听力、视力检查不足；高血压、心脏病、高原反应等疾病；冒险心理、情绪异常等心理异常；指挥错误、违法指挥等违规操作。这些危险因素可能造成的事故类型较多，包括眩晕、坠落、爆炸等。

> **视窗8-1　　　　　某化学所实验室爆炸事故**
>
> **事故经过：** 2021年3月31日，某化学研究所实验室内发生反应釜高温高压爆炸，导致一名研究生当场死亡。事故调查发现该名研究生未等反应釜冷却即打开釜盖，釜盖在高温高压下崩弹至房顶后砸伤人，导致该学生当场死亡，而身故学生并非该实验的研究人员。
>
> **事故原因：** 操作人员操作不规范，未等反应釜冷却便直接打开釜盖，实验人员在实验时擅离岗位，同时未贴注警告标识，导致事故发生。
>
> **安全警示：**
> （1）实验人员不应擅自离开工作岗位，特别是在进行潜在危险的实验操作时，保持高度集中和专注。
> （2）操作人员在实验结束后应耐心等待反应釜冷却，确保内部温度和压力降至安全水平，再打开设备盖子或进行下一步操作。
> （3）实验室内应贴注明显的警告标识，提醒人员关注危险操作和设备的潜在风险。

三、压力容器的安全使用规范

（一）压力容器的使用要求

即使容器的设计、制造、安装等环节完全符合要求，如若使用不当也可能会造成事故。为确保其安全运行，必须正确、谨慎地使用压力容器。使用压力容器时必须遵循以下注意事项。

1. 压力容器启用前，必须取得质量技术监督部门统一发放的使用登记证，操作人员则应取得压力容器操作人员证，方可上岗工作。操作人员必须熟悉工艺流程，掌握容器的设计、类别、主要技术参数等，严格按照操作规程进行操作，同时要学习一般的事故预防措施，定期做安全检查并进行适当记录。

2. 严禁在超温、超压条件下操作压力容器，确保设备工作压力不超过最大工作压力。严禁液化气体超载，同时避免意外受热。

3. 压力设备的操作应足够平稳。当压力容器开始运行时，压力上升速度不得过快。高温容器或工作温度低于0℃的容器应缓慢加热或冷却。应尽可能避免在操作过程中出现频繁的、大幅度的压力波动。

4. 严禁带压拆卸、压紧螺栓。当压力容器处于内部压力下时，不得进行任何维修。对压力设备受压部位的重大维修和改造，应符合有关标准的要求，并在施工前将维修和改造方案报质量技术监督部门审查批准。

5. 定期检查安全设备的运行情况，包括安全阀和压力表检查。安全阀必须每年至少校准一次，压力表每6个月校准一次。新的安全泄压阀应按照压力容器的使用情况进行校准检查，然后才可安装使用。安全信号报警装置在安装之前应确保足够灵敏、可靠。

6. 快开门式压力容器操作人员上岗前必须取得特种设备作业人员证，每4年必须复审一次。对于其他压力容器，使用单位要加强培训和管理。

7. 委托具备安全审查资质的单位定期进行检验，定期检验证书应该放置在特种设备的醒目位置，禁止使用超过检验有效期或检验不合格的设备。

8. 原则上设备的使用不应超过设计使用期限。当达到设计使用年限，或使用年限不明确但已服役超过20年的固定式压力容器；如有继续使用的需要，应委托有资质的单位进行检验，经主要责任人批准并办理变更登记证书后，方可继续使用。

9. 大型实验气体容器必须放置于室外区域，且具备通风、干燥、防雨雪、防浸泡等条件，同时要避免阳光直射，严禁出现明火及其他热源，另外在罐体周围设置必要的隔离装置和安全警示标识。

10. 存储可燃、爆炸性气体的容器必须具备一定防爆性能，并设避雷装置。
11. 对于储存气体的大型容器，应制定相应管理制度和操作规程，并落实压力容器安全责任制。
12. 定期对大型实验气体容器外表的腐蚀、变形、磨损、裂纹等损伤进行检修，同时检查附件完整性及可靠性。

（二）压力容器的检验

压力容器的检验内容主要包括：压力容器外表面是否存在裂纹、变形、泄漏、局部过热等异常现象；安全附件是否完整、灵敏、可靠，紧固螺丝是否完好并旋紧，所有螺丝层和防腐层是否完好等。除以上项目外，还应对压力容器进行其他定期检查，以及时发现设备缺陷并采取适当措施，防止发生重大事故。定期检查包括外部检查和内外部检验及耐压试验，耐压试验项目分为液压试验、气压试验和气液组合压力试验，以上检查应由具备资质的单位进行。

四、典型压力容器的危险特性及防护措施

（一）气瓶

1. 气瓶的危险特性 气瓶的主要危险特性在于其潜在的爆炸危险，而引发气瓶爆炸的因素众多，其中包括：气瓶的材料、构造或制造工艺不符合安全要求；储存和搬运等环节不规范，使气瓶受到日光暴晒、明火、热辐射等影响，导致瓶内压力升高，超过瓶体材料强度极限；在装卸作业中操作不当，导致气瓶从高处坠落、翻倒或倾覆等，发生严重的碰撞而爆炸；放气速度过快，气体快速流经阀门时，产生静电火花而引发爆炸；氧气瓶上沾有油脂，在输送氧气时急剧氧化而发生爆炸；装有可燃性气体（乙炔、氢气等）的气瓶发生漏气，泄漏气体与空气形成爆炸混合物而引发爆炸等。

2. 气瓶的安全使用管理

（1）原则上要求高校实验室不购买、不拥有气瓶，采用租赁气瓶的形式购买和使用实验室气体。学校应实行专门的管理以确保实验室气体供应商具有相应资质，同时各供应商须在校实验室与设备管理处进行检查和登记，取得安全保卫部门颁发的通行证后，方可开展其销售活动。

（2）燃气供应商应具备充装、运输和销售燃气的资质。如果这三项服务由不同单位提供，他们之间必须相互签订安全协议，明确规定每一方的责任和义务。

（3）需要使用气体的单位必须对气瓶进行安全检查，包括各种安全标识是否完好，气瓶是否在有效检验周期内，气瓶上的封条和颜色标识是否被擅自改动等。

（4）所有气瓶必须直立放置并妥善固定，移动气瓶必须使用手推车，禁止采用拖拽、滚动或滑动等方式（图8-12）。存放气瓶的场所应具备通风良好、干燥、避免阳光直射等条件，远离热源、放射源、易燃易爆和腐蚀性物质，实行分类存放，禁止存放于走廊和公共场所。空的气瓶应保持规定的剩余压力，用标识与装有较多气体的气瓶区分开，并分别存放。

（5）危险气体气瓶尽量置于室外，室内放置应使用常排风且带监测报警装置的气瓶柜。

✗ 气瓶无固定　　✓ 气瓶进行固定

✗ 气瓶倒放　　✓ 气瓶应直立

图8-12　气瓶放置示意图

涉及有毒、可燃气体的场所，配有通风设施和相应的气体监测和报警装置等，张贴必要的安全警示标识。可燃性气体与氧气等助燃气体气瓶不得混放。存有大量无毒窒息性压缩气体或液化气体（液氮、液氩）的较小密闭空间，为防止大量泄漏或蒸发导致缺氧，须安装氧含量监测报警装置。

（6）气瓶使用前后，必须检查管道、连接处、开关等部位是否存在泄漏情况，并确认所输送气体的类型和性质，为可能出现的紧急情况做好相应的准备。使用气瓶后，必须关闭气瓶的主阀门，并释放调节器中多余的空气压力。使用过程中，一旦发现气体泄漏，必须立即采取紧急措施，包括关闭气源，开窗通风，疏散人员等。在发生易燃易爆气体泄漏的情况下，切勿随意开关电源。对于有缺陷、安全装置损坏或不齐全的气瓶，必须退回给气体供应商或要求有资质的部门及时处理。

（二）高压反应釜

高温高压反应釜（图8-13）是一种用于在高温高压条件下进行化学反应的实验室设备，能够通过控制加热、压力、搅拌等参数，实现精确的反应条件，在石油化工、生物制药、材料科学等领域具有广泛应用。

1. 高压反应釜的危险特性

（1）物料因素：高压反应釜中的物料多为危险化学品，包括各种燃点、闪点较低的物质和有毒有害物质，一旦发生泄漏，可能导致爆炸，引发人员中毒、窒息。

（2）设计制造因素：高压反应釜可能因设计不合理、焊接不当、材料选择不当、热处理问题、缺少安全附件等因素导致容器强度下降，增加爆炸风险。

（3）反应因素：化学反应中的强放热反应可能导致反应釜内热量积聚，造成温度和压力剧增，超过釜体承压能力而导致釜体破裂，物料喷射，引发火灾和爆炸。釜体破裂还可能破坏平衡状态的物料蒸汽压，触发二次爆炸（蒸汽爆炸），并导致喷出物料扩散，形成可燃混合气体，进一步引发三次爆炸（混合气体爆炸）。

图8-13 微型高温高压反应釜

（4）操作因素：低闪点的易燃液体，尤其是导电性差的绝缘物质，通过液泵或真空抽取进入反应釜时，若流速过快可能导致静电积聚无法及时释放，从而引发燃烧爆炸。

（5）其他因素：高压物料窜入常压或低压设备可能超过承压极限，导致容器物理性爆炸。水蒸气、导热油或冷却水泄入容器可能与物料发生反应，释放大量热量，迅速升温和增压，可能引发火灾。外部可燃物引燃或高温热源辐射可使容器温度急剧上升，增加压力，可能导致物料冲出或发生爆炸。

2. 高压反应釜的操作注意事项

（1）投料前，检查高压反应釜是否污染，使用乙醇清洗釜内各部分，随后用蒸馏水冲洗并擦干净。清洗干燥后，检查密封性，确保釜盖与密封环接触良好，各阀门已旋紧。

（2）开始试压前，向进气口通入氮气或其他惰性气体。如发现漏气，先放空压力，用肥皂水检测漏点，修复漏点后重新试压。确认无泄漏后，放空压力，清洗干净后。关闭氮气钢瓶的总阀和分压阀，释放管道余压，开始投料。

（3）反应开始后，需要密切监控反应中的各项参数，包括压力、温度和转速等。特别关注压力的变化情况，一旦发现异常情况，应立即关闭加热开关，并立即上报相关人员。若温度过高，可以通过冷却盘管引入冷却水进行降温处理；若压力过高，可以通过降温或从排气阀进行放空操作。在放空氢气时，务必确保将气体通过管道排放到室外。

（4）反应完成后，停止加热，自然降温或通过冷却水使温度降至40℃以下，然后打开反应釜的排气阀，缓慢将压力完全释放后，取出反应釜。

3. 高压反应釜的安全管理　实验室高压反应釜属于特种设备，必须取得"特种设备使用登记证"。特种设备安全管理人员、检测人员和作业人员应当按照国家有关规定取得相应资格，每4年复审。高压反应釜必须定期检验，委托有资质单位进行检验，并将合格证置于显著位置，安全阀、压力表等附件需要定期校验。实验室应进行常规巡回检查，及时处理发现的异常情况并记录，还应建立自行检查制度，对反应釜及其相关部件进行经常性维护和检查并记录。对于盛装可燃和爆炸性气体的高压反应釜，需要确保电气设备防爆，电器开关和熔断器应放置在明显位置。高压反应釜的使用年限应严格遵守设计使用年限，如果达到或超过该年限，必须及时报废。在超期使用的情况下，必须进行检验和安全评估。

（三）水热釜

水热反应釜又称水热釜、聚合反应釜（图8-14），是化学实验室常用小型反应器，可用于小剂量的合成反应或快速消解难溶物质，广泛用于有机化学、分析化学、生物医学、材料科学、环境科学等领域。

1. 水热釜的危险特性

（1）反应过程危险因素：在高温条件下，溶剂气化、强酸强碱反应及氧化还原过程中的热量和气体生成会使反应釜内压力急剧上升。一旦超过反应釜的承压极限和温度极限，可能导致釜体形变、破裂或爆炸。

（2）反应产物危险因素：如果反应釜的化学反应产物是易燃、易爆物质或有毒气体，在反应过程或反应结束过程中具有危险性。例如，活泼金属或金属氢化物通常与碳化物发生反应会产生氢气、乙炔和其他易燃气体。这些易燃、易爆气体在发生泄漏时与氧气或空气混合，形成爆炸性混合物，一旦接触火源就会发生爆炸。

图8-14　水热反应釜

（3）设计制造危险因素：反应釜本身的设计缺陷、材料不达标以及制作工艺落后等因素，都会导致釜体存在隐患，造成釜体开裂、变形，腐蚀性环境对反应釜的长期侵蚀也会导致壳体强度降低。

（4）人为操作危险因素：实验室反应釜事故的重要原因是操作不当或违规操作，通常包括密封不严、加热过快、温控失灵、冷却过快、填充过量、带压开釜等。

2. 水热釜的操作注意事项

（1）每次使用前不锈钢外套和内胆必须进行外观检查，有裂缝、点蚀、生锈、蠕变或过度磨损、内胆扭曲、钢壳破裂或有缺陷，应不再使用。

（2）高度放热反应或释放大量气体的体系不能使用水热釜，否则会导致水热釜压力超出可控范围。一般含有放射性物质、含有爆炸性物质、含有可能分解或设置温度下不稳定的化学物质、含有污染的针头、含有高氯酸、硝酸和有机物混合物的体系均严禁使用热水釜进行实验。

（3）将反应体系转移至水热釜的内胆容器中，注意不要超过内胆容积的2/3。

（4）实验结束后，应等待水热釜完全自然降温后方可进行下一步操作，严禁将水热釜在水中骤冷。直到水热釜完全冷却至室温方可缓慢打开，其内部体系仍有可能有压力释放。必须穿戴适当的个人防护用品，包括隔热手套和安全眼镜或防冲击全面罩。

（5）实验结束后，彻底清洗水热釜及其内胆和配件。任何不彻底的清洗都可能导致下一次使用时的泄漏或紧固不完全，从而引发安全事故。

（四）灭菌锅

灭菌锅又名高压蒸汽灭菌器（图8-15），是一种利用饱和压力蒸汽对物品进行迅速而可靠的消毒灭菌的设备，适用于医疗卫生、科研、农业等单位，可对医疗器械、敷料、玻璃器皿、溶液培养基等进行消毒灭菌。实验室用灭菌锅可分为手提式高压灭菌锅和立式高压灭菌锅。主要由密封桶体、压力表、排气阀、安全阀和电热丝等组成。

1. 灭菌锅的危险特性

（1）高温蒸汽烧伤：灭菌过程中水蒸汽的温度一般在121℃左右（压力为98kPa），达到灭菌所需的温度和时间后，自然冷却需要较长的时间。部分实验者为快速取出灭菌物品，常采用放气阀放气以实现对灭菌锅内减压，导致灭菌锅内外存在较大的压力差，高温热蒸汽通过放气阀在水平方向上快速喷出。若实验者处于不合适的位置、距离或不当操作，可能对实验者面部或脖颈部等部位造成烧伤。

打开灭菌锅锅盖时，锅内外压力差值虽为零，但锅内外温度差值仍较大，在开启过程中，热蒸汽可能对使用者造成烧伤。

图 8-15　灭菌锅

（2）实验室污染：在灭菌前，锅内的空气排出可能带有活菌，对实验室造成污染，对实验者造成危害。排气管排出的水蒸气可能增大实验室的湿度，为微生物繁殖创造条件。

（3）压力异常：锅内应添加蒸馏水，使用自来水或硬度大的水可能导致水垢积累，最后造成排气管道不畅甚至堵塞，进而影响排气，造成锅内压力升高异常，具有爆炸风险。

2. 灭菌锅的操作注意事项

（1）在每次使用前，检查灭菌锅的密封性和放气阀、安全阀等安全设备的完好性，确保设备无损坏或漏气。

（2）压力表指针在0.05MPa以上时，不能过快放气，避免压力急速下降，液体滚沸，从培养容器中溢出。若需放气减压，应使用放气阀从小到大缓慢放气，不能直接开到最大。

（3）达到灭菌时间后即可切断电源，压力降到0.05MPa后，可缓慢放出蒸汽。压力降低太快将引起激烈的减压沸腾，使容器中的液体四溢，待灭菌锅内温度降低到80℃以下时，佩戴好手套和防护面罩开启灭菌锅锅盖。

（4）不能使用高压蒸气灭菌器对任何有破坏性材料和含碱金属成分的物质进行消毒，否则会导致爆炸、腐蚀内胆和内部管道或破坏垫圈。

3. 灭菌锅的安全管理

高压灭菌锅在投入使用前，须具有产品检验合格证及使用许可证。操作人员须持证上岗操作，操作时应严格按照安全操作规程操作，认真填写运行记录。严禁超温超压运行；严禁带压操作；严禁快速升温升压。

第三节　专用机动车辆使用安全

实验材料及设备的搬运、废物处理、实验样品的运送，都离不开专用机动车辆的支持。叉车是实验室常用的专用机动车辆，通常用于重型设备和化学品的搬运，为实验室工作高效顺畅地进行提供重要支撑。

一、专用机动车辆的基础知识

场（厂）内专用机动车辆（以下简称：场车），是指除道路交通、农用车辆以外仅在工厂厂区、旅游景区、游乐场所等特定区域使用的专用机动车辆，包括机动工业车辆和非公路用旅游观光车辆。

《场（厂）内专用机动车辆安全技术规程》（TSG 81—2022）中指出：机动工业车辆指叉车（图8-16），即通过门架和货叉将货物提升到指定高度进行堆放作业的自行式车辆，包括平衡式叉

图 8-16　叉车

车、前移式叉车、侧面式叉车、插腿式叉车、托盘堆垛车和三向堆垛车。通常提及的叉车不包括可拆卸的附件。叉车一般由车架、配重、驱动桥、转向桥、门架、货叉、货叉架、方向盘和护顶架组成。同时，相关行业标准对于叉车的制动系统都有严格要求，例如通过制动踏板的向上运动，即制动踏板释放来实现行车或停车制动的车辆，要求其制动系统（包括上限位装置）必须能够承受制动弹簧最大设定力的200%而不损坏、开裂或变形，不影响制动性能。

二、专用机动车辆的安全使用与管理

"特种设备目录"范围内的场内专用机动车辆，须取得"特种设备使用登记证"，服役中的场内专用机动车辆每月至少进行一次定期保养和自检，并做好维护记录。维修和保养的部件至少应包括主要受力结构件、安全保护装置、操纵机构、电气和控制系统等，并及时对失效零部件进行更换。

使用单位严禁私自对设备进行影响安全性能的改装。当设备出现故障或紧急状况时，使用单位必须立即将设备停运，并委托具备维修资质的单位进行检修，重新满足使用条件后方可再次投入使用。

驾驶专用机动车辆的人员取得相应特种设备作业人员证后，方可持证上岗，随后每4年接受一次复审。严禁在酒后、精神疲劳、患有其他影响操作安全的疾病等情况下操作设备。操作设备前需进行试运行检查，并记录设备情况，确认无误后方可进行作业。驾驶过程中，操作人员应系好安全带，严禁超速行驶，严格规定作业场所内的限速范围，转弯、入库等动作需减速。当驾驶员视线受到货物阻挡时，应低速倒车行驶或安排专人对其进行指挥。

第四节　制冷及加热设备使用安全

制冷设备，如冰箱、低温槽和冷却器等，主要用于创建低温环境，这对于保存生物样本、降低反应速率、液体汽化和各种实验的需求至关重要。例如，生物实验室中，制冷设备用以保存DNA、RNA或蛋白质样本，化学实验室则依赖这些设备来控制反应速率。同样，加热设备也是实验室中不可或缺的一部分，如加热浴锅、烘箱和电炉等，用于提供精确的温度控制，以满足实验和反应的所需的温度条件。例如，在材料科学实验中，加热设备可用于样品的烧结处理。

一、实验室常见制冷设备

（一）低温槽

1. 分类　低温槽根据液体传热介质及其他使用条件可分为3类，其中Ⅰ类低温槽的传热介质为不燃液体，Ⅱ类低温槽的传热介质为可燃液体，且使用时要求采取可调温度过温保护，Ⅲ类低温槽的传热介质为可燃液体且要求可调温度过温保护和附加液位保护。

2. 使用注意事项　使用低温槽时，应注意确保环境条件处于要求范围内，主要在室内使用，室温处于3℃至35℃之间且无剧烈温度变化；环境温度不高于31℃时的最大相对湿度为80%，环境温度升至35℃时最大相对湿度线性降低至67%；周围应排除冷热辐射及强烈气流的干扰等。

低温槽冷却水的温度、进水压力、硬度等参数都应符合相应产品规格要求；使用低温槽前应确保设备结构完整牢固，整机平稳放置，无倾覆风险；选择液体传热介质和保护措施时，应根据产品分类和工作温度范围进行选择；确保保护连接的完整性，且保护导体端子和保护连接的阻抗符合要求；当低温槽处于工作状态时，请勿将手进入低温恒温槽内胆，以防冻伤；槽内注液后严禁随意移动或倾斜仪器，槽内液体可能流入机器内部造成危险或机器受损；工作介质为可燃液体，严禁室内明火。

（二）冰箱

1. 分类　实验室冰箱大致可以分为3类：低温冷冻存储箱、低温冷藏箱、超低温冰箱三种。

①实验室使用的低温冷冻储存箱是一种专门用于保存温度低于 0℃ 的物品的设备，它可以将食品、药品、生物样品和化学试剂等各种物品保存在较低的温度下，以达到延长保存期限并保持质量的目的。②低温冷藏冰箱的温度范围一般在 2～8℃，主要用来存放培养基、冷藏样本、冷藏试剂、试剂盒等。中小型实验室中的实验室冰箱中多数会选用低温冷冻冷藏箱，这类冰箱也是较为普遍使用的，既有冷藏冰箱功能又有冷冻功能。③科研实验室中也会经常用到 -40℃ 冰箱、-60℃ 冰箱、-86℃ 冰箱等低于 -25℃ 的超低温冰箱。

2. 使用注意事项 存储化学试剂应使用专用的防爆冰箱（图 8-17），一般情况下，其使用年限为 10 年，超过使用年限的设备一律不得使用。冰箱应设在通风良好的房间内，远离热源、易燃易爆品、气瓶等，周围不得堆放其他杂物，保证有一定的散热空间。储存危险化学品的冰箱必须贴上警告标志，冰箱内的药品须贴标签注明药品名称、使用人、日期等，并定期清理化学废品。

储存在冰箱内的易挥发有机物容器必须用盖子密封，防止试剂挥发并在冰箱内积聚，带来安全隐患；装有强酸、强碱等腐蚀性药品的容器必须具有耐腐蚀性，并置于托盘内；试剂瓶、烧瓶等重心较高的容器要固定好。严禁在实验室冰箱内存放非实验用食物和饮料。

图 8-17　实验室防爆冰箱

对于一些特殊的实验物品，实验室冰箱应配备安全锁，并安排专人管理安全锁。样品或药品刚从超低温冰箱取出时，切勿直接将其置于高温区域，尤其是盛装气体的小容器，温度的骤然变化容易导致容器爆裂，药品泄漏，带来安全隐患。若冰箱停止运行，应及时转移化学品并妥善储存。

视窗 8-2　　　　　实验室超低温冰箱燃爆事故

事故经过：1 月 5 日，某大学一名博士生发现科研楼育种实验室超低温冰箱的温度无法下降至设计低温（-80℃），反而由 -45℃ 升至 -19℃，便拨打了冰箱的维修电话，要求进行维修。下午维修人员与该生到达实验室，检查后发现故障冰箱需要添加制冷剂，与实验室老师商定费用后，二人离开现场去取相关材料和设备。晚 20 时 19 分左右，二人携带 R404A 制冷剂、R290 溶油剂，以及用标有 134a 的压缩机改装的真空泵等相关设备和工具返回实验室；21 时 55 分，二人再次离开实验室；23 时 01 分左右，二人再次进入实验室，并将 1 只 40L 的蓝色气体钢瓶、R508b 制冷剂、铜管等工具带入实验室。1 月 6 日 0 时 07 分左右，二人对故障冰箱进行维修过程中，突然发生爆燃。事故造成二人受伤。现场人员立即拨打了 120 急救电话并报警，急救人员将二人送至医院救治。事故造成直接经济损失约 45.51 万元。

直接原因：维修人员违规使用氧气对冰箱低温级制冷系统进行加压测漏，产生绝热压缩，形成高温点火源，导致低温级制冷系统内的 R290 溶油剂和 RL32H 润滑油发生燃爆。

间接原因：该公司在维修冰箱过程中，疏于管理，人员违规操作，引发事故。

二、实验室常见加热设备

实验室常用加热设备主要包括：油浴锅、沙浴锅、金属浴锅、水浴锅等加热浴锅（图 8-18），烘箱、电阻炉（马弗炉）、电磁炉、电烙铁、电吹风、热风枪、电热水壶、微波炉等。

（一）加热浴锅

在使用油浴锅、沙浴锅、金属浴锅、水浴锅等加热设备时，必须在通电前加入适量的加热介质后方可开机，使用过程中应注意避免干烧，严禁触摸内胆、板盖等部位，以免烫伤。

图 8-18　加热浴锅

油浴锅不宜长时间连续高温运行，锅内的油要及时更换。油浴锅、沙浴锅、金属浴锅中严禁加入水或易燃易爆液体。

使用完加热浴锅后，应立即关机，拔掉电源插头，同时，要保持浴锅内清洁，防止生锈，避免介质泄漏或漏电。如果设备长时间不使用，必须妥善处理浴锅中的介质。

（二）烘箱及电阻炉等加热设备

对于烘箱（图8-19）及管式炉（图8-20）等加热设备必须制订相关安全操作规程，并配备必要的安全防护措施。操作人员应接受培训，确保他们熟知设备安全操作流程和个人防护措施使用方法。此类设备应放在通风干燥的地方，不得放在易燃、易爆、易挥发的化学品或可燃物体附近，其进气口和出气口应该保持通畅。炉膛必须配备有预热流通空气源，并尽可能使这部分空气直接进入暴露室并充分混合。样品应放置在炉膛中心并整齐排列。

图8-19 烘箱 　　　　　图8-20 管式炉

在使用加热设备过程中，应加强监测，每隔大约15min进行一次监测或采用实时监测装置，严禁在无人监管的情况下运行该类型加热设备。使用加热设备时应标明使用人的姓名。严禁在一般的加热设备中加热易燃、易爆、易挥发的物质；若有特殊试验需求，操作人员必须严格按照相关流程在真空炉中进行操作，并采取必要的安全防护措施和应急措施。

加热设备的检修必须由具备相应资质的单位进行，并且在检修或维护设备之前，必须切断主电源。不得使用接线板为烘箱、电阻炉供电。使用完毕后，从加热设备中取出样品前，要断开电源，戴上专用手套；取出后要确认设备冷却到安全温度，然后再离开设备。

（三）明火电炉

原则上，实验室不应使用明火电炉（图8-21），而应使用密封电炉、电陶炉、电磁炉等加热设备替代。若有特殊需求，需要用到明火电炉，则必须配备灭火器、沙箱等灭火设施。使用明火电炉时，设备的半径2米范围内严禁堆放易燃易爆物品、气瓶和易燃杂物。明火电炉的管理责任人必须对设备进行定期检查，及时检修，确保设备安全状况无异常。

（四）其他加热设备

1. 在电磁炉上加热液体时，液体不能装得过满，防止液体沸腾溢出。

图8-21 明火电炉

2. 通电的电烙铁不使用时，必须将放置于电烙铁架上，以免点燃其他可燃物体引发事故。

3. 电磁炉、电烙铁、电吹风、热风枪、电热水壶、微波炉等加热设备在使用完后必须立即关闭并拔掉电源插头。

4. 刚使用完毕的电吹风、热风枪、电烙铁不得立即收纳，应使其自然冷却至室温后再进行存放，不得阻塞其通风散热口。

5. 严禁使用热风枪对准人体的任何部位。

（五）其他注意事项

1. 加热设备使用期限一般不超过 12 年，不得使用超过使用年限的设备。
2. 使用加热设备时，要严格按照使用说明，采取必要的个人防护措施。
3. 加热设备运转时，操作人员不得离岗，至少应有一人看守。
4. 若加热时会产生有毒有害气体，则应放在通风橱中进行。
5. 取放被加热物品，应在设备断电的情况下使用专门安全工具进行。

三、烧烫伤及冻伤的应急处理

（一）烧烫伤的应急处理方法

发生烧烫伤后，需先用水冲洗伤口，随后将受伤部位浸泡于凉水中迅速散热，同时缓解疼痛，直至伤口疼痛感明显减轻。若为轻度烧烫伤，可以使用鱼肝油、烫伤膏药等药物涂抹受伤处，并进行适当的包扎。若烧伤后起水疱，则表明真皮层已经受伤，属于中度烧烫伤，该情况下应迅速包扎并送到医院进行处理和治疗，不宜将水疱挑破。若为重度烧烫伤，须立即用干净的纱布或衣物进行包扎，保持伤口清洁，防止伤口再次受伤或感染，随即迅速送往医院接受治疗。出现大面积烧伤时，可能引起体液丢失，严重时会危及生命，此时应采用静脉输液或口服盐水补充体液。如伤者出现呼吸、心跳停止，应立即进行人工呼吸和胸外心脏按压，并呼叫医护人员。

（二）冻伤的应急处理方法

治疗冻伤的本质是使冻伤部位迅速恢复温度。出现冻伤时，应立即使受伤部位脱离冷源，并用衣物或其他可保暖的物品覆盖受伤部位，使之维持适当温度以保证正常供血。若受伤部位是手，可先将手夹在腋下进行复温，随后采用 37～43℃的水进行水浴复温，直至皮肤呈现红润状态，此时受伤组织基本解冻。需注意冻伤后切勿对受伤部位进行任何形式的摩擦，该行为会进一步损伤受伤组织。若冻伤处发生溃烂、感染，应及时采用体积分数为 65%～75% 的乙醇进行消毒，排出水疱内液体，使用冻疮软膏涂抹伤口处并进行适当包扎，必要时也可以使用抗生素及破伤风抗毒素。

参考文献

国家市场监督管理总局，2021. 气瓶安全技术规程 (TSG 23—2021)[S]. 北京：新华出版社．
国家市场监督管理总局，2022. 场（厂）内专用机动车辆安全技术规程 (TSG 81—2022)[S]. 北京：新华出版社．
国家市场监督管理总局，2023. 起重机械安全技术规程 (TSG 51—2023)[S]. 北京：新华出版社．
国家市场监督管理总局，等，2020. 非公路用旅游观光车辆风险评价方法 (GB/T 39034—2020)[S]. 北京：中国标准出版社．
国家市场监督管理总局，等，2021. 安全阀　一般要求 (GB/T 12241—2021)[S]. 北京：中国标准出版社．
国家市场监督管理总局，等，2022. 非公路用旅游观光车辆使用管理 (GB/T 41097—2021)[S]. 北京：中国标准出版社．
国家市场监督管理总局，等，2022. 起重机械安全评估规范 // 通用要求 (GB/T 41510—2022)[S]. 北京：中国标准出版社．
中华人民共和国国家质量监督检验检疫总局，等，2006. 机动工业车辆　术语 (GB/T 6104—2005)[S]. 北京：中国标准出版社．
中华人民共和国国家质量监督检验检疫总局，等，2007. 起重机械分类 (GB/T 20776—2006)[S]. 北京：中国标准出版社．
中华人民共和国国家质量监督检验检疫总局，等，2010. 起重机械安全规程　第 1 部分：总则 (GB/T 6067.1—2010)[S]. 北京：中国标准出版社．

中华人民共和国国家质量监督检验检疫总局, 等, 2011. 压力容器术语 (GB/T 26929—2011)[S]. 北京 : 中国标准出版社.

中华人民共和国国家质量监督检验检疫总局, 等, 2013. 电气绝缘材料 耐热性 第 4 部分 : 老化烘箱 单室烘箱 (GB/T 11026.4—2012)[S]. 北京 : 中国标准出版社.

中华人民共和国国家质量监督检验检疫总局, 等, 2014. 起重机械 // 基本型的最大起重量系列 (GB/T 783—2013)[S]. 北京 : 中国标准出版社.

中华人民共和国国家质量监督检验检疫总局, 等, 2015. 电热装置基本技术条件 第 413 部分 : 实验用电阻炉 (GB/T 10067.413—2015)[S]. 北京 : 中国标准出版社.

中华人民共和国国家质量监督检验检疫总局, 等, 2018. 一般压力表 (GB/T 1226—2017)[S]. 北京 : 中国标准出版社.

思 考 题

1. 操作人员离开无人看守的起重设备时，应执行哪些必要步骤？
2. 气瓶发生爆炸有哪些原因？
3. 实验室中使用起重类设备时应注意哪些安全事项？
4. 压力容器需要安装哪些安全附件？压力容器的检查内容有哪些？压力容器可能存在哪些安全隐患？
5. 实验室中操作人员使用专用机动车辆时应注意哪些安全事项？
6. 使用加热浴锅时发生烫伤，如何进行应急处理？

（华南理工大学 肖 舒 晏 锦）

第九章　实验室信息安全

本章要求
1. **掌握**　信息安全的分类、威胁来源和实验室信息安全管理要求。
2. **熟悉**　各类信息安全问题的缘由及解决措施。
3. **了解**　常规网络安全问题的应急处置流程。

当灿烂朝阳洒满大地，我们刷脸进入实验室，在网店下单购买实验耗材，用 AI 助手搜搜文献。啊！我的数据哪儿去了？……互联网改变了我们的学习生活方式，信息安全问题却变得越来越突出，给社会带来了严重的风险和挑战。为了维护国家和个人的信息安全，各个国家都制定了一系列法律法规，以保护信息系统和个人数据安全。我国相关法律法规有《中华人民共和国网络安全法》《中华人民共和国数据安全法》《中华人民共和国个人信息保护法》《中华人民共和国密码法》《中华人民共和国计算机信息系统安全保护条例》等，这些法律法规旨在规范网络安全行为，保护国家网络安全和公民合法权益。如何将相关保护信息安全的法律法规和实验室安全有机结合是一个崭新的课题。

实验室除了拥有大量高精尖实验设备外，还存储了大量教育教学信息、科研数据、实验数据以及师生个人信息等数据资产，在科技竞争日趋白热化的时代背景下，必须严格保护实验设备、信息系统和数据资产安全。

（一）实验室信息安全的风险

实验室信息安全的风险和隐患主要有以下几个方面：
1. **实验室信息化环境安全风险**：包括物理空间、电力的稳定性和持续性、火灾、雷击、温湿度等环境因素风险。
2. **实验网络安全风险**：包括实名制风险、审计风险和被恶意控制风险。
3. **信息系统安全风险**：包括病毒木马感染、被僵尸网络控制、盗版破解软件和恶意程序等，会导致实验室设备产生非法行为、影响实验室设备安全，甚至产生消防和人身安全问题。
4. **实验室数据安全风险**：包括数据泄漏、数据篡改、数据破坏、数据勒索和数据丢失等。

上述实验室信息安全风险隐患可能会对个人、学校和国家造成严重的损失。

（二）网络安全防护体系

为了有效消除和降低风险，需要从以下几个方面构建面向高校实验室网络安全的防护体系。

1. 落实实验室安全和网络安全法律法规体系　按照我国网络安全相关法律法规和教育主管部门发布的相关管理规定，形成实验室网络安全管理制度和技术指导意见，并加以落实。

2. 网络安全技术保障措施　通过安全技术手段，如网络安全产品、网络安全软件、安全管理系统、态势感知平台、威胁情报系统等，保障学校整体网络安全，并延伸到实验室安全管理中，解决网络安全和终端安全等问题。

3. 建立适应实验室场景的数据安全管理机制　开展实验室数据分级分类，保障数据生产、处理、传输、存储和销毁全生命周期安全，有效防范窃取、勒索、破坏等黑客攻击。

4. 师生网络安全意识教育　通过开展网络安全知识普及、网络安全教育培训、网络安全宣传等活动，如网络安全宣传周、网络安全主题教育日、主题宣传活动、网络安全相关法律法规宣传贯彻等，持续增强师生的网络安全意识。

5. 安全管理机制 建立完善的网络安全管理体系和管理机制，包括成立网络安全与信息化领导小组，顶层管理及协调机构，构建网络安全责任制、安全审计制度、安全事件应急响应机制、安全事件通报机制等，确保网络安全管理体系化。

本章将针对实验室信息化环境安全、网络安全、信息系统安全以及数据安全等方面介绍实验室信息安全知识。

第一节 实验室信息化环境安全

实验室信息化环境安全，包括个人计算机、服务器、路由器、交换机、无线 AP、移动存储设备、门禁、视频监控和打印机等的软硬件使用安全，还有实验室电源、空调、不间断电源（UPS）、防火、防雷、防爆、温度、湿度等环境安全，良好的实验室信息化环境能有效保护信息化软硬件设施安全（图 9-1）。

图 9-1 实验室信息化环境及安全

为确保实验室信息化设备正常运行，需注意以下风险：

一、市电不稳定风险

市电存在不稳定性问题，不稳定的电压和电流会中断服务器和存储设备的运行，不连续地供电，轻则中断实验，重则损坏信息化硬件设备导致数据丢失。必要时服务器、存储等重要设备需接入双路市电，并配备 UPS 稳定电源。

二、用电安全风险

插线板和电路均有额定功率，如果超负荷使用，插线板会发热甚至引起火灾，因此要避免同时接入过多用电设备。

三、用水安全风险

实验室应防止用电设备进水短路。因实验室设备一般处于互联状态，如果进水短路造成某个设备故障停止工作，可能会使重要数据丢失。

四、防火防雷接地安全风险

实验室应做好防火安全，配备灭火器和防毒面具，进行消防演练。使用气体灭火器时，要特别注意对人体健康的影响。做好防雷接地，定期检查接地线，避免直击雷和感应雷击穿重要信息化设备。

五、温湿度风险

信息化设备对温度和湿度较为敏感，过度潮湿或过度干燥、过度高温和过度低温等均会损坏硬件。因此实验室应按国家相关标准建设，安装空调或精密空调，保持实验室环境恒温恒湿。

六、腐蚀性气体风险

实验过程中，可能会产生硫化氢等腐蚀性气体，在常温下对设备影响较小，但当信息化设备如CPU或显卡等设备高温运行时，将诱发腐蚀性气体和硬件中金属的反应，产生设备故障。对这类风险，应做好隔离和防护措施。

七、门禁管理风险

为加强实验室管理，保证实验室数据资产安全，应安装门禁监控系统，对有权限进入实验室的师生才发门禁卡，仅限本人使用不得外借；做好门禁卡遗失、更换、回收、权限管理，严防无关人员进入实验室造成重要科研实验数据泄漏风险。

八、其他安全风险

除上述风险外，还有许多由环境因素引发的安全风险。例如，老鼠啃咬实验室各类网络线材，可能会进一步引发火灾或爆炸等，影响人身安全的事件，需做好实验室防鼠工作，禁止食物进入实验室，封堵孔洞，在门口设置挡鼠板。关注信息化设备故障的应急处置知识，在实验室遭遇险情时沉着冷静，在保障人身安全的前提下，尽力抢救实验室设备和数据资产。

第二节 实验室网络安全

实验室网络是实验室的重要组成部分，在互联网高度发达的当下，威胁网络安全的因素有很多，其中包括但不仅限于黑客的入侵、人为行为（如使用不当和安全意识差）、电子谍报（如信息流量分析和信息窃取）以及网络协议缺陷等。保护实验室的网络安全，要全面规划好安全策略、开启防火墙、建立可靠的识别和鉴别机制，并安装能够实时更新的杀毒软件，要求实验室的每个使用者都要掌握好相关的安全知识（图9-2）。

一、网络基础知识

计算机网络是一个利用通信设备或线路把具有独立功能的、分散的计算机系统连接起来的网络，是一个用于共享资源与数据通信的系统。计算机网络主要由硬件、软件以及协议3部分组成，

图9-2 实验室网络安全

其功能主要包括数据通信、资源共享、集中管理、分布式处理和负载均衡等。

计算机网络是利用通信设备或线路把具有独立功能的、分散的计算机系统连接起来的网络，是用于共享资源与数据通信的系统。计算机网络主要由硬件、软件以及协议三部分组成，其功能主要包括数据通信、资源共享、集中管理、分布式处理和负载均衡等。掌握基础知识和术语是安全的前提。

1. 网络安全 网络安全是指保护接入到网络系统中的硬件、软件与系统中的数据，不因偶然的或者恶意的原因而遭到破坏、更改、泄露等，保证系统可以连续、可靠、正常地运行，保障网络服务不被中断。

2. 计算机病毒 计算机病毒是隐藏在计算机系统中，具有自我复制和传染能力的破坏性代码片段。

3. 木马 木马是特洛伊木马的简称，是被秘密植入计算机里的、非授权并能够远程控制的恶意程序。它可以在用户毫不知情的情况下，窃取管理员权限、泄露用户信息和科研数据，是黑客们最为常用的工具之一。

4. 蠕虫病毒 是一种无须用户干预就可运行的独立恶意程序。它能通过网络自我复制传播、

篡改系统功能、破坏数据资料，当形成规模、传播速度过快时，会极大地消耗网络资源，导致大面积网络拥塞甚至瘫痪。

5. 操作系统型病毒 操作系统病毒在运行时，会用自己的程序片段取代操作系统的合法程序模块。这种病毒对系统中的文件感染性很强。

6. DoS 攻击 是 Denial of Service 的简称，即拒绝服务，使计算机或网络无法提供正常的服务，最常见的 DoS 攻击为网络带宽攻击和连通性攻击。

7. DDoS 攻击 是 Distributed Denial of Service 的简称，即分布式拒绝服务攻击，指不同地点的多个攻击者联合起来同时攻击一个或多个目标，或一个攻击者控制了不同地点的多台计算机同时攻击一个目标，成倍地提高攻击的威力。

8. 欺骗攻击 利用假冒、伪装后的身份与其他主机进行合法通信或者发送虚假报文，窃取用户信息，再攻击其他主机或获取经济利益的网络欺诈行为。常见的欺骗攻击有 IP 地址欺骗、ARP 欺骗、DNS 欺骗、钓鱼邮件、钓鱼网站、伪基站诈骗短信等。

9. 后门 计算机中的后门指绕过安全控制，能获取对程序或系统访问权限的程序。后门常常被编程者和黑客用于搜集存于计算机上的用户信息或控制该台计算机发起攻击行为。

10. 入侵检测 入侵检测是从网络中采集相关信息，分析网络中是否有违反安全策略的行为和遭到攻击的痕迹，包括安全审计、监视、攻击识别和响应等。

11. 数据包监测 互联网中的数据是通过数据包来传输的，数据包检测者使用监测工具，截获他人在网络上发送的电子邮件，或非法请求下载资源，从而实现"监听"网络。

12. 社会工程学攻击 是通过人际交流获取信息。攻击者利用人的本能反应、好奇心、信任、贪便宜等人性弱点，进行欺骗、伤害，以获取自身利益。这是网络安全中最为薄弱的环节，乌克兰电网事件、伊朗核电站"震网"事件等均因此而产生。常见的社会工程学攻击为网络钓鱼、电话钓鱼和伪装模拟等。

13. 虚拟货币 虚拟货币的生产过程被称为"挖矿"，挖矿就像是在做题，第一个解出的人可以得到奖励，每隔一段时间，比特币系统在节点上生成一个随机代码，网络中的所有计算机都可以通过算法来寻找该代码，找到的就获得一个比特币，这个过程就是"挖矿"。计算随机代码需要大量的 GPU，能源消耗和碳排放量大，虚拟货币生产、交易环节也衍生了很多风险，国家已将挖矿列为淘汰类产业。

14. 网络安全等级保护 是我国网络安全领域的基本国策、基本制度。实现对网络基础设施、信息系统、平台、云计算、大数据、物联网、移动互联网和工业控制信息系统等级保护对象的全覆盖，注重主动防御，从被动防御到事前、事中、事后全流程的安全可信、动态感知和全面审计。

视窗 9-1　　　　我国某大学遭美国国家安全局网络攻击

2022 年 6 月，我国某大学发布公开声明称，该校遭受境外网络攻击。经技术分析，初步判明这些攻击源自美国国家安全局（NSA）的特定入侵行动办公室（Office of Tailored Access Operation，简称 TAO）。

TAO 使用了 40 多种不同的 NSA 专属网络攻击武器，持续对该大学进行多轮攻击，窃取关键网络设备配置、网管数据和运行维护数据等核心技术数据，攻击链路达 1100 多条、指令序列有 90 多个。

TAO 使用了在日本、韩国、瑞典、波兰、乌克兰等 17 个国家的 54 台跳板机和代理服务器，对我国开展攻击活动。

网络空间已成为继陆地、海洋、天空、太空之外的第五维战场，让我们携手构建网络空间命运共同体！

二、如何安全使用网络

在使用网络时，只有遵守上网规定，才能享受更好的网络环境，降低不可预见的风险，保护个人数据和相关权益。

（一）安全接入网络

实验室中的贵重设备，为确保其稳定性，无需连接互联网的，应禁止接入互联网，物理隔离能很好地防止黑客与恶意软件通过互联网入侵。存有涉密信息的设备不能接入互联网。

1. 实名认证 网络实名制可以最大限度地减少利用互联网的各种违法犯罪行为。互联网作为一个虚拟世界，最大特点就是"匿名"，匿名让大家无所顾忌，甚至从事非法活动。网络实名制，可以让那些想违背道德甚至犯法的人对自己的网络行为进行约束。

开启身份认证。安全的网络环境会对用户进行身份标识和鉴别，身份标识具有唯一性，身份鉴别信息有复杂度要求并需定期更换。为保障实验室的网络安全和设备安全，数据信息不被非授权用户非法获取，有身份认证功能的应开启身份认证，划分每个用户的权限，防止低权限的用户获得关键权限而危害网络安全。个别学生会在实验室通过私自开热点或者接入路由器的方式跳过身份认证接入网络，极大地增加了实验室数据信息被窃取的风险，这是不安全的行为，应不被允许。

2. 账号与密码 账号是数字时代能代表自己的一串符号，由中英文和特殊字符组成。本文提到的"密码"是用于身份认证的"口令"，而《中华人民共和国密码法》规定密码是指采用特定变换的方法对信息等进行加密保护、安全认证的技术、产品和服务，分为核心密码、普通密码和商用密码。

（1）严管特权账号。应对特权账号的开设、使用、注销进行全生命周期统一管理；不允许一号多用，设置强密码，用密码保险箱实现"一次一密"，防范密码泄露和身份仿冒风险（图9-3）。

（2）定期更换密码，提升密码强度。有人为了方便记忆，将银行卡、微信和校园卡设置成相同的密码，若密码被泄露、盗用或遭到破解，其他账号也将面临威胁，甚至会导致私密信息泄露或引发经济损失。不使用弱密码，过于简单的密码很容易被人通过穷举的方式进行暴力破解，设备在连接到互联网之前应该修改其默认密码。

图9-3 应使用强密码

密码的设置。不使用空密码或系统缺省密码；长度应不少于8个字符；不要使用名字、生日等个人信息和字典单词作为密码；符合"四分之三原则"，应包括大小写字母、数字和符号中至少3项。

如果密码不慎泄露或遗失，应及时登录系统，进行修改；如果有问题，可通过网上客服或热线电话，尽快向学校负责网络的单位寻求帮助，避免造成更大的损失。

（3）及时回收不用账号。登录账号要养成"随用随登录、不用即注销"的习惯。在公共机房、实验室、图书馆等公用终端上，如果使用自己的账号上网，离开前一定要注销，否则容易导致私密信息泄露。学生毕业或有人员变动时，应及时回收、清理这些账号，防止别有用心的人获取了这些账号后窃取信息或搞破坏等行为。

3. 有线网络 有线网络的传输速率比无线网络的高且稳定，适合实验室设备位置固定且网速要求较高的设备，能充分保障每位用户的网络带宽和速率，目前校园内通常是1000M到每个有线信息点。要理清并扎好网线，贴上相应标记。网线是铜缆时，超过100米就应使用交换机或路由器，避免网络卡顿和延时。使用有线网络时，要用网络实名登录及认证。

4. 无线网络 使用无线网络时，应改成强密码，不要使用默认密码。切忌将自己的无线网络设置成开放网络。不要接入开放的不可信任网络，这类网络上的数据信息可以被连接到该网络的任何人窃听，如果操作了银行业务或其他敏感信息，就会造成重要信息泄露。

如果实验室用的是无线网络，一定要设置好登录验证或用强密码。若是进入涉密实验室，应禁止未被认证终端带入实验室，并做好信号屏蔽，防止泄密。

5. VPN VPN（virtual private network，虚拟专有网络）是一种通过使用PKI技术（公钥基础设施），来保证数据的安全三要素（机密性、完整性与身份验证）的技术。VPN可以让同学们在回家、旅行或出差时，在校外也可以像在校内一样，根据各自账号的不同权限访问图书馆以及实验室内的资源，进行文献阅读和科研课题研究。使用VPN时，要特别注意网络的安全性，不用不安全的网络或环境。

6. 关闭端口 端口是计算机与外界通信的接口。网络端口有两个作用，一是接收数据；二是向他人提供服务。每一项网络服务都有相对应的端口。

常见的风险端口有：TCP协议的135、139、445、593、1025、1433、1434、2745、3127、3306、3389、6129、6379、7001端口，UDP协议的137、138端口以及远程服务访问的3389端口。

黑客入侵计算机的方法之一就是查看开启了哪些端口，通过端口和已知的系统漏洞攻入主机，获得管理人员权限，窃取资料或植入木马病毒。关闭不必要的端口，能极大地提高主机安全性。

（二）网络安全防护

1. 防火墙 防火墙（图9-4）是利用软硬件在内网（校园网）和外网（internet）之间构建的网络安全系统，对流经它的通信信息进行扫描，防止外部网络威胁入侵，阻止被保护的重要信息外流，为用户提供更好、更安全的计算机网络使用体验。

防火墙可以隔绝实验室内部与外部网络，也可以用于各个实验室之间（内部防火墙）。防火墙的基本功能有：访问控制策略、攻击防护、日志记录、冗余设计、路由交换、虚拟专网VPN、网络地址转换等。

防火墙可以分为软件防火墙和硬件防火墙，软件防火墙也称个人防火墙，它通常会被安装在个人计算机上，检查恶意流量并及时拦截，过滤一些不安全的因素，禁止不明入侵者的访问。硬件防火墙速度更快，处理能力更强，性能更高，实验室配置硬件防火墙，可以保护实验室内的设备与网络的安全，增加犯罪分子入侵实验室的难度。

上网时，一定要保证防火墙的开启，不得因为需要安装不安全软件（未知来源软件）而关闭防火墙，以免遭受病毒入侵（图9-4）。同时还需要经常更新防火墙，预防因低版本导致的安全问题。

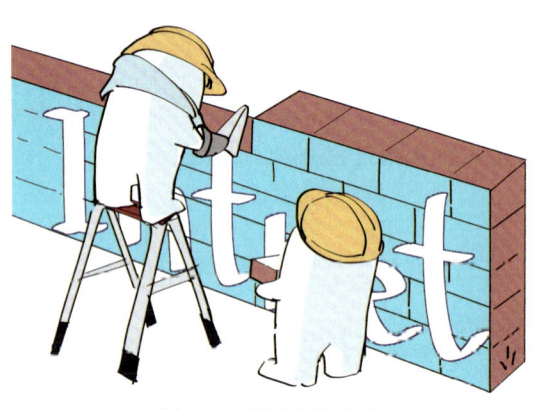

图9-4 须开启防火墙

2. 堡垒机 堡垒机可以对服务器、网络设备、安全设备、数据库等的运行维护行为提供事前审批、事中监察、事后审计和定期报表等功能，是将审批、控制和追责有效结合的设备。其核心是安全、可控和审计。

堡垒机建立"运行维护人员→堡垒机用户账号→授权→目标设备账号→目标设备"的管理模式，逻辑上将运行维护人员与目标设备隔离开来。

3. 日志审计 日志审计是指集中采集信息系统中的系统安全事件、用户访问记录、系统运行日志、系统运行状态等各类信息，经过规范化、过滤、归并和告警分析等处理，以统一格式的日志形式进行集中存储和管理，结合日志统计汇总及关联分析，实现对信息系统日志的全面审计。

日志审计是构建安全技术保障体系必不可少的一部分。一个完整的信息安全技术保障体系应由检测、保护和响应三部分组成，而日志审计是检测安全事件的不可或缺重要手段之一。《中华人民共和国网络安全法》明确规定"采取监测、记录网络运行状态、网络安全事件的技术措施，并按照规定留存相关的网络日志不少于六个月"。

目前，大部分信息系统所依赖的入侵检测系统和入侵防御系统只能检测部分来自网络的攻击事件，对运行维护人员的违规操作、系统运行异常、设备故障等安全事件缺乏监控能力，而这些异常事件恰恰是内部信息系统安全的最大威胁。日志审计系统通过分析设备、系统、应用、数据库产生的运行日志，能够及时发现入侵检测系统检测到的各类安全隐患，并及时给予告警，从而避免安全事件的发生。

如果实验室建有局域网或信息系统，除了做好安全措施、配置安全设备外，建议配备安全管理员。

第三节　信息系统安全

随着信息技术日新月异的发展，各类智慧化应用也在不断增加，信息系统为用户快速准确地提供了搜索、办公、点餐、购物、视听等服务，成为我们学习和生活不可或缺的一部分。信息系统本身的漏洞、恶意二维码、钓鱼网站等都是信息系统容易遇到的风险，只有对信息系统进行有效安全防护，大家都养成良好的使用习惯，才能更好地避免信息系统受到病毒侵害或黑客入侵。

一、主机安全

（一）主机组成

计算机主机的组成通常包括主板、CPU、内存、硬盘、光驱、电源、机箱、散热系统以及其他输入输出控制器和接口。

（二）人员管理

实验室内部网络的安全需求主要是权限管理，需要对操作系统用户角色进行划分，不同角色、不同级别具有不同的权限，并对不同权限的用户进行身份认证。通过用户认证和权限管理，防止用户进行未授权的访问和操作，以及对资源的越权使用。

在做实验时，如果有超过原有权限的访问和操作需求，需由实验室管理人员新增授权并设置密码，按照权限对用户（用户组）进行配置，设置的密码应该具有较高的安全等级，避免出现数据泄露等安全问题。当该用户（用户组）不再使用时，需及时对其进行注销，并回收相关权限。

（三）应用软件安全

在实验室进行科研活动时，应该使用正版软件（图9-5），避免使用破解软件。因破解软件安全性较低，可能携带病毒和木马，可能导致信息泄露。按需安装安全管理软件，定期进行维护更新；杜绝使用与工作学习无关的软件，禁止违规上网活动，避免出现网络安全问题。

（四）防病毒防勒索

1. 防病毒　接入网络的每台终端都应安装杀毒软件或相关硬件，并定期做好查杀工作。

图9-5　应使用正版软件

当实验室有较高的信息安全需求时，也可以使用端点检测工具，采集、记录、存储各终端行为与状态数据，对存在的威胁进行隔离查杀，对已发生和正在发生的安全事件追踪溯源，对潜在的风险提供一定的修复与保护建议。

2. 防勒索 勒索病毒性质恶劣、危害极大，主要通过邮件、木马、网页挂马、漏洞利用、远程桌面、弱密码暴力破解等形式进行传播。勒索病毒利用各种加密算法对文件加密，被感染后一般无法解密，只有向勒索者支付赎金才能解密。如果感染者拒付赎金，就无法获得解密的密钥，无法恢复文件，会给被感染用户带来难以估量的损失。

防范勒索病毒应做到：做好数据备份和恢复；需要的软件从正规（官网）途径下载；尽量不要点击办公软件的"宏"运行提示，避免来自其组件的病毒感染；不要打开来历不明的邮件，尤其是不要点击来历不明的邮件附件或链接，防止被钓鱼，泄露个人信息；安装安全防护软件，时刻保持防护开启状态，保持安全特征库持续更新；及时安装操作系统漏洞补丁；确保常用的应用软件保持最新版本；为计算机设置强密码，谨慎开启远程桌面。

（五）其他注意事项

当遇到计算机故障时，要先关闭电源，检查各硬件设备及与之相连接的其他设备是否正常；再确认操作系统是否能登录，最后再检查各应用软件是否正常、文件和数据是否完整。

设备维护时，对自己无法应对的情况，应向管理人员说明，并由相关技术人员进行处置。管理人员要明确相关硬件设施的使用年限，及时更换老旧设备，定期清洁硬件设备，排除安全隐患，以免影响信息系统的正常运行。

实验室人员在采购、配置实验室设备时，应优先选择质量过硬的安全正版产品，要留存用户手册、管理人员操作手册、配置手册等，方便师生对设备的使用。避免频繁启动计算机等设备，以免导致设备内部损坏影响安全。此外，在遇到物理安全事件时（如着火、漏水等），应及时将具体情况上报给实验室管理人员。

二、电子邮件系统

电子邮件面临的安全威胁主要就是邮件被截获，邮件内容外泄。为了提高邮件的安全性，可以开启邮箱的 SSL 加密，确保数据在网络传输过程中不会被窃听、破解或改变。利用 SSL 技术，在互联网传输的数据都是经过加密的密文。他人即使获取了数据，由于没有解密密钥，也无法识别其中传输的信息。

（一）校内外邮箱

在学生入学后，".edu.cn"是高校为在校师生开设的带有大学后缀的教育专属电子邮箱，它是校园网络的通行证，代表着所在学校的唯一官方联络途径，其作用好比一个电子身份证或者工作证。使用校内邮箱的用户必须遵守校内的邮箱管理办法，以及国家有关法律法规，遵守"涉密不上网、上网不涉密"的原则。

由于学生邮箱会享受到教育专属资源优惠，这也导致了有校外人员向学生借用校内邮箱的情况，被不法之徒冒充学校用户发送诈骗邮件，偷盗师生敏感信息或进行经济犯罪。同学们应拒绝向他人出借自己的邮箱，如果无法登录或被他人盗用，应及时上报学校管理人员，防止产生进一步损失。

有些同学喜欢注册海外邮箱，而海外邮箱的服务器很多都在境外，邮件信息储存在境外，用户信息安全难以得到保障，需要承担更多的潜在风险。

（二）防钓鱼邮件

钓鱼邮件，是为了盗取用户信用卡或银行卡号码、账号名称及密码等重要信息，伪装成熟人或者官方的邮件。不法分子把钓鱼邮件发给特定的接收者，引导其进入虚假网站或者下载邮件中附带的恶意程序，从中获利或搞破坏。

提高警惕可以识别大部分钓鱼邮件。收到陌生邮件尤其是标题带有"系统管理人员、通知、订单、采购单、发票、会议日程、参会名单、绩效、退税"等字时，要提高警惕，观察发件人地址和发件日期，如果收到邮件时间是非工作时间、发件人邮箱是个人邮箱账号或者奇怪的邮箱名称而不是工作邮箱，并且有着大量的收件人，则很有可能就是钓鱼邮件；钓鱼邮件的正文是诸如"尊敬的用户"等常用的问候或者是"紧急通知"等使人慌乱的字眼，且正文内容附有链接，很可能就是钓鱼链接或二维码，要谨慎对待；若邮件索要账号密码，那么就很有可能是钓鱼邮件，一般正规的邮件是不会向人索要密码的；最后要注意附件的内容，如果附件后缀是带有 bat 或 exe 等的可执行文件时，则不要下载（图9-6）。

遇到可疑邮件在谨慎对待的同时，也可通过安装实时病毒检测和网络防火墙，及时更新病毒库提升安全防护水平。目前一些杀毒软件附有邮件检测功能，在安装这些软件时，添加邮件实时监测模块功能，能够提高邮件系统安全。

若不慎感染了钓鱼邮件，不要慌乱，及时向邮箱管理人员报告，并对所感染的设备开展全盘扫描杀毒，必要时可以立即拔掉网线或禁用网络，同时用另一台安全的设备更改邮箱密码。

图9-6 不要打开钓鱼邮件

视窗9-2   举行钓鱼邮件演练，发4万封"中秋免费月饼领取"邮件

2022年9月中秋节，某大学的月饼"一饼难求"。该大学网络信息中心选择了免费送月饼进行钓鱼邮件演练，借此宣传网络安全知识。他们发了4万多封标题为"中秋免费月饼领取"邮件，许多同学没有甄别就在钓鱼网站填写了资料，3500多人中"奖"。

该大学网络信息中心表示，此次演练不少本科一年级新生填写了真实资料，如果细心还是可以看出，钓鱼邮件的邮箱缩写、联系电话与学校的是不同的；部分同学保持清醒，提交了虚假信息，反诈意识较高。

此次事件提醒同学们一定要甄别钓鱼，积极防范，警惕各类诈骗手段！

（三）垃圾邮件

垃圾邮件，指未经用户许可就发送到用户邮箱中的电子邮件，常见的是广告邮件、培训课程的宣传等。

垃圾邮件具有反复性、数量大、强制性、欺骗性、不健康性和传播速度快等特点。垃圾邮件占用了大量的网络资源，严重影响了网络传输、运算速度，造成邮件服务器拥堵，影响正常的邮件往来服务；垃圾邮件不及时地清理还会占用大量的邮箱存储空间。

正确地设置邮件过滤规则，可以过滤大部分的垃圾邮件，用浏览器进入自己的邮箱，对邮件的接收规则进行设置。例如，不想收到某人或陌生人的邮件，把这些人的邮件地址添加到邮件的过滤规则中，可提高邮箱的安全性。

三、互联网信息内容获取

随着互联网的发展，人们在网络上获得文字、声音、图形、图像、动画、视频信息与资源的方式变得越来越丰富多样，不法分子利用虚假和欺诈网站从中牟利或窃取商业秘密的也在增多。因此要学会识别虚假网站：

1. 利用搜索引擎　在搜索引擎输入要查找的网站名称，标记有"官网"二字，即官方网站。

2. 密切注意网址　查看浏览器的地址栏，如果是 HTTP（超文本传输协议），连接是不安全的，你发的任何信息都可能被截获和窃取；如果是 HTTPS（HTTP+SSL=HTTPS，SSL 安全套接字），浏览器的地址栏显示一个"锁"的标志或者是绿色的地址栏，连接是安全的，你与网站进行的通信是私密的，不会被其他人截获和阅读你与连接网站的通信内容。

3. 大量广告　如果一个网站有大量的弹窗或浮动广告，那么这个网站很有可能是仿冒或者具有欺诈性的，一定要辨析清楚链接的网址再点击，避免被欺诈。

四、新媒体信息发布

随着近几年互联网的飞速发展，新媒体与自媒体发展迅猛，每个人都可以在网上发布内容。在新媒体网络上发布信息时，要注意使用方式，遵守相关的法律法规和道德规范，不泄露实验室重要实验数据及机要信息，不发布不良信息或侵犯他人权益。

五、校内信息系统

学校为师生提供了各类信息管理系统，如迎新系统、选课系统、学籍管理系统、图书馆、网上服务大厅、离校系统等，这些系统都集成到了学校的统一门户，使用统一的账号、密码，不能借给他人使用，以免别人利用你的账号密码登录校内各系统，获取你的个人信息，造成个人隐私泄露。要保管好账号密码，并定期修改，出现账号异常时应及时与学校相关部门联系，并尽量在可信的网络环境下使用相关系统。

六、高性能计算平台

高性能计算（high performance computing，简称 HPC）是在高性能集群计算机和存储设备上实现并行计算的理论、方法、技术以及应用，能高速处理大量数据，为科学研究、工程领域及商业智能提供算力支持，如大规模数据分析、计算机视觉、机器学习、虚拟现实、模拟仿真、基因分析等。

为了保证高性能计算平台的稳定运行和计算资源的合规使用，应禁止通过高性能计算平台从事虚拟货币"挖矿"等相关活动，如发现违规行为，一经查实，可能会对账号所有人进行通报并无限期封禁使用，会给学习和科研带来不良影响。

申请使用高性能计算平台前，应仔细阅读用户使用手册，了解平台使用方法和注意事项。申请账号时，应保证账号仅限本人使用，如果登录密码是默认密码时，应及时修改，账号不得外借、不得用于与申请项目无关的事宜。持有账号时，用户应保护账号安全，避免采用弱密码或者泄露密码，对账号的一切行为负责。提交作业时，应确保作业实际使用资源和申请的资源相符。所使用的账号一旦出现问题，及时上报管理人员处理。

第四节　实验室数据安全

数据安全是指用技术手段识别网络上的文件、数据库、账号信息等各类数据集的相对重要性、敏感性、合规性等，并采取适当的安全控制措施对其实施保护等过程，确保数据处于有效保护和合法利用的状态，以及具备保障持续安全状态的能力。

数据安全是一种主动的保护措施，数据本身的安全必须基于可靠的加密算法与安全体系。数据处理安全是指如何有效地防止数据在录入、处理、统计或打印中，由于硬件故障、断电、死机、人为的误操作、程序缺陷、病毒或黑客等造成的数据库损坏或数据丢失现象，申请账号时某些敏感或保密的数据可能被不具备资格的人员或操作员阅读，而造成数据泄密等后果。而数据存储安全是指数据库在系统运行之外的可读性。一旦数据库被盗，即使没有原来的系统程序，照样可以另外编写程序对盗取的数据库进行查看或修改，所以不加密的数据库是不安全的，容易造成泄密。

一、数据存储

（一）移动存储

1. 移动硬盘 移动硬盘的价格越来越便宜、容量越来越大，可以用于大容量数据或文件的交换、重要文件的长期备份。

2. U盘 体积小、容易携带、容易丢失，当它存储涉及个人隐私或秘密的数据时，要注意保管好。

移动存储介质与光盘，在交叉使用中可能会有意或无意被病毒侵入，如果将藏有病毒的移动存储介质接入实验室设备，可能会导致实验室部分或者全部计算机中毒。因此，应对移动存储介质在实验室的使用进行严格监管，使用专用U盘或先杀毒再使用（图9-7）。在向实验室设备上传文件时，需要保证其来源可靠，确保其安全性再进行操作。

图9-7 U盘要定期杀毒

3. 光盘 重要的或不需要经常改写的资料可刻录成光盘进行保存，须有刻录机和刻录软件支持。

（二）硬盘

在使用计算机的硬盘保存文件或数据时，建议不要使用安装了操作系统的盘符，特别是不要保存在桌面，将重装操作系统对文件或数据的影响降到最低。为了保护文件，也可以通过属性的安全选项，修改重要的文件或文件夹的访问控制权限，让不同的用户对读取、写入和执行有不同的权限。

（三）云盘

为了防止资料的丢失或方便资料的存取，很多人会选用云盘对资料进行托管，存放代码、论文、照片、音视频等。

但是使用这些资料托管平台，很容易造成隐私泄露。2019年发布的一项研究表明，在对公共GitHub存储库进行全面扫描后，发现了超过57万个敏感数据实例，如API密钥、私有密钥等。这些暴露风险包括但不限于经济损失、隐私泄露、数据完整性受损以及不同程度的滥用；也有人把自己云盘上的照片设置为公开分享，使照片能被搜索引擎检索和访问，也会导致隐私泄露。

为了保证重要文件或数据的安全，建议尽量不要在公共的云盘上存储凭证和敏感数据，尤其是实验室中通过实验得出的重要数据资料；如必须上传，在上传前一定要对其进行加密打包，因为文件在上传至服务器的传输过程中，也存在被截取的泄密风险。

重要的隐私数据需要备份时，最好购置硬盘进行存储。在手机上使用网盘等软件时，不要设置自动上传照片，上传在云盘的个人隐私照片有时候会因为设置问题而公开到网络里。

使用云盘时，需注意以下两点：

（1）开启动态验证和强密码多重认证功能。将账号与手机、微信、邮箱等绑定，利用双因子、生物识别和动态验证码登录，防止账号被盗；发现账号异常时要及时修改密码；不定期修改云盘密码；使用唯一和随机密码；不要与任何其他平台使用相同的密码。一般强密码规则要求密码要同时包含数字、字母和特殊字符，长度8位以上。

（2）备份不同云账号中的文件，不要将所有重要数据放在一个云盘上。

二、数据备份

常用的数据备份策略有完全备份、增量备份、差异备份、本地备份和异地备份。实验室的数据或文件应根据实际需要制定不同的备份策略，检查备份数据的完整性。

做好数据备份，还需要有数据恢复机制或相关软件，确保意外发生时能及时全量恢复数据。

三、数据防泄露

数据作为信息的重要载体，其安全问题在信息安全中占有非常重要的地位。在实验室进行科学研究时，应使用访问控制技术和加密技术，安全可控地使用数据，防止科研成果泄露。

（一）访问控制技术

访问控制的安全策略有：基于身份的安全策略和基于规则的安全策略，为不同的数据和数据使用者授予不同的权限，实现数据分类和使用者分层级管理。

（二）加密技术

加密技术是最常用的数据安全手段，利用加密算法把明文变为密文，再用密钥进行解密，分为对称加密与非对称加密两种。

基于加密技术的还有数字签名、身份认证、电子印章等，广泛用于数据存储、数据传输的用户信息、付款数据、电子邮件、商务合同等，以保护数据不被非法窃听、泄露、篡改和破坏。

（三）应急处置策略

如果发现数据泄露，切莫恐慌，立即停止系统服务。向相关管理人员汇报，成立应急指挥领导小组和应急技术团队；评估风险和优先级，确定数据泄露的根源，找出受影响数据和服务；保护与泄露相关的物理区域和相关数据，记录与数据泄露相关的一切日志；采取必要的措施以预防进一步的数据泄露；调查取证，必要时询问取证分析专家和执法人员；直到消除风险，恢复系统服务；做好原因分析、总结报告等。全面彻查数据安全系统，找出潜在的安全漏洞，防范数据再泄露风险。

四、其他数据安全措施

（一）数据保护机制

1. 个人信息去标识化　为了保护个人信息安全，使用对个人信息的技术处理，使其在不借助额外信息的情况下，无法识别个人信息主体的过程。

2. 建立数据分类分级保护制度　根据数据在学习和科研中的重要程度建立数据分类分级保护制度，以及一旦遭到篡改、破坏、泄露或者非法获取、非法利用，对国家安全、公共利益或者个人、学校合法权益造成的危害程度，对数据实行分类分级保护，建立数据分类分级保护制度，给出分类分级指南和目录，数据分类分级是数据安全治理的基础和前提。

3. 建立数据检查与应急处置机制　对数据定期进行核查，发布病毒防御、安全预警信息，对数据安全能力成熟度进行评估，加强应急演练，形成应急处置方案。

（二）信息安全注意事项

针对高校科研实验室，如计算机、化学、生物、物理和医学等，科研数据安全问题突出，要做好数据防护措施，防止科研数据通过人员、API 接口、存储设备、上网行为等泄露。

1. 学生获得准入实验室权限前需通过实验室安全测试或者相关课程与培训，进入实验室后需严格遵守各实验室规章制度。

2. 实验室中需要联网的各类设备，严格执行实名认证上网制度，安装保护系统，需要时可设置关机即还原系统并清除相关数据。

3. 科研实验过程中，要根据操作者的身份、数据的安全要求赋予不同的权限；完成实验后，应及时采集并备份相关数据；严格执行数据和存储设备出入实验室管理措施。

4. 一旦发生疑似信息安全事件，应尽快做出相应处置，保存好相关证据；如果需要，应及时与学校相关部门联系，寻求技术支持和帮助，以得到妥善解决。

信息安全已成为国家安全的重要组成部分，我们应增强国家安全意识，学好相关知识，守护信息安全，为祖国的繁荣稳定贡献自己的力量！

参 考 文 献

国家标准化管理委员会, 2019. 信息安全技术 网络安全等级保护基本要求 GB/T22239—2019[S]. 国家标准化管理委员会, 2019 年 12 月 1 日起施行.

国家互联网信息办公室, 2022. 互联网用户账号信息管理规定 [Z]. 国家互联网信息办公室令第 10 号, 2022 年 8 月 1 日起施行.

全国人民代表大会常务委员会, 2004. 中华人民共和国电子签名法 [Z]. 中华人民共和国主席令第 18 号, 2005 年 4 月 1 日起施行.

中华人民共和国, 2016. 中华人民共和国网络安全法 [Z]. 中华人民共和国主席令第 53 号, 2017 年 6 月 1 日起施行.

中华人民共和国, 2019. 中华人民共和国密码法 [Z]. 中华人民共和国主席令第 53 号, 2020 年 1 月 1 日起施行.

中华人民共和国, 2021. 中华人民共和国个人信息保护 [Z]. 第十三届全国人民代表大会常务委员会第三十次会议, 2021 年 11 月 1 日起施行.

中华人民共和国, 2021. 中华人民共和国数据安全法 [Z]. 第十三届全国人民代表大会常务委员会第二十九次会议, 2021 年 9 月 1 日起施行.

中华人民共和国, 2022. 中华人民共和国反电信网络诈骗法 [Z]. 十三届全国人大常委会第三十六次会议, 2022 年 12 月 1 日起施行.

思 考 题

1. 设置好了硬件防火墙后，是否还需要打开杀毒软件？为什么？

2. 邮箱接收到带有".exe"后缀的文件，发件人是".edu.cn"，下载回来杀毒软件也没有报毒，能否打开运行？

3. 在实验室中，一些硬件设备可能存在安全隐患，例如未加锁的计算机、未经授权的外部设备等。在保证实验室信息安全的前提下，如何让实验室用户便捷地使用这些硬件设备，同时确保这些设备不被未经授权的用户使用？

4. 在实验室中，存在大量的敏感数据，如何在保护实验室数据的同时确保数据的可用性和可操作性？在实验室数据备份和恢复方面，如何建立合理的备份策略，保障数据的安全性和完整性？

（暨南大学 朱淑华 李 建）

第十章　实验室安全事故应急准备与处置救援

本章要求
1. **掌握**　实验室应急预案的内容要素。
2. **熟悉**　实验室安全事故应急演练的组织实施过程。
3. **了解**　实验室安全事故应急响应程序。

安全第一、预防为主是高校实验室安全管理工作的根本原则。本书第二章至第九章分别介绍了各类实验室危险源的安全管理工作内容。高校、二级单位与实验室师生员工应严格开展实验室危险源全周期管理，有效识别与消除实验室安全隐患，最大限度减少实验室安全事故发生。同时，实验室安全管理工作也要坚持预防与应急并重，建立高校、二级单位和实验室三级联动的应急响应体系，通过扎实开展应急准备和应急演练工作，着力提升师生员工的应急响应能力；当发生实验室安全事故后，高校、二级单位和实验室师生员工快速开展应急处置救援工作，早发现、早报告、早处置，有力遏制实验室安全事故的发展与演化，尽最大能力减少人身伤亡与财产损失。本章主要介绍实验室安全事故应急预案编制与管理、应急演练等应急准备的主要工作。同时，本章也将介绍实验室安全事故发生后，高校、二级单位和实验室三级管理体系的应急响应程序，让大家熟悉实验室安全事故应急处置救援工作，提升实验室安全事故的应对能力。

第一节　实验室安全事故应急预案编制与管理

实验室安全事故应急预案是指学校、二级单位、实验室三级管理体系中各责任单位为迅速、科学、有序地控制实验室安全事故，有效组织实施救援，最大程度保障师生员工人身安全，减少事故损失，预先制定的开展应急救援处置工作的行动方案。它是实验室安全事故应急救援处置工作的行动指南，实验室安全管理各责任单位应定期开展应急预案规划、编制、审批、印发、备案、演练、评估、修订、培训、宣传教育、监督检查工作，不断提升实验室安全事故的应对能力。

一、实验室安全事故应急预案的内容与结构

按照不同的编制主体，高校实验室安全事故应急预案分为学校应急预案、学院等二级单位应急预案、实验室现场处置方案3种类型。

（一）学校实验室安全事故应急预案的内容要素与结构

学校实验室安全事故应急预案是学校为应对可能发生的实验室安全事故、为有效集成学校各职能部门的应急能力与资源而预先制定的工作方案。学校实验室安全事故应急预案一般由学校实验室管理部门牵头，相关职能部门共同参与编制，是高校应急预案体系中的重要专项预案。根据《生产经营单位生产安全事故应急预案编制导则》（GB/T 29639—2020），高校实验室安全事故应急预案的基本内容要素与结构如表10-1所示。

表10-1　某高校实验室安全事故应急预案框架

框架内容	具体描述
一、总则	对应急预案的总体概述和指导原则
二、实验室安全风险形势	分析实验室面临的安全风险情况

续表

框架内容	具体描述
三、组织体系与职责	确定应急组织架构和人员职责
四、实验室安全风险预防、监测与预警	描述预防措施、监测手段和预警机制
五、应急响应	包括事故发生后的应急流程和响应措施
六、总结评估与事故调查	对事故进行总结评估和调查的流程
七、应急保障	列举应急所需的保障资源
八、预案管理	对应急预案的管理和更新要求
九、附则	其他相关补充说明
十、附件	可能包括详细的应急流程图表、联系方式等

1. **总则**　主要包括编制目的、编制依据、适用范围、工作原则等。

2. **实验室安全风险形势**　主要介绍高校可能发生的各类实验室安全事故，事故的致因及其可能性，事故的影响对象、后果和范围，并对实验室安全风险进行专项分析。

3. **组织体系与职责**　主要介绍实验室安全事故应急指挥组织体系，包括应急指挥机构的主要职位及其职责、应急指挥机构的主要成员单位及其职责。通常，实验室安全事故应急指挥机构包括总指挥、副总指挥、办事机构、完成特定应急响应工作的应急功能组。应急指挥机构总指挥一般由高校主要负责人或分管实验室安全管理工作的副校长担任，办事机构设在学校实验室管理部门；成员单位包括科研管理部门、保卫部门、发展规划部门、财务部门、宣传部门、事故发生二级单位等。

4. **实验室安全风险预防、监测与预警**　主要介绍实验室安全事故应急指挥机构与成员单位应开展的事故风险预防、监测与预警工作。风险预防部分主要按照实验室安全管理规章制度编写。风险监测部分主要明确应急指挥机构及成员单位对各类实验室安全事故的监测项目、监测指标、监测频率与监测手段。风险预警部分主要介绍实验室安全事故的预警分级与预警启动条件、预警信息发布主体、预警信息的发布程序等。

5. **应急响应**　主要介绍实验室安全事故发生后，学校、二级单位和实验室开展信息报送、先期处置、应急响应分级、指挥协调、处置救援、信息发布、应急结束的工作措施，具体工作内容将在本章第三节详细介绍。

6. **总结评估与事故调查**　主要介绍实验室安全事故结束后，学校实验室安全事故应急指挥机构开展的学校层面事故评估、实验室教学科研活动恢复，以及事故调查等工作内容。

7. **应急保障**　主要介绍实验安全事故应急队伍保障、经费保障、物资保障、通信和信息保障等。

8. **预案管理**　该部分主要介绍应急预案演练、宣传教育、培训、责任与奖惩等。

9. **附则**　该部分主要包括名词术语和预案解释等。

10. **附件**　根据实验室安全事故应急管理的实际情况，该部分可包括工作流程图、相关单位和人员通信方式、应急资源清单、实验室重大危险源分布图等。

（二）二级单位实验室安全事故应急预案及其内容要素

二级单位实验室安全事故应急预案是学院等二级单位为落实本单位安全管理责任，针对本单位可能发生的实验室安全事故，科学合理划分本单位各组成部门在实验室安全事故应急管理工作中的职责和任务，而预先制定的工作方案。应急预案编制工作一般由二级单位实验管理责任部门牵头，各其他有关组成部门共同参与，是二级单位应急预案体系的重要组成部分。二级单位实验室安全事故应急预案的内容要素与学校实验室安全事故应急预案的内容要素基本相同。

（三）实验室现场处置方案及其内容要素

1. 实验室现场处置方案　是实验室负责人为组织实验室师生员工有效应对本实验室安全事故，制定的现场处置程序和方法，主要用于为事故发生后现场师生员工开展应急处置救援工作提供行动指引。实验室现场处置方案的内容要素与结构如表10-2所示。

表10-2　某高校实验室现场处置方案框架

某实验室现场处置方案框架		具体说明
一、	实验室安全风险及特征	详细描述实验室可能存在的安全风险及特征
二、	组织体系与职责	确定应急组织架构及各成员的职责
三、	应急响应	包括事故发生后的应急流程和具体响应措施
四、	应急保障	列举应急所需的保障措施，如物资、人员等

2. 实验室现场处置方案的内容要素

（1）实验室安全风险及特征：主要介绍本实验室可能发生的各类安全事故及其特征。

（2）组织体系与职责：主要介绍实验室负责人、实验室安全负责人、实验室师生员工在实验室安全事故应对过程中的工作分工。

（3）应急响应程序：主要介绍实验室安全事故发生后，实验室师生员工的信息报送程序、应急救援处置程序、人员疏散程序、现场警戒程序等。

（4）应急保障：主要介绍实验室应急响应程序中使用的各类应急物资清单、应急器材清单等。

二、实验室安全事故应急预案管理

实验室安全事故三级责任单位以编制与实施应急预案为抓手，不断提升实验室安全事故应急准备的水平，主要预案管理工作包括7个方面。

（一）成立实验室安全事故应急预案编制小组

高校、二级单位与实验室课题组三级安全管理责任单位应根据要求，成立实验室安全事故应急预案编制小组，负责实验室安全事故应急预案的编制工作。应急预案编制小组由实验室安全管理责任部门或负责人牵头，主要业务部门或业务骨干参与。同时，根据实验室安全事故的性质、特点和可能造成的后果，吸收应急管理参与的主要部门和单位相关人员、有关专家及有现场处置经验的人员参加。

（二）开展实验室安全事故应急预案编制基础准备工作

应急预案编制小组应开展实验室安全事故风险评估、调查事故应急资源、开展实验室安全事故典型案例分析，全面做好实验室安全事故应急预案编制的准备工作，具体包括：①风险评估：针对实验室安全事故的特点，识别事故的诱发因素，分析事故可能产生的直接后果，及其次生、衍生事件；②调查应急资源：全面调查本实验室第一时间可投入应急救援处置工作的应急队伍、装备、物资、场所等应急资源和周围可请求援助的应急资源状况，为制定应急响应措施提供依据；③实验室安全事故典型案例分析：分析研究相关实验室安全事故典型案例及其应对规律，构建实验室安全事故情景、梳理职责任务、评估应急能力，明确应急响应流程及措施等。

（三）实验室安全事故应急预案规划与编制

实验室安全管理三级责任单位应根据本单位实验室安全风险的类型与特征，科学规划应对不同安全事故的应急预案与现场处置方案，以及应急预案的主要内容。在应急预案编制过程中，预案编制小组应通过召开座谈会、问卷调查、专家咨询或实地调研等多种形式听取编制小组成员和专家的意见，编制形成实验室安全事故应急预案的主要内容。

实验室安全事故应急预案的编制应当符合下列基本要求：①符合国家有关法律法规、规章和标准的规定；②符合本单位实验室安全管理的实际情况；③符合本单位实验室安全事故的危险性分析与实际情况；④应急组织和人员的职责分工明确，并有具体的落实措施；⑤有明确、具体的应急救援处置程序和措施，并与本单位实验室应急能力相适应；⑥有明确的应急保障措施，满足本单位应急工作的需要；⑦应急预案基本要素齐全、完整，预案附件提供的信息准确；⑧应急预案内容要素与相关应急预案相互衔接。

（四）实验室安全事故应急预案的评审与印发

实验室安全事故应急预案必要时，应经编制单位组织的专家评审会进行评估，并经编制单位有关会议审议与印发。应急预案印发前，应组织开展应急预案演练，检验应急预案各项措施的可行性与有效性。涉及其他单位职责的，应书面征求相关单位意见。

实验室应急预案印发后，预案编制责任单位应组织开展预案宣传工作，组织预案涉及的有关部门与人员认真学习预案的有关内容。

（五）实验室安全事故应急预案审批、备案和公布

1. 程序　各单位编制的实验室安全事故应急预案或现场处置方案应在编制印发后按要求及时报请上一级责任单位审批或备案。实验室课题组编制的现场处置方案应提交给二级单位审批或备案；学院等二级单位编制的实验室安全事故应急预案应提交学校实验室管理部门审批或备案；学校编制的实验室安全事故应急预案应按照属地政府有关要求，提交属地政府教育行政主管部门审批或备案。

2. 上报材料　应急预案编制单位报请预案备案或审批时，主要包括以下材料：①应急预案文本；②应急预案编制说明；③征求意见及意见建议采纳情况，以及对不同意见的处理结果和依据；④专业评审意见书及专家意见处理情况；⑤应急预案演练评估报告；⑥应予以说明的其他事项。

3. 审批　实验室安全事故应急预案备案和审批单位应从以下方面对应急预案进行审核和审批，具体包括：①是否符合有关法律法规、规章；②是否与相关应急预案衔接；③各方面意见是否达成共识；④主体内容是否完备；⑤责任分工是否合理明确；⑥是否具备较强的可操作性；⑦应急响应设置是否合理；⑧应对措施是否具体可行；⑨其他需要审核的事项。

4. 反馈　应急预案审核和审批单位可组织有关专家对应急预案进行评审，并要求下级实验室安全责任单位对预案进行修改与完善。

（六）实验室安全事故应急预案实施

实验室安全事故应急预案编制单位应采取多种形式开展应急预案的宣传教育，普及实验室安全事故避险、自救和互救知识，使师生员工了解应急预案内容、熟悉应急职责、应急救援处置程序和措施，增强师生员工的安全意识与应急处置能力。实验室三级管理责任单位应当将本单位实验室安全事故应急预案的培训纳入本单位培训工作计划，组织开展本单位的应急预案、应急知识、自救互救和避险逃生技能的培训活动，应急培训的时间、地点、内容、师资、参加人员和考核结果等情况应当如实记入本单位的安全教育和培训档案。

（七）实验室安全事故应急预案演练、评估、修编与监督管理

学校和二级单位应加强实验室安全事故应急预案演练统筹工作，协调有关单位按照职责权限制订年度应急预案演练计划。学校、二级单位与课题组应该每年组织一次实验室安全事故应急预案演练，提高本单位的应急救援处置能力。课题组现场处置方案可以根据实验室环境变化、人员变更等情况，临时增加应急演练频次。学校与二级单位可以对下级单位的应急演练情况进行抽查与评估。

应急预案演练结束后，应急预案演练组织单位应当对应急预案演练效果进行评估，撰写应急预案演练评估报告，分析存在的问题，并对应急预案提出修订意见。实验室安全管理三级责任单位应当建立应急预案定期评估制度，对预案内容的针对性和实用性进行分析，并对应急预案是否需要修订作出结论。应急预案评估可以邀请相关专业机构或者有关专家、有实际应急救援工作经验的人员参加，必要时可以委托安全生产技术服务机构实施。

有下列情形之一的，应急预案应及时修订并归档：①依据的法律法规、规章、标准及上位预案中的有关规定发生重大变化的；②事故应急指挥机构及其职责发生调整的；③实验室面临的安全风险发生重大变化的；④在应急演练和实验室安全事故应急处置中发现预案的重大问题的；⑤编制单位认为应当修订的其他情况。应急预案修订涉及组织指挥体系与职责、应急处置程序、主要处置措施、应急响应分级等内容变更的，修订工作应当参照应急预案编制程序进行，并按照有关应急预案报备程序重新备案。

实验室安全管理三级责任单位是本单位实验室安全事故应急预案编制与管理工作的责任主体，应将应急预案编制与管理工作作为安全管理工作的重要内容要素，并负责对下级单位的应急预案编制与管理工作进行监督与检查。学校实验室安全事故应急预案编制工作应接受属地政府有关部门的监督与检查。

第二节　实验室安全事故应急演练的分类与实施

实验室安全事故应急演练是高校、二级单位或实验室为了更好应对实验室安全事故，针对预想的事故情景，或事故应急救援处置中的某项行动或功能，按照应急预案设定的职责和程序，在特定的时间和空间范围内开展的训练活动。实验室安全事故具有小概率和后果严重的特点，应急演练是提升各有关单位突发事件应对能力的重要途径，是应急准备工作的重要内容，能够检验应急预案的科学性、有效性和可操作性，检验应急资源的准备情况，强化应急管理参与单位或人员之间的协调性。应急演练的基本规范可参照安全生产行业标准《生产安全事故应急演练基本规范》（AQ/T 9007—2019）。

一、实验室安全事故应急演练的分类

按组织形式划分，应急演练可分为实战演练和桌面推演。实战演练是指参演人员利用应急救援处置涉及的器材和物资，针对事先设置的事故情景及后续发展情景，通过实际决策、行动和操作，在可能发生事故的特定场所完成真实应急响应的过程，从而检验和提高相关人员的临场组织指挥、队伍调动、应急处置技能和后勤保障能力。然而，实战演练具有成本较高、操作困难等特点。桌面推演是指参演人员利用地图、沙盘、流程图、虚拟现实、视频会议等辅助手段，针对事先假定的事故情景，讨论和推演应急决策及现场处置的过程，促进相关人员掌握应急预案中所规定的职责和程序，提高指挥决策和协同配合能力。桌面推演通常在室内完成。

从演练规模划分，应急演练可分为单项演练、功能演练和全面演练。

（1）单项演练是实验室安全事故应急处置参与人员为了发展和熟练掌握某些基本操作或完成某种特定任务所需的技能而进行的演练。单项演练是在实验室安全事故应急处置参与人员完成基本应急知识学习以后进行的演练活动。

（2）功能演练是针对某项应急响应功能或检查事故应急组织机构之间及其与外部救援机构之间的相互协调性而进行的演练，是将具有较紧密联系的多个应急任务组合在一起进行的演练活动，注重检验实验室安全事故应急组织体系各机构、各环节间的相互协调、相互配合关系，其主要目的是加强应急响应中各参与单位之间的配合和协调性。典型的功能演练包括消防灭火、人员撤离、环境监测、危险化学品泄漏处置等。实验室消防灭火演练（图10-1），实验室危险化学品处置演练（图10-2）。

图 10-1　实验室消防灭火演练

（3）全面演练可能涉及多个应急科目，也称为综合演练，是实验室安全事故应急管理组织体系内所有承担应急任务的组织或大部分组织或人员参加、为全面检验执行预案可能性而进行的演练，主要目的是验证各应急管理组织执行任务的能力，检查相互之间的协调能力，检验各类组织能否充分利用现有人力、物力来降低突发事件后果的严重程度，并检验各类组织能否高效地调配和利用应急资源和应急力量，力图达到提高应急处置救援能力，发现预案中存在的主要问题的目的。

学校、二级单位和实验室根据本单位实际情况确定采取的应急演练的类型，主要考虑因素包括：①准备开展演练的应急预案涉及的危险源性

图 10-2　实验室危险化学品泄漏功能演练

质及其危害程度；②事故应急响应能力；③应急演练的成本，以及现有人力、物力等资源约束情况；④国家或上级机构对实验室安全事故应急预案演练的有关规定。

二、实验室安全事故应急演练的实施程序

实验室安全事故应急演练是应急准备的重要工作内容，应急演练活动主要包括演练计划、演练准备、实施、评估总结和改进提升，主要组织实施程序如下。

（一）制定实验室安全事故应急演练计划

学校、二级单位或实验室等演练组织单位在开展实验室安全事故应急演练中的首要工作是制定应急演练计划。在制定应急演练计划的过程中，分析应急演练的需求和目标，确定演练的内容、范围、时间安排和保障措施等，制定详细的演练计划方案，并完成演练计划的审批，为实施应急演练计划做好准备，具体工作如下：

1. 确定实验室安全事故的演练需求与目的　从实验室安全管理工作的实际出发，对实验室面临的安全风险形势及应急预案进行分析，发现可能存在的问题和薄弱环节，确定需要参与演练的师生员工和部门、需训练提升的应急技能、需要熟悉磨合的应急响应功能程序、需要进一步明确的应急管理工作职责。在此基础上，确定开展应急演练活动的原因，明确开展应急演练期望解决的问题及演练达到的目标或效果。

2. 确定实验室安全事故应急演练的基本构想　主要工作是根据演练需求与目标，以及演练经

费、资源和时间约束条件，确定演练的内容、范围、参与演练单位与人员、开展演练的方式、时间安排和保障措施等。首先，演练组织单位确定应急演练需要针对的实验室安全事故或应急功能，综合考虑实验室安全事故应急处置救援的需要、师生员工的应急技能水平等因素，明确应急演练类型或方式，并列出需要参与演练的校内单位或师生员工。其次，学校、二级单位或实验室等演练组织单位根据演练需求、目标、类型、范围等，明确细化演练各阶段的主要任务，安排应急演练的时间，明确演练文件编写与审定的期限、物资器材准备的期限、演练实施的日期，选择可行的演练工作实施场所。再次，演练组织单位起草演练计划文本，计划内容应包括：演练目的需求、目标、类型、时间、地点、演练组织机构、演练准备实施进程安排、演练保障措施等。演练计划编制完成后，呈报本单位主要领导批准，并报上级实验室管理单位备案。批复演练计划后，各单位按计划开展具体演练准备工作。

学校、二级单位和实验室等演练组织单位要根据实际情况和应急预案的规定，在每个实验室制定年度应急演练规划，按照"先单项后综合、先桌面后实战、循序渐进、时空有序"等原则，合理规划应急演练的频次、规模、形式、时间、地点等，有计划、有步骤地开展应急演练。

（二）实验室安全事故应急演练准备

实验室安全事故应急演练准备阶段的主要任务是根据演练计划成立演练组织机构，设计演练总体方案，并根据演练方案进行有针对性的培训和预演。演练总体方案是对演练活动的详细安排。设计演练总体方案是演练准备的核心工作，主要包括：确定演练目标、设计演练情景与演练流程、设计技术保障方案、设计评估标准与方法、编写演练方案文件等内容。

1. 成立实验室安全事故应急演练组织机构 高校实验室安全事故应急演练组织机构一般为演练领导小组，根据需要下设策划组、保障组与评估组。针对应急演练的类型、规模和内容，演练组织机构及下设工作组可动态调整。演练领导小组全面负责应急演练工作的组织领导，组长一般由演练组织单位的主要负责人担任，副组长一般由演练组织单位或协办单位负责人担任，主要成员由各参演单位负责人组成。策划组主要负责设计实验室安全事故应急演练方案，实施演练活动，以及演练评估总结等工作。保障组负责筹集演练物资装备，准备演练场地，维持演练现场秩序，为应急演练参与人员提供各类生活保障，成员主要由演练组织单位及参与单位的财务、后勤保障人员构成。评估组负责编写演练评估方案与演练评估报告，对演练准备、组织、实施及其安全事项等进行全过程、全方位评估，成员由应急管理专家或演练评估经验丰富的实验室教师构成，可由上级部门组织开展评估，也可由演练组织单位自行组织评估。参演队伍或人员承担具体演练任务，根据应急预案的规定，针对预想的事故场景做出应急响应行动。

2. 确定演练目标 实验室安全事故应急演练目标是学校、二级单位和实验室等演练组织机构在分析演练需求的基础上，为达到演练目的，与各主要参与单位共同确定的需要开展的主要演练任务及其达到的效果。实验室安全事故应急演练目标引领整个应急演练方案的设计与实施，应明确、可量化、可实现。

3. 编制实验室安全事故应急演练方案 编制实验室安全事故应急演练方案是应急演练准备的核心工作，包括演练情景、演练流程、演练保障、演练评估等内容要素的设计。实验室安全事故演练情景是根据安全风险分析，设定的实验室安全事故的发生条件和影响后果，以及事故造成的次生、衍生事件等，引导应急响应活动开展。实验室安全事故演练情景事件设计必须做到真实合理，要求演练组织根据实际情况对演练情景不断修改完善。设计事故演练流程是根据实验室安全事故的情景事件及其发展与演变过程，将事故情景事件及应急响应行动按照时间有机衔接，形成事故应对方案，主要工作内容是确定各情景事件的应急响应参与单位及其角色，以及各参与单位在该情景下的应急行动及其逻辑关系。演练组织机构根据演练目标、演练情景和演练程序的要求，设计演练保障方案，对演练过程的人员、设备设施、应急物资、经费等条件进行约束。演练保障条件决定了事故演练情景和演练流程的设计。最后，演练组织单位需要安排专门人员根据演练总体目标和各参与机构的目标以及演练的具体情景事件、演练流程和保障方案，明确演练评估指标与方法。

编制的实验室安全事故演练方案主要包括演练脚本、解说词、演练保障方案、演练人员手册等。学校、二级单位和实验室编制演练方案文件后，应按要求，报演练组织单位主要领导审批，并报上级单位备案。对综合性较强或风险较大的全面性实验室安全事故应急演练，需要由相关专家对应急演练方案进行评审，确保方案科学可行，方可报批或备案。实验室安全事故演练方案被批准后，演练组织单位应根据主要领导与参与单位的时间安排，明确演练具体日程，转入演练实施阶段。

（三）实验室安全事故应急演练的组织工作

1. 落实演练保障工作　为了按照演练方案顺利安全实施演练活动，演练组织单位做好演练人员、经费、场地、物资器材、技术和安全方面的保障工作。第一，人员保障主要是明确演练参与人员，包括演练领导小组、演练总指挥、策划人员、控制人员、评估人员、参演单位与人员、情景模拟人员和演练保障人员。第二，学校、二级单位和实验室根据演练工作的需要，安排专项经费保障演练工作正常开展，并确保节约高效。第三，根据实验室安全事故的演练方式与内容，选择合适的演练场地，并且协调实验活动与演练活动的安排，避免对学校正常的教学科研秩序造成影响。第四，根据实验室安全事故的演练方案，准备必要的演练材料、物资和器材，甚至制作演练情景模型等，保障演练活动的正常开展。第五，演练组织单位要高度重视应急演练组织与实施全过程的安全保障工作，充分认识应急演练实施中可能面临的安全风险，采取相应的安全保障措施，保障演练工作的正常开展。

2. 培训与预演　为了使演练相关策划人员及参演人员熟悉演练方案和相关应急预案，明确其在演练过程中的角色和职责，在演练准备过程中，演练组织单位应根据需要对其进行演练培训和预演。在演练开始前，所有演练参与人员应知晓演练目标、演练的基本知识、应急预案、应急技能等。演练控制人员要接受岗位职责、演练过程控制和管理等方面的培训；演练评估人员要接受岗位职责、演练评估方法等方面的培训；参演人员要熟悉应急预案，进行应急技能及个体防护装备使用等方面的培训。为保证实验室安全事故演练活动顺利实施，在演练正式实施前，进行一次或多次预演。

（四）实验室安全事故应急演练的实施过程

按照实验室安全事故演练方案付诸行动，开展各项演练活动，收集演练信息，并进行演练评估总结，是整个实验室安全事故应急演练工作的核心环节。

1. 演练前检查与动员　演练组织机构的相关人员应提前到达现场，对演练所用的设备设施等情况进行检查，确保其正常工作。导演人员完成事故应急演练准备，以及对演练方案、演练场地、演练设施、演练保障措施的检查，并召开控制人员、评估人员、演练人员、情景模拟人员的情况介绍会，确保所有演练参与人员了解演练现场规则，以及演练情景和演练计划中与各自工作相关的内容。

2. 演练实施执行　根据演练组织形式，实验室安全事故应急演练采取不同的执行过程。在实战演练活动中，参演单位与人员根据事故态势，做出自身认为最佳的应急行动。桌面推演，主要是根据设定的演练情景，参演单位与人员启动应急决策过程，并给出答案。在演练实施过程中，演练组织单位可安排专人对演练过程进行解说。

演练实施过程中，一般要安排专门人员，采用文字、图片和视频等手段记录演练过程。文字记录一般可由评估人员完成，主要包括演练实际开始与结束时间、演练过程控制情况、各项演练活动中参演人员的表现、意外情况及其处置过程等。

演练设计内容执行完成后，由策划组发出结束信息，演练总指挥宣布演练结束，所有人员停止演练活动，按预定方案集合进行现场总结讲评。演练保障人员负责组织人员对演练场地进行清理和恢复。

演练实施过程中出现下列情况时，经演练领导小组决定，由演练总指挥或总策划按照事先规定的程序和指令终止演练：出现真实突发事件，或需要参演人员参与应急处置时，要终止演练，使参演人员迅速回归其工作岗位，履行应急救援处置职责；出现特殊或意外情况，短时间内不能妥善处理或解决时，可提前终止演练。

演练组织单位在演练活动结束后，应组织针对本次演练现场的点评会，可以通过专家点评、领导点评等方式开展。

（五）演练评估总结

实验室安全事故演练评估，是指观察和记录演练活动、比较演练效果与演练目标、分析应急演练发现的问题的过程，目的是确定演练是否已经达到演练目标的要求，检验各应急组织指挥人员及应急响应人员完成任务的能力。演练组织单位应组织评估人员观察演练过程，记录演练人员的关键行动，必要时可以访谈演练人员，或要求参演应急组织提供文字材料，评估参演应急组织和演练人员表现，并发现和反馈事故演练中暴露的问题。

针对大型和重要的实验室安全事故应急演练，演练组织单位召集评估组和所有演练参与单位，从各自的角度总结本次演练的经验教训，讨论确认评估报告内容，并讨论提出总结报告内容，拟定改进计划，落实改进责任和时限。在演练评估总结会议结束后，演练组织单位对事故演练进行系统和全面的总结，并形成演练总结报告。演练参与单位也可对本单位的演练情况进行总结。演练总结报告的内容包括：演练目的、时间和地点，参演单位和人员。演练方案概要，发现的问题与原因，经验和教训，以及改进有关工作的建议、改进计划、落实改进责任和时限等。

演练组织单位在演练结束后应将演练计划、演练方案、演练记录（包括各种音像资料）、演练评估报告、演练总结报告等资料归档保存。对于由上级有关部门布置或参与组织的演练，或者法律、法规、规章要求备案的演练，演练组织单位应当将相关资料报有关部门备案。

（六）实验室安全事故应急准备工作改进

对演练中暴露出来的问题，演练组织单位和参与单位应按照改进计划中规定的责任和时限要求，及时采取措施予以改进，包括修改完善应急预案、有针对性地加强应急人员的教育和培训、对应急物资装备有计划地更新等，不断提升实验室安全事故应急准备的水平。

第三节　实验室安全事故应急响应程序

高校实验室安全事故应急响应按照分级管理的原则开展，实验室、二级单位和学校承担本单位发生的实验室安全事故的主体责任。实验室安全事故发生后，实验室师生员工、二级单位与学校根据实验室安全事故的性质和级别，快速组织开展实验室安全事故应急响应工作，尽最大努力降低实验室安全事故造成的影响后果。高校实验室安全事故应急响应包括信息报送、先期处置、分级响应与指挥协调、现场应急指挥、应急救援处置、应急响应结束等工作内容，实验室安全事故应急响应程序如图10-3所示。

一、信息报送

事故信息报送是事故应急响应的重要工作，包括实验室安全事故发生后高校三级管理体系之间的信息报送与高校向属地政府有关职能部门的信息报送，实验室安全事故信息报送程序如图10-4所示。实验室安全事故信息报送活动贯穿全事故应急响应的全过程。

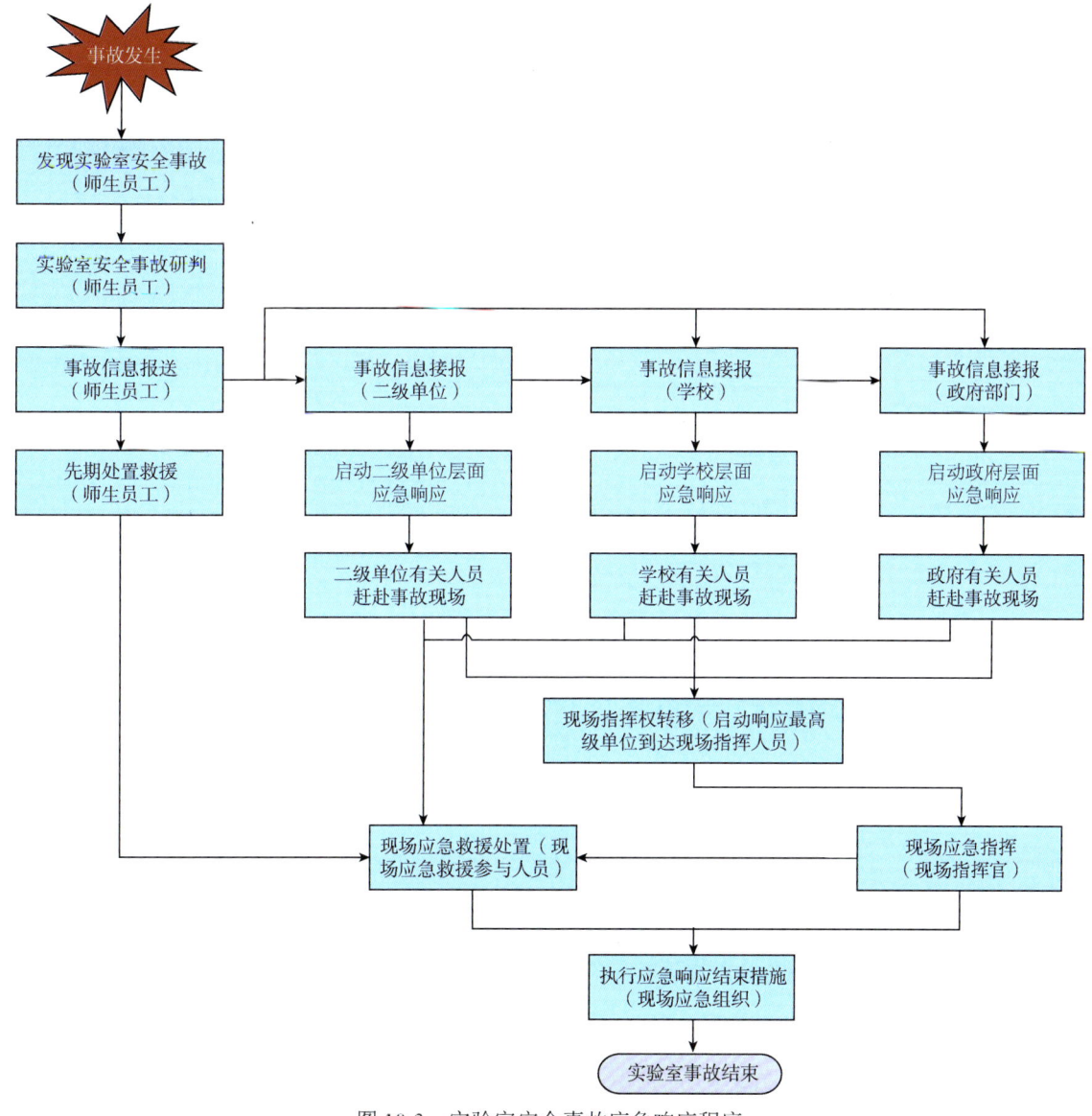

图 10-3　实验室安全事故应急响应程序

（一）实验室安全事故信息上报程序

校内师生员工发现实验室安全事故发生后，实验室现场师生员工应向事故发生二级单位负责人报告，或直接向学校保卫部门或实验室管理部门报告，必要时拨打 119、110 等社会报警电话。

二级单位接报本单位实验室安全事故后，根据事故的性质、特征和级别，向学校保卫部门、实验室安全管理部门与学校领导报告，必要时拨打 119、110 等社会报警电话，并将事故信息通报单位相关人员。

学校各职能部门接报实验室安全事故信息后，应立即向学校实验室安全管理部门报告。学校实验室安全管理部门接报实验室安全事故后，应及时向学校有关领导报告。按照实验室安全事故的性质与特征，经学校主要领导或分管实验室安全的校领导审定后，根据属地政府突发事件报送的有关规定，将事故报送到属地政府有关职能部门。学校实验室安全管理部门、学校各有关职能部门、学校领导根据实验室安全事故的性质、特征与级别向属地政府教育行政主管部门、公安部门、消防救援部门报送事故信息，必要时拨打 119、110 等社会报警电话。

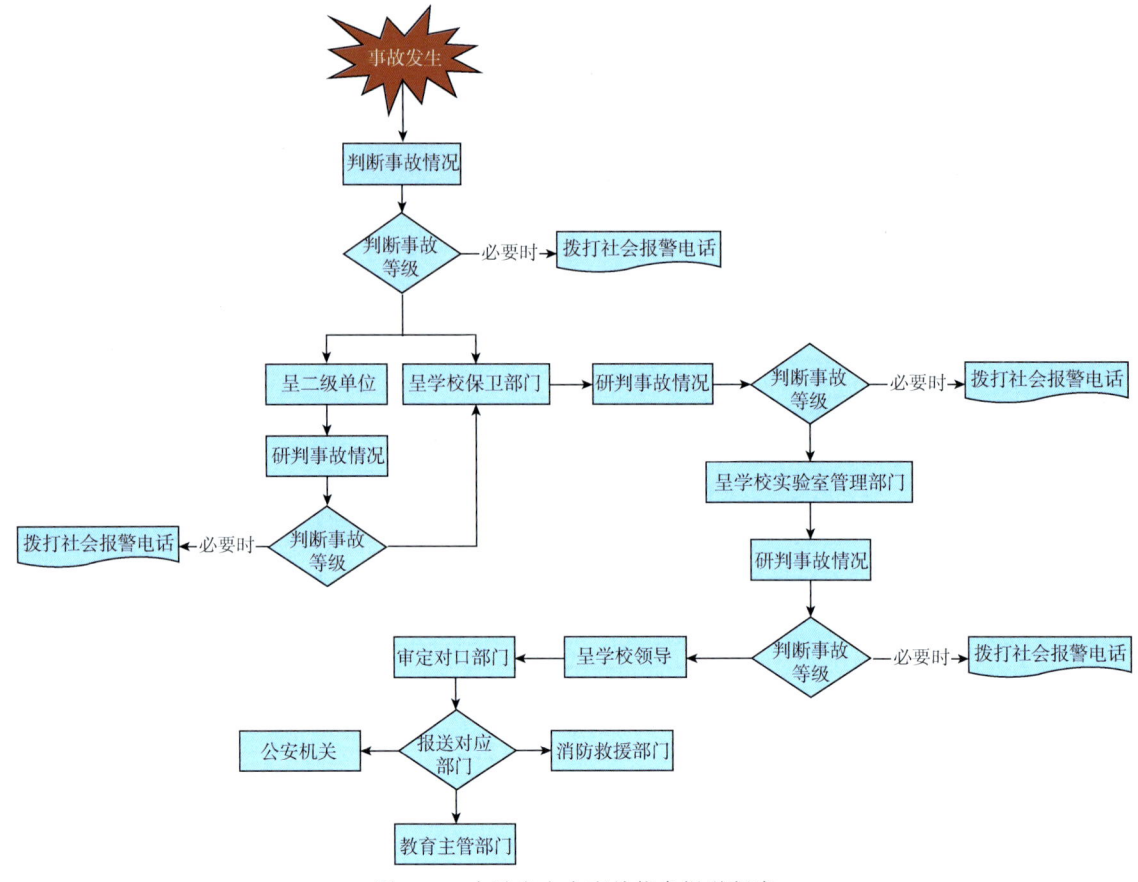

图 10-4　实验室安全事故信息报送程序

（二）实验室事故信息报告内容

实验室安全事故信息报告的内容主要包括：
（1）报警人姓名、联系方式；
（2）事故现场的准确位置；
（3）事故情况，如发生时间、发生原因、事故造成的影响后果、事故的发展趋势；
（4）已经开展的事故处置措施；
（5）事故现场周围的情况；
（6）其他与事故处置相关的信息。

二、先期处置救援

任何实验室安全事故发生后，事故现场师生员工根据事故情况开展先期处置救援，最先对突发事件作出响应。事故现场师生员工应对事故原因进行初期判断，根据事故评估情况，在保护自身安全的前提下，执行先期处置救援措施，主要包括以下措施中的一项或多项，具体如下：
（1）处置实验室安全事故，防止事故进一步蔓延；
（2）及时关闭电闸，切断电源；
（3）及时关闭水阀，切断水源；
（4）组织事故现场人员撤离与疏散。无论在何时何地，当发生实验室事故时，均应根据事故的严重程度，采取自救、互救措施，正确有效地疏散无关人员，避免对人员造成更大伤害。
（5）按照信息报送要求，向事故发生二级单位负责人报告，或直接向学校保卫部门或实验室管理部门报告，必要时拨打 119、110 等社会报警电话。

三、分级响应与指挥协调

按照三级实验室安全管理体系，实验室安全事故应急响应分为实验室、二级单位和学校三个层面的应急响应，分别由实验室、二级单位和学校负责人或授权人员启动应急响应，组织开展事故应急处置救援工作。当上级单位启动实验室安全事故应急响应时，下级单位应启动最高级别的事故应急响应。当地方政府或有关职能部门启动应急响应时，事故发生高校应启动最高级别的应急响应。

（一）实验室层面应急响应与指挥协调

实验室层面的应急响应是任何实验室安全事故初期阶段与未超出实验室应急处置救援能力的事故应对活动。实验室负责人或授权人员启动实验室层面的应急响应，按照实验室安全事故现场处置方案，组织事故现场师生员工开展事故应急处置救援工作。

（二）二级单位层面应急响应与指挥协调

二级单位层面的应急响应包括超出事故发生实验室应急处置救援能力，且学校层面尚未启动应急响应的实验室安全事故应对活动。二级单位主要负责人或授权人员启动二级单位层面应急响应，按照二级单位实验室安全事故应急预案，组织和协调二级单位下属实验管理、学工、教务等二级单位师生员工前往实验室安全事故现场，开展事故处置救援工作。

（三）学校层面的应急响应与指挥协调

学校层面应急响应是超事故发生二级单位应急处置能力，且属地政府尚未启动应急响应的实验室安全事故应对活动。学校主要负责人、分管实验室安全工作的副校长或其授权人员启动学校层面应急响应，按照学校实验室安全事故应急预案，组织动员和协调学校实验室安全事故应急指挥机构各成员单位前往实验室安全事故现场，开展事故处置救援工作。必要时，学校实验室安全事故应急指挥机构积极联络相关专业技术人员，成立专家组，为实验室安全事故应急处置救援工作提供专家建议。

四、现场应急指挥

学校、二级单位和实验室三级管理体系中启动实验室安全事故应急响应的最高级别单位指定或明确现场应急总指挥的担任人员，按照统一指挥的原则，组织、指挥与协调所有现场师生员工开展现场应急处置救援工作。学校、二级单位、实验室三级责任单位明确的现场应急总指挥到达现场后，应全面收集与评估事故态势，科学确定应急处置救援措施，明确现场应急处置救援人员的工作分工，统筹调度事故现场各类应急队伍与应急物资，有序组织开展事故应急处置救援行动，努力将事故造成的后果降到最低。学校、二级单位调度前往现场的其他单位人员或应急队伍到达事故现场后，应迅速向现场总指挥报到，接受现场指挥官的统一指挥调度，受领现场总指挥下达的任务，并随时报告应急处置救援工作进展。

现场应急指挥的具体工作措施如下：

1. 全面收集事故信息，组织事故发生单位人员、现场应急处置救援人员或专家召开事故分析研判会商会议，评估现场事故态势，科学制定实验室安全事故现场处置方案。

2. 加强事故现场安全管控，根据事故现场安全风险评估情况，以实验室安全事故发生地点为中心，将事故现场及周边由内到外划定事故处置救援区，设置警戒线，加强人员管控，区域内事故处置救援人员应做好自身的安全防护，预防现场处置救援过程中发生人员伤亡事件，确保现场应急处置救援安全有序。除具有防护能力的事故处置人员外，禁止其他人员进入。

3. 根据事故处置救援工作的需要，启动应急处置救援决策咨询机制。组织相关专家对预测研判、应对策略、处置措施、救援技术、安全保障等方面提出建议。

4. 必要时，成立事故现场应急指挥部，设立应急工作小组，对现场应急处置工作进行组织化运作，保障现场应急处置工作的有序开展。现场指挥部按照"安全就近、方便指挥"的原则，选取适当地点作为现场指挥部的工作场所，配备必要的通信、指挥、办公、保障等设施设备，确保现场应急指挥人员有效履行职责。

实验室安全事故现场总指挥由事故发生实验室现场师生员工担任，当启动事故应急响应的上级单位明确的现场总指挥到达现场后，事故现场应急指挥人员向上级单位指定的现场总指挥转移应急指挥权，并在上级单位明确的现场应急总指挥的统一指挥下开展事故应急处置救援工作。当属地政府或有关职能部门前往事故现场时，学校现场应急指挥人员向属地政府或有关职能部门指定的事故现场应急总指挥转移应急指挥权，并积极配合属地政府或有关职能部门积极开展事故应急处置救援工作。

五、应急救援处置措施

实验室安全事故发生后，参与现场师生员工根据事故特点开展应急救援处置工作，具体如下：

（一）消防灭火措施

实验室发生火灾事故后，事故现场师生员工应根据情况采取以下消防灭火措施，具体包括：

1. 确定火灾发生的位置，判断火灾发生的原因，分析实验室火灾周围环境，判断是否有危险源分布及是否会带来次生灾害。

2. 迅速切断火源和电源，并尽快采取有效的灭火措施，防止火势蔓延。

3. 根据可燃物的不同性质，科学采取消防灭火措施。木材、布料、纸张、橡胶以及塑料等的固体可燃材料的火灾，可采用水冷却，但对珍贵图书、档案应使用二氧化碳、卤代烷、干粉灭火剂灭火。易燃可燃液体、易燃气体和油脂类等化学药品火灾，使用大剂量泡沫灭火剂、干粉灭火剂将液体火灾扑灭。带电电气设备火灾，应切断电源后再灭火，因现场情况及其他原因，不能断电，需要带电灭火时，应使用沙子或干粉灭火器，不能使用泡沫灭火器或水。可燃金属，如镁、钠、钾及其合金等火灾，应用特殊的灭火剂，如干沙或干粉灭火器等来灭火。

实验室火灾事故应急处置的首要原则是保护师生员工人身安全，实施消防灭火措施要在确保人员不受伤害的前提下进行，实验室师生员工执行消防灭火措施如图10-5，具体工作措施详见第二章第五节实验室消防的应急处理。

（二）人员撤离与防护

当实验室安全事故发生后，将暴露在事故风险范围内的师生员工快速撤离到安全区域是事故现场应急处置救援的重要原则。实验室人员执行撤离与防护如图10-6。

图10-5 实验室消防灭火措施　　　　　　图10-6 实验室事故现场人员撤离

实验室安全事故人员撤离与防护工作的主要措施如下：

1. 发生实验室安全事故后，事故现场指挥人员应及时发布人员撤离和疏散的指令或信息，立即组织事故现场与应急救援处置无关的人员迅速准确、有条不紊地撤离至安全区域。

2. 现场应急指挥人员根据事故现场情况采取不同的疏散引导措施，辅助事故现场人员快速疏散，主要疏散措施包括：①口头引导疏散：疏导人员到指定地点后，要用镇定的语气呼喊，劝说师生员工消除恐惧心理、稳定情绪，使师生员工能够积极配合，按指定路线有条不紊地进行疏散。②广播引导疏散：在接到安全事故报警后，现场应急指挥人员要立即开启应急事故广播系统，将指挥员的命令、事故情况、疏散情况进行广播。广播内容应包括：发生事故的位置及情况，需疏散人员的区域，指明比较安全的区域、方向和标志，指示疏散的路线和方向，对已被困人员告知他们救生器材的使用方法，以及自制救生器材的方法。

3. 事故现场师生员工根据实验室所在楼宇的安全疏散路线，按照疏散计划有序疏散，做到人员落实、职责清楚、行动快速，有组织、有秩序地进行疏散。现场应急指挥人员优先组织实验室出口附近或最危险区域内的师生员工撤离，然后根据事故现场风险区域的分布，疏散其他区域被困人员。在组织人员疏散的过程中，要注意防止疏散通道拥堵导致的混乱情况。若发生的是危险化学品爆炸、泄漏等事故，则需要根据现场的环境和风向，向上风口方向组织人员撤离。

4. 如果事故现场直接威胁师生员工安全，现场应急救援人员需采取必要的手段对现场师生员工进行强制撤离，防止出现伤亡事故。在疏散通道的拐弯和岔道等容易走错方向的地方，应设置疏导人员，提示疏散方向，防止误入死胡同或进入危险区域。相关救援队伍到达事故现场后，疏导人员若知晓内部有人员未疏散出来，要迅速报告救援人员，说明被困人员的方位、数量以及救人的路线。

5. 现场应急救援处置人员应注意制止脱险人员重返事故现场，对已经被疏散出去的人员加强脱险后的管理，防止其因对自身财务和未撤离危险区域的人员生命担心而重新返回事故现场。必要时，在进入危险区域的关键位置配备警戒人员。

6. 在实验室安全事故人员疏散过程中，人员可佩戴实验室配备的防护措施进行自我保护，根据现场指挥到达安全的集合地点。现场应急指挥人员应安排专门人员负责疏散现场的秩序管理，设立警戒线，指导人员撤离及疏散路线的管制。

（三）现场医疗救护

实验室安全事故发生后，现场医疗救护是应急处置救援工作的重要内容，能够有效减轻事故造成的人员伤亡情况，主要内容包括：

1. 实验室现场师生员工，应沉着、冷静，切忌惊慌失措，将受伤人员营救至安全地带。

2. 尽快对受伤人员进行认真仔细地检查，确定病情，检查内容包括意识、呼吸、脉搏、血压、瞳孔是否正常，有无出血、休克、外伤、烧伤，是否伴有其他损伤等。在此基础上，对现场受伤师生员工进行评估，判断需要采取的医疗救护手段。

3. 对受伤较轻的伤者进行简易的抢救和包扎工作，对出现休克的病人进行心肺复苏等医疗救援操作。

4. 发现了危重伤员，经过现场评估与病情判断后需要立即救护，应立即拨打120电话，及时转移重伤人员前往医疗机构就医。实验室现场人员应执行现场医疗救护程序，直至外部医疗救援力量前往现场。

六、应急响应结束

当现场应急总指挥评估实验室安全事故得到控制，受伤人员获得救治，次生衍生灾害已经被消除后，现场应急总指挥可以向启动应急响应的实验室、二级单位或学校的有关负责人提出应急响应结束请求。经启动实验室安全事故应急响应的有关负责人同意后，现场总指挥可以宣布现场应急处置救援工作结束，转入善后恢复与事故调查阶段。属地政府组织指挥的实验室安全事故应急响应由属地政府决定结束应急响应工作。

实验室安全事故应急响应结束后，实验室负责人应采取有效措施保护事故现场，配合有关部门进行勘查。参与实验室安全事故应急响应的有关单位应收集、整理应急救援处置工作记录和文件等，为应急救援处置过程总结评估做好准备。事故发生单位应积极组织开展实验室场所的修复工作，尽快恢复实验室承担的教学科研活动。

参考文献

曹飞凤, 张从林, 2022. 应急预案与演练[M]. 北京: 煤炭工业出版社.
方文林, 2018. 情景式应急演练策划与组织[M]. 北京: 中国石化出版社.
李雪峰, 2018. 应急演练实施指南[M]. 北京: 中国人民大学出版社.
唐攀, 2012. 非常规突发事件应急响应管理方法与技术[M]. 广州: 暨南大学出版社.

思 考 题

1. 实验室安全事故应急预案的主要内容是什么？
2. 请介绍实验室安全事故应急预案管理的工作步骤。
3. 实验室安全事故应急演练包括哪些类型？
4. 学校实验室安全事故应急响应包括哪几个层级？
5. 现场应急指挥包括哪些要点？

（暨南大学　唐　攀　林　源）